Olaf Mäder

Simulationen und Experimente zum Stabilitätsverhalten von HTSL-Bandleitern

**Karlsruher Schriftenreihe zur Supraleitung
Band 006**

Herausgeber: Prof. Dr.-Ing. M. Noe
                  Prof. Dr. rer. nat. M. Siegel

Eine Übersicht über alle bisher in dieser Schriftenreihe erschienenen
Bände finden Sie am Ende des Buchs.

Simulationen und Experimente zum Stabilitätsverhalten von HTSL-Bandleitern

von
Olaf Mäder

Dissertation, Karlsruher Institut für Technologie
Fakultät für Elektrotechnik und Informationstechnik, 2012
Hauptreferent: Prof. Dr.-Ing. Mathias Noe
Korreferent: Prof. Dr. rer. nat. Michael Siegel

Impressum

Karlsruher Institut für Technologie (KIT)
KIT Scientific Publishing
Straße am Forum 2
D-76131 Karlsruhe
www.ksp.kit.edu

KIT – Universität des Landes Baden-Württemberg und nationales
Forschungszentrum in der Helmholtz-Gemeinschaft

KIT Scientific Publishing 2012
Print on Demand

ISSN 1869-1765
ISBN 978-3-86644-868-1

Simulationen und Experimente zum Stabilitätsverhalten von HTSL-Bandleitern

Zur Erlangung des akademischen Grades eines
DOKTOR-INGENIEURS
von der Fakultät für
Elektrotechnik und Informationstechnik
des Karlsruher Institut für Technologie
genehmigte
DISSERTATION
von
M.Eng. Olaf Mäder
geb. in: Heidelberg

Tag der mündlichen Prüfung: 24. Mai 2012
Hauptreferent: Prof. Dr.-Ing. Mathias Noe
Korreferent: Prof. Dr. rer. nat. Michael Siegel

Danksagung

Die vorliegende Arbeit entstand am Institut für Technische Physik (ITEP) des Karlsruher Institut für Technologie (KIT), dem ich für die fachliche und professionelle Unterstützung danke.

Herrn Prof. Dr.-Ing. Mathias Noe gilt mein besonderer Dank für die wissenschaftliche Betreuung, stetige Motivation und Unterstützung beim Erstellen der Arbeit.

Für die Übernahme des Korreferates und dem Interesse an der Arbeit danke ich Herrn Prof. Dr. rer. nat. Michael Siegel.

Ein herzlicher Dank gilt der Gruppe Supraleitende Materialien und Energieanwendungen, besonders dem Leiter, Herrn Dr. Wilfried Goldacker.

Aus der Gruppe Hochfeldmagnete gilt mein Dank Herrn Dr. Theo Schneider und Frau Dr. Marion Kläser für die fachlichen Diskussionen und Hilfestellungen.

Herrn Prof. Dr. Steffen Elschner danke ich für zahlreiche Gespräche aus denen ich stets Anregungen für meine Arbeit mitnehmen konnte. Für viele interessante fachliche und persönliche Gespräche gilt mein besonderer Dank den ehemaligen Kollegen Herrn Dr. Christian Schacherer und Herrn Dr. André Berger sowie den Doktoranden Herrn Christian Barth, Herrn Philipp Krüger, Herrn Oliver Näckel und Herrn Florian Erb. Allen Kollegen des Instituts für Technische Physik danke ich für die besonders angenehme Atmosphäre und zahlreiche berufliche wie auch private Aktivitäten.

Tatkräftige Unterstützung wurde mir bei Laborversuchen durch das Team des SET-Labors, Herrn Uwe Braun und Herrn Johann Wilms zu teil - hierfür vielen Dank. Dem Leiter des SET-Labors Andrej Kudymov danke ich für die hervorragende fachliche Unterstützung bei Planung und Durchführung der Experimente.

Meinen Eltern Inge und Rudolf Mäder möchte ich ganz besonders danken. Durch ihre langjährige Unterstützung während Studium und Promotion wurde die vorliegende Arbeit erst ermöglicht.

Meiner Freundin Britta Brenneisen danke ich für die wunderbare gemeinsame Zeit sowie für ihre unermüdliche Motivation und Geduld.

Zum Schluss gilt mein Dank allen Freunden und Bekannten für ihr stets offenes Ohr und das entgegenbrachte Verständnis.

Inhaltsverzeichnis

1 Motivation, Einleitung und Aufgabenstellung

Supraleiter werden heute in verschiedenen Anwendungen erfolgreich eingesetzt. Die wichtigsten Anwendungsgebiete sind Magnete für die Medizin und Forschung (MRT, NMR, Beschleunigermagnete) sowie die Messtechnik und Elektronik. MRT (Magnetresonanztomographie) und NMR (engl. nuclear magnetic resonance, Kernspinresonanzspektroskopie) haben sehr hohe Anforderungen an die Höhe, Homogenität und zeitliche Konstanz des Magnetfeldes. Daraus ergeben sich Anforderungen an die Leiter- und Spulengeometrie, die eine technische Realisierung nur mit Supraleitern erlauben. Auch die benötigten, sehr hohen Magnetfelder der Magnete in Teilchenbeschleunigern und Fusionsreaktoren sind nur durch die Verwendung von Supraleitern technisch und wirtschaftlich möglich [Kom95, S. 157, ff.].

In der elektrischen Energietechnik sind die Betriebsmittel wie z.B. Kabel und Transformatoren in jahrelanger Weiterentwicklung ständig verbessert und optimiert worden, so dass das Optimierungspotential durch technische Modifikation nahezu ausgeschöpft ist. Eine Weiterentwicklung wird meist nur noch durch den Einsatz neuer Materialien erreicht. Eine Möglichkeit zur Steigerung der Effizienz, Energiedichte und Umweltverträglichkeit bietet der Einsatz von Supraleitern [NBP10, BSR10].

Die herausragenden technischen Eigenschaften von Supraleitern sind sehr hohe Stromdichten bei gleichzeitigem nahezu verlustlosem Stromtransport. Supraleiter ermöglichen daher die Eigenschaften von Betriebsmitteln der Energietechnik weiter zu verbessern. Nachteilig an Supraleitern sind der derzeitig noch hohe Preis der Leiter und die Notwendigkeit einer Kühlung auf kryogene Temperaturen. Besonders geeignet sind Hochtemperatur-Supraleiter, die bereits bei relativ hohen Temperaturen in den supraleitenden Zustand übergehen und eine kostengünstige Kühlung mit flüssigem Stickstoff bei 77 K (-196 °C) ermöglichen.

Hochtemperatur-Supraleiter auf Basis von R*E*BCO sind für Anwendungen im Bereich der Energietechnik besonders interessant, da vergleichsweise geringe Herstellungskosten erwartet werden. Ebenso sind Hochtemperatur-Supraleiter auch für supraleitende Magnete interessant, da sie auch bei hohen externen Magnetfeldern noch hohe Stromdichten tragen können.

Der supraleitende Zustand ist, neben der Temperatur auch vom Magnetfeld, das auf den Leiter wirkt und dem Strom der durch ihn fließt abhängig. Tritt eine Störung auf, z.B. ein Überstrom oder ein Leck in der thermischen Isolierung des Kryostaten, kann dies zum Übergang in den normalleitenden Zustand führen. Insbesondere bei Hochtemperatur-Supraleiter ist der elektrische Widerstand im normalleitenden Zustand sehr hoch, wodurch sich der Leiter im Falle einer Störung sehr schnell erwärmt und dadurch zerstört werden kann. Zur Begrenzung von Überströmen kann der Übergang in den normalleitenden Zustand und die damit verbundene Erwärmung auch beabsichtigt sein. Für nahezu alle technischen Anwendungen sind die Auswirkungen von Störungen auf das elektrische und thermische Verhalten des Leiters von elementarer Bedeutung.

Eine der ersten Anwendungen von Supraleitern waren Hochfeldmagnete. Bereits früh erkannte man, dass die verwendeten Leiter einen besonderen Schutz gegen Störungen wie Flussspringen und mechanische Instabilität benötigen. Das elektrisch-thermische Verhalten von Supraleitern bei Störungen war daher bereits sehr früh Gegenstand zahlreicher experimenteller und theoretischer Untersuchungen. Hier sind vor allem die Arbeiten von Stekly, Bean, Maddock, Norris, Martinnellii, Wipf, Dresner, und Wilson zu nennen [Bea64, AK11, SZ65, STS69, MJN69, MW72, Wip91, Dre84, Dre95, WI78, Wil83]. Diese entwickelten bereits früh Stabilitätskriterien für Tieftemperatur-Supraleiter, die in dieser Arbeit als klassische Stabilitätskriterien bezeichnet werden.

In neueren Arbeiten wird die Stabilität verschiedenster Einzelleiter und Kabelkonfigurationen, meist mit mehrdimensionalen nummerischen Modellen, untersucht. Die Störeinflüsse können dabei sehr vielfältig sein. Hier sind besonders die Arbeiten von Levin, Barnes, Stenvall, Martínez, Masson, Chan, Bottura, Iwasa, Lee, Roy, Grilli und Sirois zu nennen [LBN10, LBR09, Ste08, MAP10, MRHL08, CMLS10, BRB00, Bot98, Iwa09, Lee01, Roy10, RTD09, GSLF05, SCRD10].

Wichtige Betriebszustände von Supraleitern sind das Aufwärmverhalten bei Überströmen und das Rückkühlen nach einer Erwärmung, auch bei eingeprägtem Laststrom. Die Nachbildung dieser Vorgänge ist entscheidend für den Einsatz der Leiter in entsprechenden Anwendungen, da oftmals auch die Stabilität des Leiters damit verknüpft ist.

Ziel der vorliegenden Arbeit ist es, die Eignung verschiedener Simulationsmodelle auf die typisch auftretenden Vorgänge im Supraleiter zu überprüfen und daraus Empfehlungen für geeignete Simulationsmodelle abzuleiten. Durch die Änderung von Vorgaben und Randbedingungen werden verschiedene Einflüsse auf das charakteristische Übergangsverhalten des Leiters untersucht. Schwerpunkt der Anwendung ist die Simulation des Aufwärm- und Rückkühlverhaltens bei Strompulsen sowie die Simulation von Störungen.

Zunächst wurden die grundlegenden Eigenschaften und der Stand der Entwicklung von REBCO-Bandleitern untersucht. Eine Darstellung der Untersuchungen findet sich in Kapitel 2. Darauf folgte eine Bestandsaufnahme der klassischen Stabilitätsmodelle und Untersuchungen zu deren Anwendbarkeit auf Hochtemperatur-Supraleiter, beschrieben in Kapitel 3.

Ein einfaches, homogenes, adiabates, eindimensionales Simulationsmodell wurde erstellt. In dieses Modell wurden verschiedene Verfahren zur Berechnung des Widerstands der Supraleiterschicht implementiert. Das Modell wurde von einem adiabaten Modell auf ein gekühltes Modell erweitert, um den Einfluss des Wärmeübergangs in das Kühlbad zu untersuchen.

Um Einflüsse wie eine inhomogene Verteilung der kritischen Stromdichte über die Länge des Leiters nachbilden zu können, musste der Leiter in Längsrichtung diskretisiert und die Wärmeleitung in Längsrichtung berücksichtigt werden. Das Modell mit konzentrierten Widerständen wurde daher auf ein Modell mit eindimensionaler Widerstandsverteilung und inhomogener kritischer Stromdichte über der Länge des Leiters erweitert. Um die Verteilung der kritischen Stromdichte über der Länge des Leiters nachbilden zu können, wurde die Inhomogenität der kritischen Stromdichte an einer ein Meter langen Probe untersucht. Die Inhomogenität des Leiters wurde durch eine Exponentialverteilung nachgebildet und in das Modell implementiert.

Durch die Berücksichtigung der Wärmeleitung längs des Bandes war es möglich den Einfluss von Stromkontakten an den Enden des Leiters auf das elektrisch-thermische Verhalten des Leiters zu untersuchen.

Die Beschreibung des Programmablaufs und der Berechnungsgleichungen der Modelle sowie der Nachbildung der Kühlung, der Inhomogenität und der Stromkontakte findet sich in Kapitel 4.

Das Aufwärm- und Rückkühlverhalten bei Überströmen wurde an Kurzproben verschiedener Leiter experimentell untersucht. Die charakteristischen Eigenschaften der Leiter, wie der temperaturabhängige Widerstand und die Strom-Spannungs-Kennlinie, wurden experimentell ermittelt. Der Messaufbau, die verwendeten Leiter und der Ablauf der experimentellen Untersuchungen wird in Kapitel 5 beschrieben.

Die experimentell ermittelten Eigenschaften der Leiter wurden zur Nachbildung des Aufwärm- und Rückkühlverhaltens mit den Simulationsmodellen benötigt. Zunächst wurde die Strom-Spannungs-Kennlinie mit dem einfachen, homogenen, adiabaten Modell mit konzentrierten Widerständen, unter Anwendung verschiedener Verfahren zur Berechnung des Widerstandes der Supraleiterschicht, ermittelt. Die Ergebnisse der verschiedenen Verfahren zur Berechnung des Widerstands der Supraleiterschicht wurden experimentellen Ergebnissen gegenübergestellt und verglichen. Die verschiedenen Berechnungsverfahren wurden auf ihre Vor- und Nachteile untersucht und bewertet. Ein geeignetes Verfahren für die weiteren Untersuchungen wurde ausgewählt. Die Ergebnisse dieser Untersuchungen sind in Kapitel 6 beschrieben.

Der Einfluss des Wärmeübergangs vom Leiter in das Kühlbad wurde ebenfalls mit diesem einfachen Modell untersucht. Hier war insbesondere von Interesse, ab welcher Dauer ein signifikanter Einfluss des Kühlbades auf das Aufwärmverhalten besteht. Die Ergebnisse sind ebenfalls in Kapitel 6 beschrieben.

Mit den verschiedenen Annahmen der Modelle wurde gezielt der Einfluss von Kühlung, Inhomogenität und Stromkontakten auf das Aufwärm- und Rückkühlverhalten untersucht. Weiter wurde der Einfluss der Stabilisierung des Leiters auf das Aufwärm- und Rückkühlverhalten analysiert. Die Ergebnisse der Untersuchungen zum Aufwärmverhalten finden sich in Kapitel 6, die Ergebnisse der Untersuchungen zum Rückkühlverhalten in Kapitel 7.

Es folgten allgemeine Betrachtungen zur Stabilität des Leiters. Hier wurde beispielhaft der maximale mögliche Transportstrom, die Dauer bis zum Übergang in den normalleitenden Zustand in Abhängigkeit des Überstroms und das Verhalten der Leiter bei lokalen Störungen untersucht. In den Betrachtungen wurde auch die Berechnung auf Basis der klassischen Stabilitätskriterien berücksichtigt. Die allgemeinen Betrachtungen zur Stabilität werden in Kapitel 8 vorgestellt.

Die Ergebnisse der Arbeit werden in Kapitel 9 zusammengefasst und diskutiert.

2 Grundlagen und Stand der Entwicklung

2.1 Einführung in die Hochtemperatur-Supraleitung

Mit der Entdeckung des verlustlosen Stromtransports in Quecksilber bei Temperaturen unter 4,15 K, durch Heike Kamerlingh Onnes 1911, begann vor hundert Jahren die Entwicklung der Supraleiter. Der supraleitende Zustand zeichnet sich durch nicht messbar kleine Werte des elektrischen Widerstandes bei sehr hohen Stromdichten und ein ideal diamagnetisches Verhalten aus (Meissner-Ochsenfeld-Effekt, [MO33]). Die Temperatur, unter welcher der supraleitende Zustand auftritt, wird als Sprungtemperatur oder auch als kritische Temperatur T_c (c von engl. critical) bezeichnet. Es sind zahlreiche supraleitende Elemente und Verbindungen mit unterschiedlichen Sprungtemperaturen bekannt. Nur Wenige eignen sich jedoch für technische Anwendungen und noch Weniger konnten bisher soweit entwickelt werden, dass sie heute als technische Supraleiter zu Verfügung stehen [Buc94, Kom95, S. 17-19]. Um den Kühlaufwand möglichst gering zu halten wird versucht Materialien mit möglichst hoher kritischer Temperatur zu finden. Die kritische Temperatur der bislang gefundenen Materialien liegt, bis auf wenige Ausnahmen, jedoch stets im kryogenen Bereich[a].

Die supraleitenden Materialien werden in Supraleiter 1. Art und Supraleiter 2. Art sowie in Niedertemperatur-Supraleiter (NTSL) und Hochtemperatur-Supraleiter (HTSL) unterschieden. Supraleiter 1. Art zeigen, bis zu einer kritischen magnetischen Flussdichte B_c, ein ideal diamagnetisches Verhalten. Dieser Zustand wird als "Meissner Phase" bezeichnet. Bei höheren Feldern erfolgt der Übergang in den normalleitenden Zustand, wie in Abb. 2.1a dargestellt. Supraleiter 2. Art zeigen, bis zu einer unteren Grenze der magnetischen Flussdichte B_c1, ein ideal diamagnetisches Verhalten. Übersteigt das äußere Feld B_a die kritische untere magnetische Flussdichte B_c1, so dringen Feldlinien in den Leiter ein und erzeugen eine innere magnetische Flussdichte B_i. Wird eine obere kritische magnetische Flussdichte B_c2 erreicht, erfolgt der Übergang in den normalleitenden Zustand. Die Phase $B_\mathrm{c1} < B < B_\mathrm{c2}$, in der magnetische Feldlinien im supraleitenden Zustand eindringen, wird als "Mischzustand" oder "Shubnikov-Phase" bezeichnet. Das unterschiedliche Verhalten Supraleiter 1. Art und 2. Art ist in Abb. 2.1 dargestellt.

---

[a]Es gibt zwei Definitionen kryogener Temperatur: zum Einen Temperaturen unter 120 K (ca. 150°C) durch die Tagung zur Terminologie der Kryotechnik, zum Anderen Temperaturen unter dem Tripelpunkt von Wasser (273,16 K, bzw. 0°C) durch die Cryogenic Engineering Conference 1983 in Colorado [Neu10]. Hier sind Temperaturen < 120 K gemeint.

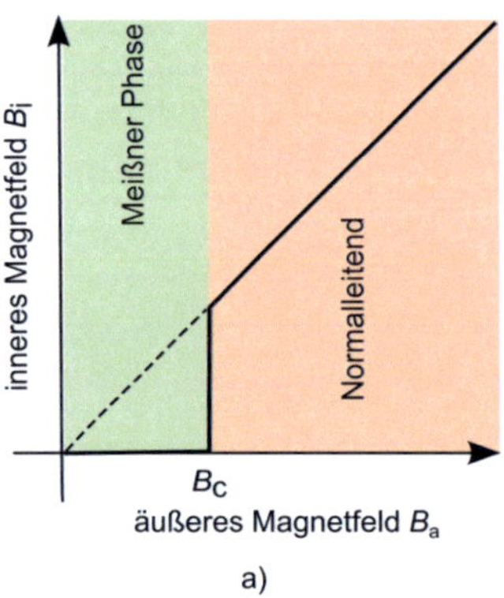

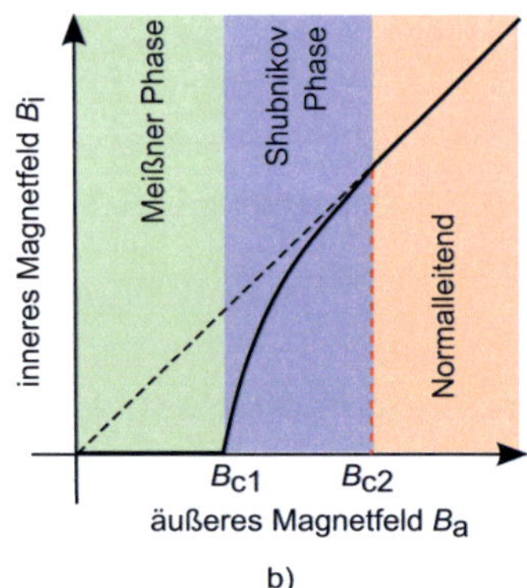

Abb. 2.1: Schematische Darstellung des Eindringens des äußeren Magnetfeldes in a) Supraleiter 1. Art und b) Supraleiter 2. Art nach [Kom95, S. 24]

Die untere Grenze der magnetischen Flussdichte B_c bzw. B_{c1} ist relativ gering, so dass sich nur Supraleiter 2. Art für technische Anwendungen eignen [Kom95, S. 30]. Der Arbeitspunkt befindet sich üblicherweise in der Shubnikov-Phase.

Die ersten technisch verwendbaren Supraleiter waren Tieftemperatur-Supraleiter aus Niob-Titan (NbTi, T_c=9,6 K) und Niob-Zinn (Nb_3Sn, T_c=18 K), die der Klasse der metallischen Supraleiter zugeordnet werden [LGFP01]. Mit der Entdeckung von Lanthan-Barium-Kupferoxid (LaBaCuO) als Supraleiter mit einer Sprungtemperatur von 35 K im Jahre 1986 durch Johannes Bednorz und Karl Müller, wurde Supraleitung in Metalloxiden nachgewiesen und so eine neue Klasse von Supraleitern, die Kupferoxide oder Kuprate, gefunden [Bed86]. Die ersten Verbindungen mit Sprungtemperaturen über dem Siedepunkt von flüssigem Stickstoff waren Yttrium-Barium-Kupferoxid ($YBa_2Cu_3O_{7-x}$), auch YBCO genannt, im Jahre 1987 und Bismut-Strontium-Calcium-Kupferoxid ($Bi_2Sr_2Ca_1Cu_2O_y$ bzw. $Bi_2Sr_2Ca_2Cu_3O_y$), auch BSCCO genannt, im Jahre 1988 [WAT87, MTF88]. Der Anteil der Sauerstoffatome kann variieren und wird durch x bzw. y angegeben. Yttrium kann durch andere Seltene Erden, wie z.B. Dysprosium (Dy) und Gadolinium (Gd) ersetzt werden [FTZ87, CSG10]. Allgemein gebräuchlich ist daher inzwischen die Bezeichnung REBCO, die mit Re (engl. rare earth) alle Seltenen Erden einschließt. Die höchste reproduzierte Sprungtemperatur, unter Umgebungsdruck mit 138 K ($-135,15°C$), wurde 1993 mit der Quecksilberverbindung $Hg_{0.8}Tl_{0.2}Ba_2Ca_2Cu_3O_8$ erreicht [SCGO93].

Die supraleitenden Eigenschaften von Magnesium-Diborid (MgB_2) wurden 2001 entdeckt [NNM01]. Die Sprungtemperatur liegt bei 39 K [NNM01], das physikalische Verhalten ähnelt jedoch eher dem klassischer Metalle. Die günstigen und leicht zu verarbeitenden Materialien lassen, trotz der geringen Sprungtemperatur, eine industrielle Fertigung interessant erscheinen [LGFP01, Hul03].

Supraleitung in sogenannten Pniktiden wurde 2008 entdeckt [YSB09]. Die höchste gemessene Sprungtemperatur in dieser Klasse liegt bei 56 K (−218°C) [WLC08]. Durch den hohen Anteil an giftigen Stoffen wie Arsen wird die technische Nutzung solcher Leiter derzeit jedoch in Frage gestellt. Während die physikalischen Vorgänge in Niedertemperatur-Supraleitern durch die, 1957 von John Bardeen, Leon N. Cooper und John R. Schrieffer entwickelte, BCS-Theorie erklärt werden können, gibt es derzeit für die Klasse der Kuprate keine befriedigende Theorie. Man erhofft sich jedoch, durch Pniktide die Mechanismen der Supraleitung in Kupraten besser zu verstehen und dadurch neue Fortschritte auch im Bereich der Kuprate zu erzielen [KHH06, RCD08, Zaa09].

Für die Zuordnung der Materialien in NTSL oder HTSL gibt es bisher noch keine allgemeingültige Definition. Bei seiner Entdeckung 1986 wurde LaBaCuO als HTSL bezeichnet, da die Sprungtemperatur mit 35 k für die damalige Zeit ungewöhnlich hoch lag. Die bis dahin angenommen möglichen Sprungtemperaturen lagen nach der BCS-Theorie bei maximal 30 K [BCS57, Hul03]. Darauf wurden alle Leiter, die den Kupraten zugeordnet werden, als HTSL bezeichnet. Als Kriterium wird heute die Siedetemperatur von flüssigem Stickstoff[b] verwendet. Dennoch werden einige Verbindungen mit geringeren Sprungtemperaturen, wie z. B. MgB_2, häufig den HTSL zugeordnet [Lee01, S. 188] und [Iwa09, S. V]. Im weiteren Verlauf der Arbeit werden als HTSL lediglich Supraleiter bezeichnet, die den Kupraten zuzuordnen sind und eine Sprungtemperatur über der Siedetemperatur von LN_2 haben.

2.2 Hochtemperatur-Supraleiter für technische Anwendungen

Seit mehreren Jahrzehnten werden Tieftemperatur-Supraleiter, wie NbTi und Nb_3Sn, in zahlreichen Anwendungen eingesetzt. Sie sind inzwischen in Hochfeldmagneten für die Forschung sowie bei hochauflösenden bildgebenden Verfahren wie der Magnetresonanztomographie (MRT) Standard geworden [LGFP01, Lee01, S. 187]. Die Kühlung mit flüssigem Helium oder superfluidem Helium, bei Temperaturen von 1,7 K bis 4,2 K (-271,35°C bis -268,95°C), erfordert aufwendige und leistungsstarke Kühlanlagen, die relativ hohe Kosten in Anschaffung, Betrieb und Wartung verursachen. Der Vorteil einer kostengünstigeren Kühlung mit flüssigem Stickstoff sowie ausgezeichnete technische Eigenschaften in Kombination mit der Aussicht auf eine wirtschaftliche Fertigung großer Mengen, hat in den vergangenen Jahren zur intensiven Weiterentwicklung der Hochtemperatur-Supraleiter geführt.

In der Energietechnik verspricht man sich von HTSL höhere Leistungsdichten bei verbesserten technischen Eigenschaften und höheren Wirkungsgraden der Betriebsmittel. Dabei ist nicht nur die Weiterentwicklung bisheriger Betriebsmittel wie Kabel, Transformatoren oder rotierender Maschinen von Interesse, sondern auch die Entwicklung neuartiger Betriebsmittel wie supraleitende Fehlerstrombegrenzer (SFCL, engl. superconducting fault current limiter)

---

[b] (LN_2, engl. liquid Nitrogen), Siedetemperatur 77,35 K, bzw. -195,8°C unter Normaldruck

oder supraleitende magnetische Energiespeicher (SMES, engl. superconducting magnetic energy storage). Zahlreiche Demonstratorprojekte und zahlreiche Prototypen im Bereich der Energietechnik sind in der Entwicklung oder bereits erfolgreich im Netzbetrieb getestet worden [MYW07, MSB09, KNN06, BSR10, NS07].

Die Anforderungen an die Supraleiter variieren stark von der Anwendung. In Hochfeldmagneten und rotierenden Maschinen müssen die Leiter starken mechanischen Kräften standhalten, in supraleitenden Strombegrenzern hingegen finden Temperaturänderungen von mehreren hundert Kelvin innerhalb weniger Zehntelsekunden statt. Eine Auslegung der mechanischen, elektrischen und thermischen Eigenschaften des Supraleiters muss daher stets dem Anwendungsfall entsprechend erfolgen [LGFP01, Hul03].

Aus der Gruppe der Hochtemperatursupraleiter sind BSCCO und REBCO die für technische Anwendungen am weitesten entwickelten Supraleiter. Beide Verbindungen unterscheiden sich sowohl in der Herstellung als auch in ihren technischen Eigenschaften und Materialien [Hul03]. Für technische Anwendungen können BSSCO-Leiter in Form von Massivmaterial sowie als Bandleiter gefertigt werden. In Abb. 2.2 ist die Aufnahme eines BSSCO-Bandleiters im Querschnitt dargestellt.

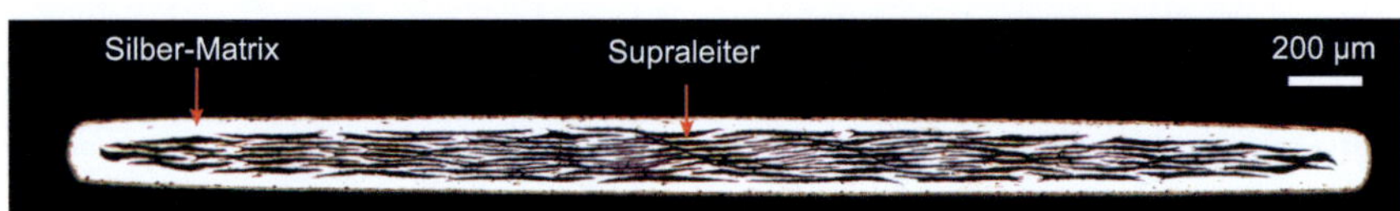

Abb. 2.2: Querschnitt durch einen BSCCO-Bandleiter. Die Silbermatrix ist als heller Bereich erkennbar, die dunklen Bereiche sind die supraleitenden Filamente [GSR08].

Die BSCCO-Bandleiter werden nach der Pulver-in-Rohr-Methode (PID, engl. Powder in Tube) hergestellt. Dabei werden die Ausgangsmaterialien zunächst gemahlen, gesintert und dann in Röhren abgefüllt. Die Röhren werden extrudiert oder gezogen und danach zu Bündel zusammengefasst. Die Bündel werden erneut extrudiert und wieder gebündelt. Dieser Vorgang kann sich mehrmals wiederholen. Anschließend werden die Leiter erneut geglüht und gewalzt. Auch dieser Vorgang wird mehrfach wiederholt. Die verwendeten Rohre müssen eine sehr hohe Sauerstoffdiffusionsrate besitzen. Es werden daher derzeit ausschließlich Rohre aus Silber oder Silberlegierung verwendet [RWHM92]. Die Herstellungskosten werden bei BSSCO-Bandleitern hauptsächlich von den Materialkosten der Silbermatrix bestimmt [Hul03, Gra00].

REBCO-Leiter können ebenfalls als Massivmaterial und als Bandleiter hergestellt werden. Da in dieser Arbeit ausschließlich REBCO-Bandleiter untersucht wurden, wird deren Aufbau und Herstellung im nachfolgenden Kapitel detailliert vorgestellt.

2.3 Aufbau von R*E*BCO-Bandleitern

R*E*BCO-Bandleiter haben einen schichtweisen Aufbau. Als Basis wird ein Substrat aus einer Nickellegierung verwendet. Auf das Substratband werden Pufferschichten sowie die Supraleiterschicht aufgebracht. Zum Schutz und zur elektrischen Stabilisierung wird der Leiter mit einer dünnen Silberschicht versehen [Sch09a, S. 12]. Zusätzlich kann der Leiter mit einer Stabilisierung aus Edelstahl, Kupfer oder Bronze versehen werden [RLT10]. In Abb. 2.3 ist der schematische Aufbau eines R*E*BCO-Bandleiters dargestellt. Die Aufgaben und Werkstoffe der einzelnen Schichten werden in diesem Kapitel erläutert.

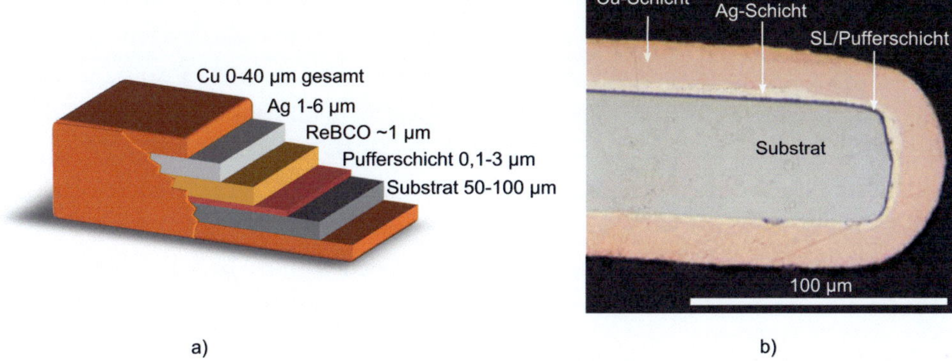

Abb. 2.3: Aufbau von R*E*BCO-Bandleiter, a) schematische Darstellung des Schichtaufbaus eines R*E*BCO-Bandleiters mit zusätzlicher Stabilisierung aus Kupfer (nicht maßstabsgetreu), b) Foto eines R*E*BCO-Bandleiters (rechter Rand). Deutlich zu erkennen ist das Verhältnis der Schichtdicken zueinander [Sel11, Grafik und Foto].

Das Substratband dient als flexibles Trägermaterial für die Puffer- und Supraleiterschicht. Typische Materialien sind Nickel-Wolfram-Legierungen (NiW(5%at)) oder Nickel-Chrom-Molybdän-Legierungen (z.B. Hastelloy© C276) [Sel11]. Die mechanischen Eigenschaften des Substrats sind maßgeblich für die mechanische Festigkeit des Supraleiters verantwortlich, da das Substrat die mechanischen Kräfte aufnehmen muss, um die spröde Supraleiterschicht vor mechanischer Zerstörung zu schützen. Bedingt durch die hohe Temperaturdifferenz zwischen Fertigung (1000 K) und Betrieb (z. B. 77 K) sollten die thermischen Ausdehnungskoeffizienten der verwendeten Materialien ähnlich sein, um mechanische Spannungen zu verringern. Zur Verringerung der Wechselstromverluste, sollte das Substrat hochohmig und nicht magnetisch sein [AMS00, DGL05, Sch09a, S. 13].

Die Pufferschichten dienen als chemische Barriere zwischen Substrat und Supraleiterschicht und geben die Gitterstruktur für die Ausrichtung der Kristalle der Supraleiterschicht vor. Je nach Herstellungsverfahren der Leiter wird dazu die Gitterstruktur in der Pufferschicht erzeugt (IBAD-Verfahren, engl. Ion Beam Assisted Deposition, und ISD-Verfahren, engl. Inclined Substrate

Deposition) oder von bereits strukturierten Substratbändern übernommen (RABiTS, engl. Rolling Assisted Biaxial Textured Substrate) [IKST00, GNB96, RRS07, BSK99, DR09]. Die Verfahren unterscheiden sich in ihren Eigenschaften bezüglich Qualität der Textur, Magnetisierbarkeit des Substratbandes, mechanischer Stabilität und Herstellungsgeschwindigkeit [Sch09a]. Die Pufferschichten besitzen einen relativ hohen elektrischen Widerstand, welcher bei Betrachtungen zur Stromumverteilung berücksichtigt werden muss [LBB07]. Aufgrund der unterschiedlichen Anforderungen an die Pufferschichten, variiert die Schichtdicke zwischen 0,2 µm beim IBAD- und RABiTS-Verfahren und 3 µm beim ISD-Verfahren.

Die Supraleiterschicht besitzt eine polykristalline Struktur und ist lediglich wenige µm dick. Durch die kristalline Struktur ist die Supraleiterschicht sehr porös und kann mechanisch sehr leicht zerstört werden. Aufgrund der Anisotropie der REBCO-Elementarzellen, müssen die Achsen der Kristalle möglichst gleichmäßig ausgerichtet sein (biaxiale Textur), um eine hohe Stromtragfähigkeit zu erhalten [CMP07]. Das Wandern von Flussschläuchen wird durch gezielt in das Kristallgitter eingebrachte Störstellen, die als Haftzentren (Pinning-Zentren) dienen, verhindert. Es gibt verschiedene Verfahren um die Supraleiterschicht auf texturiertem Material abzuscheiden. Wichtige Hersteller verwenden die metallorganische chemischen Gasphasenabscheidung (MOCVD, engl. metal organic chemical vapor deposition) bzw. ein metallorganisches Abscheideverfahren (MOD, engl. metal-organic deposition process) [SCX07, RLT10].

Die Deckschicht besteht meistens aus Silber, kann aber auch aus Gold oder Kupfer sein. Neben dem Schutz der Supraleiterschicht vor mechanischen Einflüssen dient sie auch der elektrischen und thermischen Stabilisierung. Zum Aufbringen wird ein Bedampfungs- oder Kathodenzerstäubungsverfahren (engl. Sputtern) verwendet [Uso07].

Zur besseren mechanischen, elektrischen und thermischen Stabilisierung kann eine zusätzliche Schicht aufgebracht werden. Häufig wird Kupfer oder Edelstahl, teilweise auch Bronze verwendet. Die Materialien werden durch elektrochemische Abscheidung aufgebracht oder mit einem Lötbad aufgelötet [SD10, RLT10].

In [Sch09a, S. 20] wurde ein Überblick und qualitativer Vergleich der verschiedenen Herstellungsverfahren für REBCO-Bandleiter dargestellt.

2.4 Technische Eigenschaften und kritische Größen von REBCO-Bandleitern

Der Übergang vom supraleitenden Zustand in den normalleitenden Zustand kann durch die Überschreitung der kritischen Temperatur T_c, der oberen kritischen magnetischen Flussdichte B_{c2} oder der kritischen Stromdichte j_c erfolgen. Dabei beeinflussen sich die drei kritischen Größen gegenseitig. Die kritische magnetische Flussdichte B_{c2} ist von der Temperatur T abhängig und kann in guter Näherung durch Gl. 2.1 nachgebildet werden [Kom95, S. 35], [Dre95, S. 3]

$$B_{C2}(T) = B_{C2}(0\,K) \cdot \left(1 - \left(\frac{T}{T_c}\right)^2\right).\qquad [2.1]$$

Der in Gl. 2.2 dargestellte Zusammenhang zwischen kritischer Stromdichte j_c und der magnetischen Flussdichte B bei konstanter Temperatur wurde von Kim et al. bereits 1963 empirisch ermittelt [KHS63]

$$j_c = \frac{\beta_B}{B + B_0}.\qquad [2.2]$$

Dabei stellen β_B und B_0 Konstanten dar. B_0 liegt in Größenordnungen von wenigen hundertstel Tesla und kann daher bei hohen Magnetfeldern vernachlässigt werden. Mit dieser Annahme verhält sich die kritische Stromdichte j_c bei hohen externen Magnetfeldern umgekehrt proportional der magnetischen Flussdichte B [Dre95, S. 8].

Die drei kritischen Größen spannen einen Raum auf, in dem sich der Supraleiter im supraleitenden Zustand befindet und in dem somit auch der Arbeitspunkt des Supraleiters liegt. Das Zusammenwirken der kritischen Größen ist in Abb. 2.4a schematisch dargestellt. Ein Ausschnitt der Hüllfläche für die Beziehung $j(T)$ ist in Abb. 2.4b schematisch dargestellt. Der Leiter muss auch bei Schwankungen der Temperatur und des Stromes noch sicher im supraleitenden Zustand betrieben werden können. Daher wird stets ein Abstand zu den kritischen Größen eingehalten. Der Abstand der Stromdichte am Arbeitspunkt j_{AP} zur kritischen Stromdichte j_c wird Stromreserve, der Abstand der Temperatur am Arbeitspunkt T_{AP} zur Temperatur T_{cs} (cs, engl. current sharing) wird Temperaturreserve genannt. Ab der Temperatur T_{cs} erreicht der Widerstand der Supraleiterschicht einen Betrag, bei dem eine signifikante Aufteilung des Stromes zwischen der Supraleiterschicht und den normalleitenden Schichten stattfindet. Die Temperatur T_{cs} ist eine Funktion der Stromdichte im Supraleitermaterial (vergl. Gl. 2.3) und des Ersatzwiderstands der normalleitenden Schichten. Die Temperatur T_{cs} ist ein Begriff der klassischen Stabilitätskriterien, auf die in Kapitel 3 detailliert eingegangen wird [STS69, Iwa09, S. 357].

Betrachtet man den Übergang von der Supraleitung in die Normalleitung im Detail, erkennt man einen Übergangsbereich der sich über eine Temperaturspanne ΔT erstreckt. Diese Temperaturspanne kann bei R*E*BCO-Bandleitern mehrere mK betragen. Für die Definition von T_c ergeben sich daraus verschiedenen Möglichkeiten.

Die Temperatur bei

- Abweichung vom linearen Bereich der $R(T)$-Kennlinie wird als $T_{c,onset}$ bezeichnet,

- der Widerstand auf 50% abgefallen ist wird als $T_{c,50}$ bezeichnet,

- der kein Widerstand mehr messbar ist wird als $T_{c,0}$ bezeichnet [Gau01, Cav98].

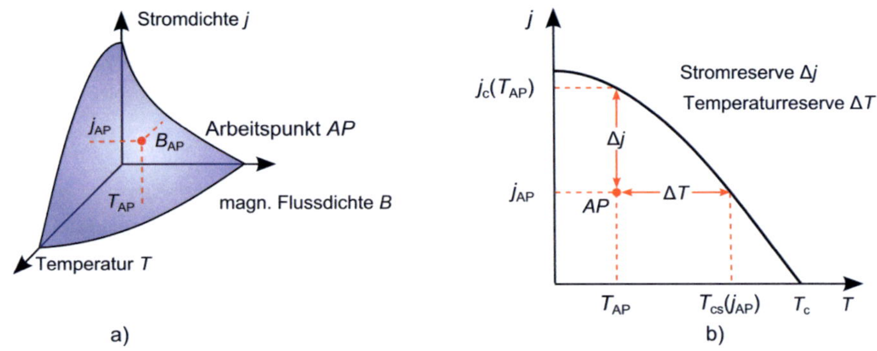

Abb. 2.4: Darstellung der kritischen Größen: a) schematische Darstellung des Zusammenwirkens der kritischen Größen nach Komarek [Kom95, S. 34]. Der supraleitende Zustand liegt nur bei Unterschreitung der kritischen Größen vor. Der Arbeitspunkt befindet sich daher innerhalb des aufgespannten Raumes. Zwischen dem Arbeitspunkt und den kritischen Größen besteht eine Sicherheitsreserve (b). Zeichnung b) nach [Iwa09, S. 357].

Für diese Arbeit wird als Definition der Sprungtemperatur die Reduktion des Widerstandes auf 50% verwendet. Der Übergangsbereich vom supraleitenden in den normalleitenden Zustand mit den verschiedenen Definitionen für T_c ist in Abb. 2.5 dargestellt. Die kritische Temperatur ist neben dem Supraleitermaterial selbst auch von der Dotierung und der Herstellung des Leiters abhängig [Buc94, Kom95, Cav98].

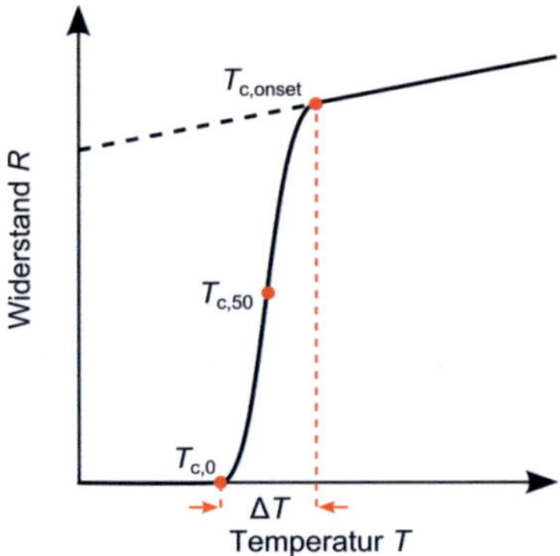

Abb. 2.5: Schematische Darstellung des Übergangs vom supraleitenden Zustand in den normalleitenden Zustand bei überschreiten der Sprungtemperatur mit verschiedenen Definitionen der kritischen Temperatur T_c [Gau01, Cav98]

Übersteigt die magnetische Flussdichte B den kritischen Wert, so geht der Supraleiter in die Normalleitung über. Es ist dabei egal, ob das Magnetfeld durch einen Stromfluss im Supraleiter (Eigenfeld) oder durch ein externes Magnetfeld (Fremdfeld) hervorgerufen wird. Durch die Anisotropie der Kristallstruktur ist der Einfluss des Magnetfeldes stark richtungsabhängig.

Typisch für R*E*BCO-Bandleiter ist eine 3-mal höhere kritische Stromdichte bei Magnetfeldern senkrecht zur a-b-Ebene der Kristalle bzw. senkrecht zum Bandleiter [SXM08].

Die kritische Stromdichte j_c ist die auf den Querschnitt der supraleitenden Schicht bezogene Stromdichte, bei der über dem Leiter die kritische Feldstärke E_c anliegt. Der dabei fließende Strom im Leiter wird als kritischer Strom I_c bezeichnet. Eine in der Praxis häufig wichtigere Größe ist der kritische Strom bezogen auf den Querschnitt des gesamten Supraleiters, die als technische Stromdichte j_e (e von engl. engineering) bezeichnet wird [See98a].

Als kritische Feldstärke E_c hat sich 1 μV/cm durchgesetzt, dies ist jedoch für Hochtemperatur-Supraleiter nicht genormt und sollte bei der Angabe der kritischen Stromdichte, neben der Temperatur und einem eventuell vorhandenen externen Magnetfeld, mit angegeben werden [CE77]. Liegt kein externes Magnetfeld an, so wirkt auf den Leiter das durch den Strom hervorgerufene Eigenfeld.

Die elektrische Feldstärke E als Funktion der Stromdichte j wird in einer E-j-Kennlinie dargestellt (Abb. 2.6a). Empirische Untersuchungen führten zu einer Beschreibung der E-j-Kennlinie mittels der Potenzfunktion in Gl. 2.3. Mit dieser Funktion kann insbesondere der Bereich um j_c angenähert werden [Wal74, Kom95, Buc94, See98a, Lee01]

$$E = E_c \cdot \left(\frac{j}{j_c} \right)^n .$$

[2.3]

Mit n wird der n-Wert bezeichnet, der den Logarithmus der Steigung an der Stelle j_c beschreibt (Abb. 2.6b). Die E-j-Kennlinie verdeutlicht, dass der Übergang in die Normalleitung stark nichtlinear, jedoch nicht sprunghaft verläuft.

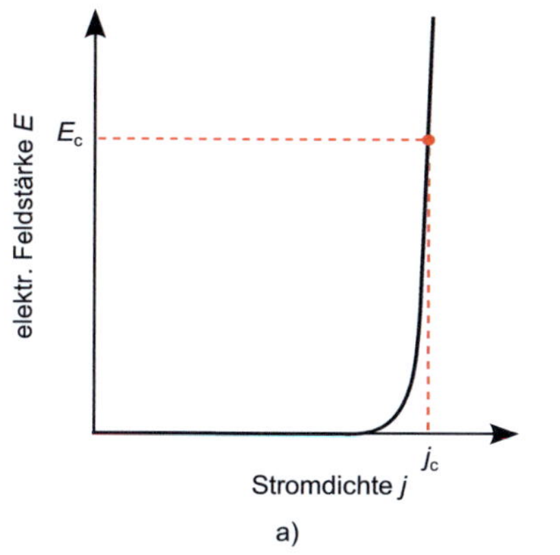

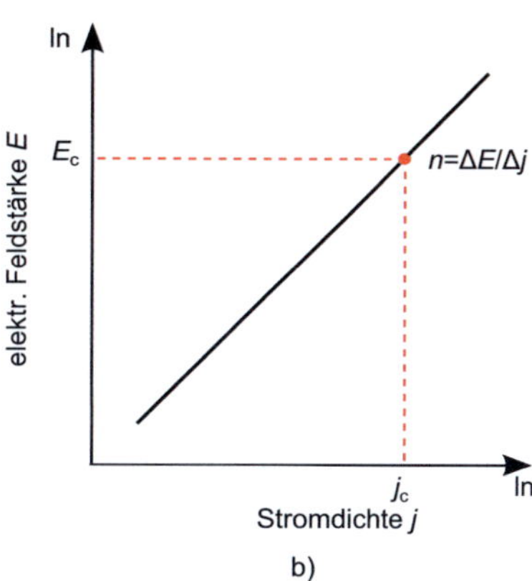

Abb. 2.6: Schematischer Verlauf der Feldstärke in Abhängigkeit des Stromes. Allgemein gilt, dass bei einer kritischen Feldstärke E_c von 1 μV/cm der kritische Strom I_c bei der entsprechenden Temperatur (z.B. 77 K) und dem entsprechenden äußeren Magnetfeld B erreicht ist (a). Der Logarithmus der Steigung an der Stelle j_c liefert den n-Wert (b) [Wal74, Sch09a, S. 27].

Defekte in der Supraleiterschicht und Schwankungen im Produktionsprozess führen zu einer inhomogenen kritischen Stromdichte des Leiters, die sich auf die charakteristischen Eigenschaften des gesamten Leiters auswirkt [WXL03, WGZL10]. Die Inhomogenität des kritischen Stromes eines R*E*BCO-Bandleiters über die Leiterlänge ist beispielhaft in Abb. 2.7 dargestellt. Die Messung erfolgte mit einer kommerziellen TAPESTAR®-Anlage. Die messtechnische Erfassung der Stromverteilung in Supraleiter war Gegenstand zahlreicher Untersuchungen [WLX07, FNS04, IAH09, SYI02]. Die kritische Stromstärke variiert nicht nur über die Länge des Leiters, sondern auch über die Breite des Leiters [IAH09, FNS04].

Der Einfluss der Inhomogenität der kritischen Stromdichte auf das elektrische und thermische Verhalten von R*E*BCO-Bandleitern ist Gegenstand dieser Arbeit und wird in den Kapiteln 6, 7 und 8 ausführlich behandelt.

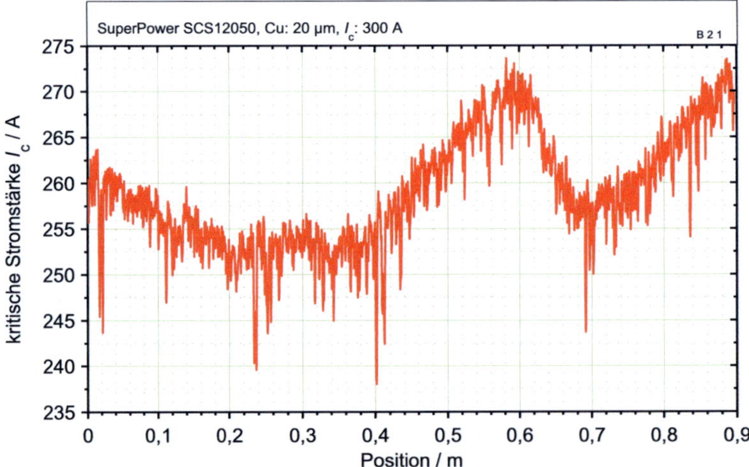

Abb. 2.7: Variation des kritischen Stromes über die Länge eines Bandleiters. Der Leiter wurde im IBAD-MOCVD-Verfahren hergestellt. Die Messung erfolgte mit einer TAPESTAR®-Anlage.

Fließt ein Strom durch den Leiter, der eine magnetische Flussdichte (Eigenfeld) $B > B_{c1}$ zur Folge hat, dringen Flussschläuche in den Leiter ein (Shubnikovphase). Auf die Flussschläuche wirkt die Lorenzkraft

$$F_L = B_i \cdot I \cdot \ell.$$ [2.4]

Die Lorenzkraft ist proportional abhängig von der inneren magnetischen Flussdichte B_i, dem Strom I durch den Leiter und der Leiterlänge ℓ. Die Flussschläuche wandern aufgrund der Lorenzkraft F_L durch den Leiter. Dieser Vorgang wird als Flussfließen bezeichnet. Das Flussfließen dissipiert Energie, was zu einer Erwärmung des Leiters und einer Reduktion des kritischen Stromes führt. Ein verlustloser Stromtransport durch den Leiter ist in der Shubnikovphase daher nicht möglich.

In technischen Supraleitern werden gezielt Störstellen (Pinningzentren) eingebracht, an denen sich die Flussschläuche verankern. Übersteigt die auf den Flussschlauch wirkende Lorenzkraft die Pinningkraft, so kommt es zum Losreißen des Flussschlauches.

Die dissipierte Energie wird aus dem Transportstrom "gewonnen" und tritt nach außen als Widerstand auf. Obwohl sich der Leiter im supraleitenden Zustand befindet, fällt beim Flussfließen eine Spannung über ihm ab.

Die kritische Stromdichte ist genau dann erreicht, wenn ein Gleichgewicht zwischen Pinningkraft und Lorenzkraft besteht. Überlagert ein äußeres Magnetfeld das Eigenfeld des Leiters, so vergrößert sich die Lorrenzkraft um den Anteil des äußeren Magnetfeldes und reduziert die kritische Stromdichte [Kom95, GBK02, Lee01].

Ein verlustloser Stromtransport in Supraleitern 2. Art ist nur bei Gleichströmen möglich, da sich verändernde Magnetfelder Verluste im Leiter verursachen. Die Verlustmechanismen sind Hystereseverluste durch das Wandern (auch Ein- und Ausdringen) von Flussschläuchen und Wirbelstromverluste in den normalleitenden Schichten des Supraleiters. Da in dieser Arbeit die Betrachtungen der Stabilität im Übergangsbereich zur Normalleitung und bei hohen Überströmen im Vordergrund steht, kann der Anteil der Wechselstromverluste am Aufwärm- und Rückkühlverhalten vernachlässigt werden.

Weitergehende Informationen zu Wechselstromverlusten finden sich in [Kom95, See98b, Iwa09].

In technischen Anwendungen werden Supraleiter mit verschiedensten mechanischen Beanspruchungen beaufschlagt. So treten bei Anwendungen wie rotierende Maschinen und Magneten starke Zugkräfte auf [Eki03, BSR10]. Enge Biegeradien können Risse in der dünnen Supraleiterschicht von R*E*BCO-Bandleitern verursachen. Die maximale Zug- und Druckspannung wird sehr stark durch die mechanischen Eigenschaften des Substrats und der zusätzliche Stabilisierung bestimmt. Die Hersteller bieten teilweise Leiter mit verbesserten mechanischen Eigenschaften an. Diese Leiter weisen meist ein besonderes Substrat oder eine besondere zusätzliche Stabilisierung (z.B. aus Edelstahl oder Bronze) auf. Die mechanischen Eigenschaften wie Biegeradius, maximale Zug-, Druck- und Torsionsspannung waren Gegenstand ausgiebiger Untersuchungen [CEC06, LE08, CEC03, SDD09, URK05, BWG10].

Typische Werte für R*E*BCO-Bandleiter sind ein minimaler Biegeradius von 11 mm bei Raumtemperatur (RT) und eine Zugspannung von 550 MPa bei einer Dehnung von 0,45 %[c] [Sup09].

Neben den mechanischen Größen gibt es technische Parameter, welche die Grenzen der Belastbarkeit des Supraleiters beschreiben. Die maximale Temperatur, auf die R*E*BCO-Bandleiter erwärmt werden können ohne das eine Degradation des kritischen Stromes gemessen wurde, beträgt je nach Aufbau des Leiters zwischen 300 K und 700 K [Sch09a, S. 58-62].

---

[c]Werte für einen 12 mm breiten Leiter der Firma SuperPower bei einer Substratdicke von 105 µm und einer zusätzlichen Stabilisierung aus 40 µm Kupfer.

Eine Zusammenstellung technischer Kennwerte von industriell hergestellten R*E*BCO-Leitern ist in Tab. 2.1 gegeben. Detaillierte Informationen zu Geschichte, Herstellung und technischen Eigenschaften sind in [LGFP01, Buc94, Kom95, Sch09a, Iwa09] zu finden.

2.5 Stand der Entwicklung von R*E*BCO-Bandleitern

Von mehreren Firmen werden R*E*BCO-Bandleiter kommerziell angeboten. Die bedeutendsten Hersteller sind derzeit SuperPower und American Superconductor. Die Jahresproduktion beider Firmen betrug 2010 ca. 300 km [Pru10]. Leiterlängen von einigen 100 m sind von SuperPower routinemäßig herstellbar. Die Produktionskapazität von American Superconductor liegt bei bis zu 1000 Kilometer im Jahr. Verschiedene Hersteller wollen ihre Produktionskapazität ebenfalls auf bis zu 1000 Kilometer im Jahr ausbauen [SD10, Sel11, Sel10, RRS07, RLT10]. Die Firma Bruker hat eine neue Produktionsanlage in Betrieb genommen und erste Leiter gefertigt, die Firma Theva baut gerade eine Produktionsanlage auf [Aub10, Aub11, Bau11]. Derzeitige Leiter sind in ihren mechanischen und elektrischen Eigenschaften soweit entwickelt, dass eine technische Anwendung möglich ist.

Die Produktionskapazität und die Fähigkeit homogene Leiter in größeren Längen zu fertigen lassen Demonstratorprojekte zu. So wurden im Bereich der Energietechnik zahlreiche Projekte mit Hochtemperatur-Supraleitern realisiert, wobei die Betriebsmittel zunehmend im realen Netz eingesetzt und getestet wurden [TP11].

Der spezifische Leiterpreis von heute 150-300 US$ pro kA und Meter Länge ist für eine breite kommerzielle Anwendung zu hoch. Derzeitige Expertisen gehen davon aus, dass der spezifische Preis auf ca. 1/10 gesenkt werden muss. Um dies zu erreichen wird versucht den kritischen Strom des Leiters zu erhöhen und die Produktionskapazität zu steigern. Für Anwendungen im Eigenfeld kann dies durch eine dickere Supraleiterschicht erfolgen. Um den kritischen Strom in hohen Magnetfeldern zu erhöhen können andere Seltene Erden beigemischt, sowie die Störstellen zur Flussschlauchverankerung mittels Nanotechnologie optimiert werden [Sel11, Leh11].

Um die Wechselstromverluste in R*E*BCO-Leitern zu reduzieren wird an einer Segmentierung der Leiter entlang der x-Ebene geforscht. Mit der Segmentierung in mehrere Filamente, konnten die Wechselstromverluste deutlich reduziert werden [Sel11, Sel10]. Um hohe Ströme zu transportieren, werden mehrere Leiter zu einem Multifilamentleiter zusammengefasst. Um auch hier die Wechselstromverluste zu reduzieren wird, daran gearbeitet die einzelnen Leiter als Roebel-Leiter zu verseilen. Das Foto eines Roebel-Leiters mit segmentierten Einzelbändern ist in Abb. 2.8 dargestellt. Eine Verseilung mehrerer Roebel-Leiter zu einem Rutherford-Kabel könnte die Wechselstromverluste weiter reduzieren [GSR08, TVP10, TVG11, SGG11].

Es wird eine deutliche Verbesserung der Eigenschaften von R*E*BCO-Leitern, insbesondere in externen Magnetfeldern und im Wechselstrombetrieb in naher Zukunft erwartet. Der kritische

Tab. 2.1: Übersicht ausgewählter technischer Kennwerte von REBCO-Leitern

| Hersteller | Typ | elektr. Parameter | | mechanische Parameter | | Geometrie | | | Stabilisierung | Verfahren |
		I_c / A·cm^{-1}	j_e / A·mm^{-2}	σ_z / MPa	r_B / mm	h_g / mm	h_S / µm	b / mm		
American	Copper 4.8[k]	$\geq$200	100[a]	150	30	0,18-0,22	50-75[h]	4,7-4,95	Cu	RABITS,
Superconductor	Copper 12[l]	$\geq$200	100[a]	150	30	0,18-0,22	50-75[h]	11,9-12,3	Cu	MOD[h]
(AMSC)	Brass 4.4[m]	$\geq$200	46[a]	200	35	0,36-0,44	50-75[h]	4,24-4,55	Bronze	
Bruker EST	YHT 50µm	338[d]	647[a]	650[d]	5[d]	0,05[d]	50[d]	4[d]	Cu	PLD[h]
(BEST)	YHT 100µm	338[d]	337[a]	650[d]	9[d]	0,105 [d]	100[d]	4[d]	Cu	
Fujikura Ltd.	k.A.	572[h]	286[a]	k.A.	k.A.	0,15-0,2[h]	100[h]	10[b]	Cu[b]	IBAD, PLD[b]
Sumitomo[e]	CC1	150-250	100-166[a]	500[h]	k.A.	0,15	100	2	Cu	RABITS[h]
SuperPower	SF4050	>250[n]	>450[a]	k.A.	11[c]	0,055[c]	50[c]	4[c]	-	IBAD,
	SF12050	>250[n]	>450[a]	k.A.	11[c]	0,055[c]	50[c]	12[c]	-	PLD[h]
	SF12100	>250[n]	>240[a]	k.A.	25[c]	0,105[c]	100[c]	12[c]	-	
	SCS4050	>250[n]	>250[a]	>550 (@77 K)[c]	11[c]	0,1[c]	50[c]	4[c]	Cu	
	SCS12050	>250[n]	>250[a]	>550 (@77 K)[c]	11[c]	0,1	50	12	Cu	

I_c: kritischer Strom; j_e: technische Stromdichte; σ_z: max. Zugspannung (@RT); r_B: min. Biegeradius (@RT); h_g: Gesamthöhe; h_S: Substrathöhe; b: Leiterbreite
[a]berechnete Werte; [b][IMT09]; [c][Sup09]; [d][Bru]; [e][OYM10]; [f][HLK10]; [g][MOY10]; [h][Flu11]; [i][Pru10]; [j][Fuj11]; [k][Ame11c]; [l][Ame11b]; [m][Ame11a]; [n][Leh11]

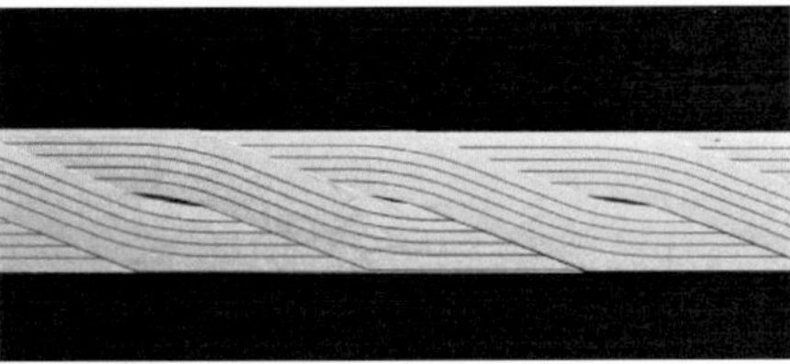

Abb. 2.8: Um die Wechselstromverluste zu reduzieren, werden einzelne REBCO-Leitern zu einem Ro-ebelkabel verseilt. Zur weiteren Reduktion der Wechselstromverluste sind die Einzelleiter in Leiterbahnen segmentiert worden [TVG11].

Strom soll bis 2016 auf 1000 A/cm gesteigert werden. Der auf die Stromtragfähigkeit bezogene Preis soll sich bis 2016 auf 50 US$/kAm reduzieren [Sel11].

Zahlreichen Demonstratorprojekte sind bereits erfolgreich abgeschlossen, weitere Projekte befinden sich in der Planung oder Ausführung. Insbesondere in der Energietechnik erhofft man sich so die Alltagstauglichkeit der Technik zu beweisen. Der zur Zeit noch hohe Preis für HTSL-Anwendungen lässt dennoch erwarten, dass zunächst Anwendungen realisiert werden, die mit konventioneller Technik nicht möglich sind und ein Alleinstellungsmerkmal der Supraleitertech-nologie sind. Ein Beispiel hierfür sind supraleitende Strombegrenzer, welche sich bereits an der Schwelle zur Kommerzialisierung befinden [Bac10]. Für die nahe Zukunft ist eine deutliche Stei-gerung der Anzahl supraleitenden Anwendungen im Netzbetrieb der Energieversorger sowie die Verfügbarkeit erster kommerzieller Anwendungen mit Hochtemperatur-Supraleitern zu erwarten.

3 Klassische Modelle zur Stabilität von Supraleitern

Beim Bau der ersten supraleitenden Magnete wurde festgestellt, dass neben den genannten technischen und wirtschaftlichen Eigenschaften, eine weitere Eigenschaft von fundamentaler Bedeutung für die technische Nutzung von Supraleitern ist: Die Stabilität des supraleitenden Zustandes gegenüber Störungen.

Stekly und Zar gaben bereits 1965 eine Definition für die Stabilität von Supraleitern [SZ65]:

> "Unter einem stabilen Leiter wird ein Leiter verstanden, der nach einer Störung,
> egal ob selbstgeneriert (durch Flussspringen) oder extern verursacht (Vibrationen,
> schnelle Feldänderungen, temporäre Überströme), in den supraleitenden Zustand
> zurückkehrt."

In diesem Kapitel wird zunächst auf die Mechanismen von Störungen und die Wärmebilanz eines Supraleiters eingegangen. Danach wird die Stromaufteilung nach dem Modell des kritischen Zustandes (Bean-Modell [Bea64]) vorgestellt. Im Anschluss werden klassische Modelle wie das Stekly-Kriterium, das Flächengleichgewichtstheorem und das Modell des minimalen Ausbreitungsbereiches (engl. minimum propagating zone, MPZ) behandelt. Aktuelle Untersuchungen auf Basis numerischer Modelle und FEM-Programme (Finite-Elemente-Methode, engl. finite-element-method) werden am Ende des Kapitels erläutert.

Flussspringen und mechanische Instabilität galten bei supraleitenden Magneten als Hauptursache der Degradation [WI78]. Abhängig von der Anwendung sind auch Wechselstromverluste, Wärmelecks im Kryostaten oder nukleare Zerfallswärme sowie Partikelschauer zu berücksichtigen [Iwa09]. Die Störungen unterscheiden sich in ihrer Energiedichte, Dauer und räumlichen Ausdehnung. Für eine Auswahl der häufigsten Störungen ist in Abb. 3.1 die Energiedichte über die Stördauer aufgetragen.

Die Erhöhung der Temperatur des Bandleiters und der dadurch bedingte (lokale) Übergang in den normalleitenden Zustand wird als Quench bezeichnet [Wil83, S. 67].

Grundlegend für Betrachtungen zur Stabilität ist die Wärmebilanz des Leiters, gemäß der zeitabhängigen, eindimensionalen Wärmeleitungsgleichung [Kom95, S. 53], [IA95, S, 352]

$$ c(T)\,\rho_\mathrm{D}\frac{\partial T}{\partial \mathrm{t}} = \dot{Q}'''_\mathrm{Joule} + \dot{Q}'''_\mathrm{ext} + \frac{\partial}{\partial \mathrm{x}}\left(\lambda(T)\frac{\partial T}{\partial \mathrm{x}}\right) - \dot{Q}'''_\mathrm{B}(T). \tag{3.1} $$

Zur besseren Übersicht sind die Terme und Variablen auf das Volumen des Leiters bezogen. Die eindimensionale Gleichung erfordert die Annahme einer homogenen Temperatur über die

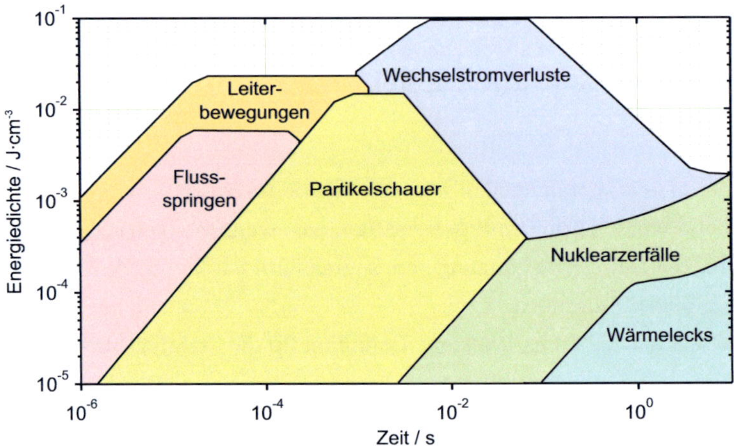

Abb. 3.1: Spektrum der Energiedichte pro Volumeneinheit verschiedener Störungen nach L. Bottura aus [Iwa09]

Höhe und Breite des Leiters. Die einzelnen Terme der Wärmeleitungsgleichung sind in Abb. 3.2 dargestellt und werden nachfolgend beschrieben.

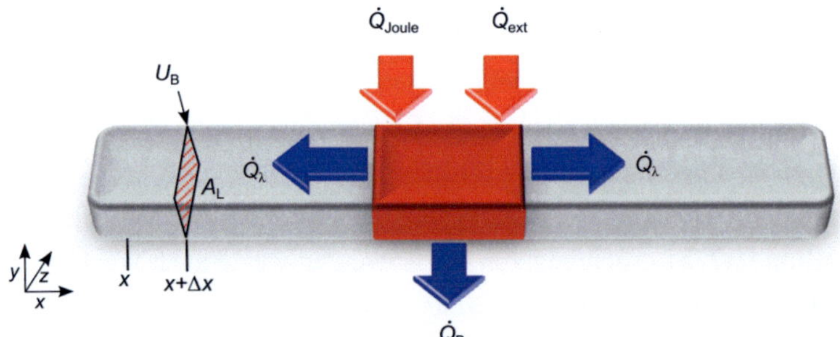

Abb. 3.2: Wärmebilanz eines Bandleiters im Kühlbad mit den Wärmeflüssen in das Kühlbad $\dot{Q}_\text{B}$, durch Wärmeleitung $\dot{Q}_\lambda$, Joulesche Wärme $\dot{Q}_\text{Joule}$ und dem externen Wärmefluss $\dot{Q}_\text{ext}$

Die Terme der rechten Seite in Gl. 3.1 beschreiben die zugeführten und abgeführten Wärmeströme. Der Term auf der linken Seite beschreibt die zu einer Temperaturänderung führende Differenz der Wärmeströme

$$c\left(T\right) \cdot \rho_\text{D} \frac{\partial T}{\partial \text{t}} = \Delta \dot{Q}''', \qquad [3.2]$$

mit der temperaturabhängigen spezifischen Wärmekapazität c und der Dichte ρ_D des Leiters. Dabei ergibt sich aus der spezifischen Wärmekapazität c und dem volumenbezogenen Wärmestrom $\Delta\dot{Q}'''$ die Temperaturänderung ∂T des Leiters im Zeitintervall ∂t. Bei Annahme stationärer

Bedingungen gilt $\partial T / \partial t = 0 = \Delta \dot{Q}'''$, was einem Gleichgewicht aus zu- und abfließenden Wärmeströmen entspricht.

Der durch Joulesche Verluste eingebrachte Wärmestrom pro Volumen $\dot{Q}'''_{\text{Joule}}$ berechnet sich zu

$$\dot{Q}'''_{\text{Joule}} = j^2(t) \cdot \rho_{\text{L}}(T), \qquad [3.3]$$

mit dem temperaturabhängigen, spezifischen Widerstand des Leiters $\rho_{\text{L}}(T)$ und der Stromdichte im Leiter $j(t)$, die zeitabhängig sein kann.

Zusätzlich auftretende Wärmestromdichten nicht Jouleschen Ursprungs, z.B. durch Wärmelecks oder mechanische Einwirkungen, können durch $\dot{Q}'''_{\text{ext}}$ berücksichtigt werden.

Eine inhomogene Temperaturverteilung über den Leiter hat einen Wärmefluss $\dot{Q}_\lambda$ längs des Leiters zur Folge. Im eindimensionalen Fall ergibt sich der Wärmefluss pro Volumen $\dot{Q}'''_\lambda$ zu

$$\dot{Q}'''_\lambda = \frac{\partial}{\partial \text{x}} \left(\lambda \left(T \right) \frac{\partial T}{\partial \text{x}} \right), \qquad [3.4]$$

mit der temperaturabhängigen spezifischen Wärmeleitfähigkeit λ und dem Temperaturgradient ∂T über die Distanz ∂x.

Die an das Kühlbad abgegebene Wärmestromdichte $\dot{Q}''_{\text{B}}(T)$ pro gekühlter Oberfläche ist eine Funktion der Temperatur. Von Stekly wurde eine lineare Temperaturabhängigkeit angenommen, die es erlaubt, eine qualitative Berechnung relativ einfach durchzuführen. Der auf das Volumen bezogene Wärmestrom in das Kühlbad ergibt sich zu

$$\dot{Q}'''_{\text{B}}(T) = \frac{U_{\text{B}}}{A_{\text{L}}} \alpha_{\text{B}} \cdot (T_{\text{L}} - T_{\text{B}}), \qquad [3.5]$$

mit der Annahme eines konstanten Wärmeübergangskoeffizienten α_{B} zwischen Supraleiter und Kühlbad, der Temperatur des Leiters T_{L}, der Kühlbadtemperatur T_{B} und dem Verhältnis von gekühltem Umfang zur Querschnittsfläche des Leiters $U_{\text{B}}/A_{\text{L}}$ [SZ65]. In den meisten Fällen ist die Temperatur am Arbeitspunkt gleich der Temperatur des Kühlbades $T_{\text{AP}} = T_{\text{B}}$.

Die lineare Abhängigkeit des Wärmeübergangs in das Stickstoffbad ist stark idealisiert und ermöglicht eine einfache Beschreibung der Vorgänge. Für die praktische Anwendung ist eine genauere Beschreibung des Wärmeübergangs über einen breiten Temperaturbereich erforderlich [MJN69].

In Abb. 3.3 ist die statische Wärmeübergangskurve dem linearen Temperaturübergangskoeffizienten qualitativ gegenübergestellt. In der Kurve zeigen sich verschiedene Mechanismen des Wärmeübergangs. In einem kleinen Bereich mit geringer Temperaturdifferenz ist die Wärmeleitung, unterstützt durch die freie Konvektion des Kühlmediums, der dominierende Mechanismus. Der Wärmestrom in das Kühlmedium durch Wärmeleitung ist gering (Abschnitt A in Abb. 3.3). Bei höheren Temperaturdifferenzen zwischen Leiter und Kühlbad kommt es zum Verdampfen des Kühlmediums. Die erforderliche Verdampfungsenthalpie und die erhöhte Konvektion aufgrund der Gasblasen führt zu einem besonders hohen Wärmefluss (Abschnitt B in Abb. 3.3). Nach dem Erreichen eines Maximums $\dot{Q}_{B,max}$ reduziert sich der Wärmefluss wieder. Ursache ist die steigende Gasblasendichte auf der Oberfläche, die eine isolierende Gasschicht bildet. Bei einer weiteren Erhöhung der Temperatur entsteht ein geschlossener Dampffilm auf der Oberfläche des Leiters (Abschnitt D in Abb. 3.3). Am Übergang zwischen Dampfschicht und Flüssigkeit kommt es zum Filmsieden. Da der Wärmeübergang durch die Dampfschicht mittels Wärmeleitung durch das Gas erfolgt, ist der Wärmeübergang sehr gering und steigert sich auch bei höheren Temperaturdifferenzen nur langsam. Der Übergangsbereich zwischen Blasensieden und Filmsieden, auch Übergangssieden genannt, besitzt das Minimum der Wärmeflussdichte $\dot{Q}_{B,min}$. Dieser Bereich ist durch die negative Steigung sehr instabil und wird üblicherweise schnell durchschritten (Abschnitt C in Abb. 3.3). Eine detaillierte Beschreibung des Wärmeübergangs in flüssigen Stickstoff gibt Fischer in [Fis99].

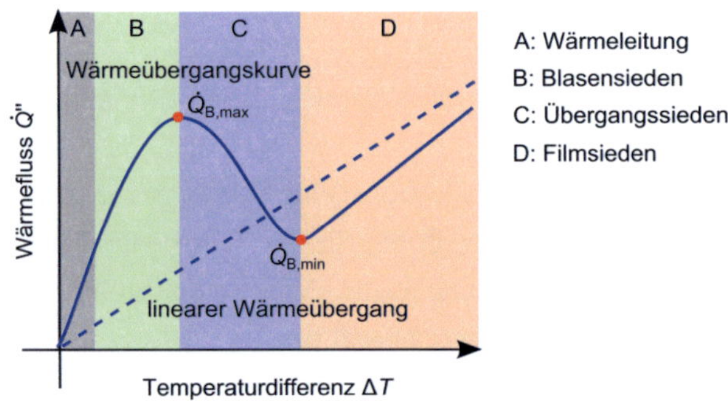

Abb. 3.3: Statische Wärmeübergangskennlinie in LN$_2$ aus Werten von [MC62] und lineare Abhängigkeit des Wärmeflusses nach Stekly [SZ65]. Die Wärmeübergangskurve teilt sich in vier Bereiche: A Wärmeleitung, B Blasensieden mit dem Scheitelpunkt $\dot{Q}_{B,max}$, C Übergangssieden und D Filmsieden mit dem Minimum $\dot{Q}_{B,min}$.

Die statische Wärmeübergangskurve liefert die Wärmeflussdichte in das Kühlbad bei konstanter Temperaturdifferenz ΔT zwischen Leiter und Kühlbad. Die Kurve lässt sich aufgrund der komplexen Zusammenhänge kaum berechnen und ist sehr stark vom konkreten Anwendungsfall abhängig. Die Untersuchungen von Fischer zeigen, dass sich die Wärmeübergangskurven für transiente Vorgänge anders verhalten. Nach Fischer setzt eine signifikante Konvektion erst nach 100 ms ein. Durch den verzögerten Einsatz des Siedepunktes ergeben sich Temperaturerhöhungen bis zum Doppelten der statischen Wärmeübergangskurve. Beim Rückkühlen treten wesentlich höhere Wärmestromdichten als bei der statischen Wärmeübergangskennlinie auf [Fis99].

Auf Grundlage der Wärmeleitungsgleichung lassen sich verschiedene Randbedingungen annehmen, die zur Beschreibung verschiedener Stabilitätsmodelle von Supraleitern führen. Ein Überblick der von den verschiedenen klassischen Modellen berücksichtigten Terme der Wärmeleitungsgleichung gibt Tab. 3.1.

Tab. 3.1: Übersicht über die von verschiedenen klassischen Modellen berücksichtigten Terme der Wärme-übergangsgleichung nach [IA95]

$c\left(T\right)\cdot\rho_{\mathrm{D}}\frac{\partial T}{\partial t}$	$\dot{Q}_{\mathrm{Joule}}'''$	$\dot{Q}_{\mathrm{ext}}'''$	$\dot{Q}_{\lambda}'''$	$\dot{Q}_{\mathrm{B}}'''$	Modell
0	$\checkmark$	0	0	0	Modell des kritischen Zustandes
0	$\checkmark$	0	0	$\checkmark$	Kryostabilität (Stekly)
$\checkmark$	$\checkmark$	0	$\checkmark$	$\checkmark$	Flächengleichgewichtstheorem
0	$\checkmark$	0	$\checkmark$	0	Minimaler Ausbreitungsbereich
$\checkmark$	$\checkmark$	$\checkmark$	$\checkmark$	$\checkmark$	(Numerische Modelle)

In den nachfolgenden Abschnitten wird auf die einzelnen Modelle ausführlich eingegangen.

3.1 Modell des kritischen Zustandes

Übersteigt die Stromdichte im Leiter die kritische Stromdichte führt das in technischen Supraleitern nicht zwangsläufig zu einem Phasenübergang in die Normalleitung, jedoch zu einem steilen Anstieg des Widerstandes aufgrund des einsetzenden Flussfließens (Abb. 2.6). Wird dem Supraleiter ein Normalleiter parallel geschaltet, so kann das Verhalten mit dem Modell des kritischen Zustandes nach Bean, Anderson und Kim [Bea64, AK11] erklärt werden.

Im Supraleiter herrscht lokal, gemäß dem Modell des kritischen Zustandes, die temperaturabhängige kritische Stromdichte $J_{\mathrm{c}}\left(T\right)$ oder keine Stromdichte. Ist der Gesamtstrom $I > I_{\mathrm{c}}\left(T\right)$ so fließt durch den normalleitenden Parallelwiderstand R_{NL} der Strom $I - I_{\mathrm{c}}\left(T\right)$, und im Supraleiter I_{c}. Der Spannungsabfall über dem Normalleiter berechnet sich dann zu:

$$U = R_{\mathrm{NL}}\left(T\right)\cdot\left(I - I_{\mathrm{c}}\left(T\right)\right). \qquad [3.6]$$

Die Parallelschaltung des Normalleiters und des Supraleiters bedingt, dass auch über dem Supraleiter die Spannung U abfällt. Die dissipierte Leistung beider Leiter berechnet sich mit dem Gesamtstrom I zu:

$$\dot{Q}_{\mathrm{Joule}} = U \cdot I = I \cdot R_{\mathrm{NL}}\left(T\right)\cdot\left(I - I_{\mathrm{c}}\left(T\right)\right), \qquad [3.7]$$

bzw. als auf die gekühlte Oberfläche bezogene Größe

$$\dot{Q}_{\mathrm{Joule}}'' = j \cdot \frac{\rho_{\mathrm{NL}}\left(T\right)}{A_{\mathrm{NL}}} \cdot \left(j - j_{\mathrm{c}}\left(T\right)\right). \qquad [3.8]$$

Empirische Untersuchungen haben gezeigt, dass die Abhängigkeit des kritischen Stromes I_{c} von der Temperatur T in erster Näherung als linear angenommen werden kann [SZ65]. Der kritische Strom in linearer Abhängigkeit der Temperatur berechnet sich zu

$$I_c(T) = I_c(T_{cs}) \cdot \left(\frac{T_c - T}{T_c - T_{cs}} \right). \qquad [3.9]$$

Unter der Annahme des Modells des kritischen Zustandes lassen sich drei Abschnitte für die Stromverteilung zwischen den Leitern und als Folge dessen, drei Abschnitte der dissipierten Leistung $\dot{Q}_{\text{Joule}}$ definieren:

$$\dot{Q}_{\text{Joule}}(T) := \begin{cases} 0 & \text{für } T < T_{cs} \\ I \cdot R_{\text{NL}}(T) \cdot (I - I_c(T)) & \text{für } T_{cs} < T < T_c \\ I^2 \cdot R_{\text{NL}}(T) & \text{für } T > T_c. \end{cases} \qquad [3.10]$$

Der Zusammenhang zwischen Stromverteilung und Joulescher Wärme ist entsprechend Gl. 3.10 in Abhängigkeit der Temperatur in Abb. 3.4 schematisch dargestellt [Dre95].

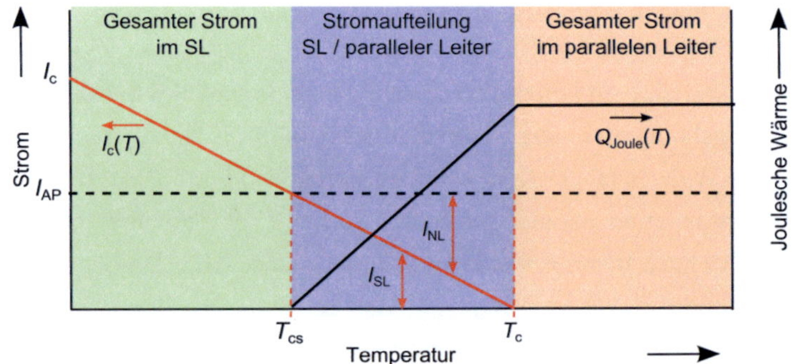

Abb. 3.4: Schematische Darstellung der drei Phasen der Stromaufteilung und der dissipierten Jouleschen Wärme aus [Dre95] mit dem Strom am Arbeitspunkt (Gesamtstrom) I_{AP}, im Supraleiter I_{SL} und dem Strom im Normalleiter I_{NL}

3.2 Stekly-Kriterium

Stekly und seine Mitarbeiter veröffentlichten 1965 erstmals eine Methode um den zerstörerischen Folgen eines Quenchs in supraleitenden Magneten vorzubeugen [KS65, SZ65, STS69]. Die Methode basiert auf der Erkenntnis, dass eine ausreichende Stabilisierung durch

- einen alternativen Strompfad mit hoher elektrischer Leitfähigkeit, parallel zum Supraleiter und

- eine ausreichend gute Wärmeabfuhr an ein Kühlmedium

erreicht werden kann.

Ein stationärer Zustand mit $\partial T / \partial t = 0$ stellt sich ein, wenn die zugeführte Leistung der abgeführten Leistung entspricht. Der elektrische Widerstand des Supraleiters ist im normalleitenden

Zustand sehr hoch. Wird dem Supraleiter ein hoch leitfähiger Widerstand, z.B. aus Kupfer oder Silber parallel geschaltet, fließt beim Auftreten eines normalleitenden Bereiches der größte Teil des Stromes im Parallelwiderstand.

Nach dem Abklingen der Störung soll der betroffene Bereich des Leiters, auch bei gegebenem Strom und Magnetfeld, selbständig zurückkühlen und wieder in den supraleitenden Zustand übergehen. Dazu darf die Temperatur im stabilen Zustand den Wert $T_c(j,B)$ nicht übersteigen. Diese Form der Stabilisierung wird als klassische kryogene Stabilisierung bezeichnet [SE01].

Für die Berechnung der kryogenen Stabilisierung wurden von Stekly et al. folgende Annahmen getroffen [Kom95]:

- Der Leitwert der Matrix ist um mehrere Magnituden höher als der des Supraleiters im normalleitenden Zustand.

- Der Strom in dem normalleitenden Bereich fließt daher vollständig in der zusätzlichen Stabilisierung.

- Der Übergangswiderstand zwischen Supraleiter und Matrix ist vernachlässigbar.

- Die Wärmeleitung longitudinal des Leiters, kann aufgrund des sehr guten Wärmeübergangs an das Kühlmedium vernachlässigt werden bzw. der Leiter ist über die gesamte Länge im normalleitenden Zustand.

- Die Temperaturverteilung über Querschnitt und Länge des Leiters ist homogen.

Die Wärmeleitungsgleichung Gl. 3.1 reduziert sich durch die Annahmen auf die Terme der Jouleschen Wärme und der an das Kühlbad abgeführten Wärme:

$$\rho_{NL}(T) \cdot j^2(t) \cdot \frac{A_{NL}}{U_B} = \alpha_B \cdot (T_L - T_B) . \qquad [3.11]$$

Der spezifische Widerstand ρ_{NL} und die Querschnittfläche A_{NL} beziehen sich auf den normalleitenden Parallelwiderstand. Der Wärmeübergang an das Kühlmedium wird durch einen linearen Wärmeübergangskoeffizienten gemäß Abb. 3.3 angenähert.

Bleibt die Temperatur des Leiters unter der für gegebenen Strom und Feldstärke kritischen Temperatur $T_c(j,B)$, geht der Leiter nach Abklingen der Störung wieder in den supraleitenden Zustand über.

Die Stabilitätsbedingung lautet demnach:

$$\alpha_{St} = \frac{\rho_{NL} \cdot j^2(t)}{\alpha_B \cdot (T_c(j,B) - T_B)} \cdot \frac{A_{NL}}{U_B} < 1 \qquad [3.12]$$

mit dem Stekly-Parameter α_{St}.

Die Stabilität nach dem Stekly-Kriterium ist für $\alpha_{St}<1$ gegeben, da sich der Leiter bei den gegebenen Größen am Arbeitspunkt nicht über die Sprungtemperatur erwärmt. Durch Umformen von Gl. 3.12, lässt sich die aus $\alpha_{St}=1$ resultierende maximale Rückkühlstromdichte $j_{r,St}$ berechnen

$$j_{r,St} = \sqrt{\frac{\alpha_B \cdot (T_c\,(j,B) - T_B)}{\rho_{NL}} \cdot \frac{U_B}{A_{NL}}}. \qquad [3.13]$$

Er liegt üblicherweise deutlich unter dem kritischen Strom I_c des Leiters, was zu einer schlechten Ausnutzung der Stromtragfähigkeit des Leiters führt. Viele Magnete aus den 70er Jahren sind nach dem Stekly-Kriterium kryostabil gebaut worden. Heute sind nur noch große NTSL-Magnete kryostabil gebaut, bei HTSL-Magneten wird die Kryostabilität nicht angewandt [Iwa09].

Das Stekly-Kriterium wurde für NTSL erstellt, die bei Temperaturen von 4 K verwendet werden. Die geringe Temperaturabhängigkeit des spezifischen Widerstandes, bei der Kühlung mit Helium, erlaubt die Annahme eines temperaturunabhängigen spezifischen Widerstandes ρ_{NL} für NTSL [Iwa09].

Von Stekly wurde die Kühlung durch eine lineare Temperaturabhängigkeit mit konstanten Wärmeübergangskoeffizienten α_B angenähert. Diese Annahme ist nur in erster Näherung zulässig. Dem Stekly-Kriterium wird daher häufig ein Wärmeübergang nach der statischen Wärmeübergangskurve aus Abb. 3.3 zugrunde gelegt. Als Wärmestrom in das Kühlmedium wird das Minimum der Wärmeübergangskurve $\dot{Q}_{B,min}$ angenommen [MJN69, Wil83, Dre95].

Die Stabilität gemäß dem Stekly-Kriterium für verschiedene Ströme und Leiter zeigt Abb. 3.5. Bei allen dargestellten Varianten ist der Strom am Arbeitspunkt I_{AP} kleiner als der kritische Strom bei der Temperatur am Arbeitspunkt $I_c\,(T_{AP})$. Eine Stromaufteilung zwischen Supraleiter und parallelem Leiter findet daher erst ab der Temperatur T_{cs} statt. Ab der Temperatur T_c fließt der Strom vollständig im parallelem Leiter. Dieses Verhalten entspricht dem Bean-Modell des vorherigen Abschnittes. Für $\alpha_{St} < 1$ kühlt der Leiter nach dem Abklingen der Störungen von jeder beliebigen Temperatur zurück. Auch lange Störungen mit hoher Leistung, die zu hohen Temperaturen führen, werden sicher beherrscht. Ein Betrieb mit $\alpha_{St} = 1$ kann zu einem grenzstabilen Verhalten führen. Für Störungen, die eine höhere Temperatur als den Schnittpunkt B der Kurve $\dot{Q}_{Joule}$ mit $\dot{Q}_B$ hervorrufen, kann der Leiter am Punkt B verharren, da ein Gleichgewicht aus Joulescher Wärme und an das Kühlbad abgeführter Wärme besteht. Die Temperatur an Punkt B des Beispiels ist höher als die kritische Temperatur T_c. Es erfolgt daher kein Übergang in den supraleitenden Zustand. Der Betrieb mit $\alpha_{St} > 1$ ist nur für kleine Störungen, die eine Temperaturerhöhung kleiner der Temperatur am Punkt A hervorrufen, stabil. Eine Temperaturerhöhung über $T\,(A)$ führt zu einer weiteren Erwärmung bis zu einem Gleichgewicht von Joulescher Wärme und abgeführter Wärme. In praktischen Fällen liegt der Schnittpunkt weit über der Temperatur, die den Leiter thermisch zerstört. Der Leiter ist daher für $\alpha_{St} > 1$ nur bedingt kryostabil [Wil83, Dre95].

Erläuterungen zum Stekly-Kriterium finden sich in [Kom95, Dre95, Wil83, Iwa09].

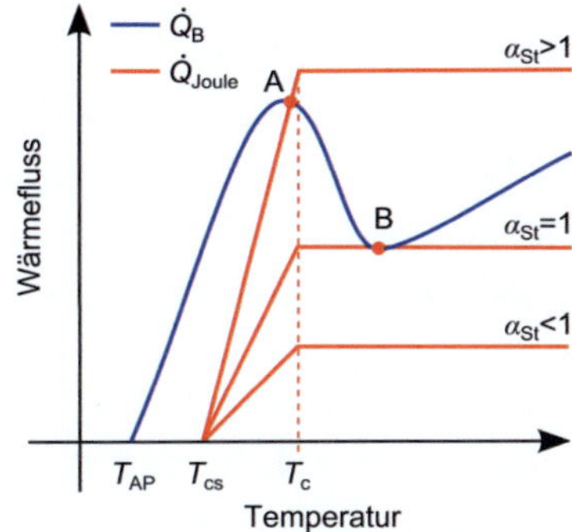

Abb. 3.5: Stekly-Kriterium für verschiedene Ströme I. Alle Ströme sind kleiner als I_c, so dass $T_{cs} > T_{AP}$. Für $\alpha_{St} < 1$ ist der Leiter auch für hohe Temperaturen stabil, für $\alpha_{St} = 1$ ist der Leiter kryostabil und für $\alpha_{St} > 1$ ist der Leiter nur für Temperaturen kleiner T (A) stabil [Wil83, S. 94].

3.3 Flächengleichgewichtstheorem

Das Stekly-Kriterium hat die Wärmeleitung längs des Leiters vernachlässigt. Diese Annahme ist für lange normalleitende Bereiche mit einer homogenen Temperatur zulässig [WW97, S. 94]. Maddock, James und Norris erweiterten das Stekly-Kriterium nicht nur um die Wärmeleitfähigkeit, sie bildeten auch die vollständige Wärmeübergangskurve in das (Helium-)Bad nach. Dabei ist nicht nur der Wärmefluss durch die Wärmeleitung längs des Leiters von Bedeutung, sondern auch das Ausnutzen des erhöhten Wärmeflusses an das Kühlbad beim Blasensieden und führten so das Flächengleichgewichtstheorem (engl. Equal-Area-Theorem) ein. Das Flächengleichgewichtstheorem liefert keine analytische Lösung, sondern erfordert eine grafische oder numerische Lösung. Durch die Bedingung eines kalten Leiterendes, wird das Flächengleichgewichtstheorem auch als Rückkühlung vom kalten Ende (eng. cold-end recovery) bezeichnet [Wil83, S. 94-97].

Angenommen der Leiter entspreche einem langen Stab, der an einer Seite erwärmt wird und auf der anderen Seite die Temperatur am Arbeitspunkt hat, so stellt sich ein Temperaturprofil über die Länge, in Abhängigkeit der Bilanz der lokalen Wärmeströme, ein. In Abb. 3.6a ist die Temperaturabhängigkeit der dissipierten Leistung sowie des Wärmeflusses in das Kühlmedium dargestellt. Es ergeben sich an den Schnittpunkten die stabilen Temperaturen T (P_1) und T (P_3). Der Punkt P_2 stellt keinen stabilen Zustand dar, denn eine geringe Temperaturerhöhung würde zu einer weiteren Erhöhung der Temperatur bis zu T (P_3) führen. In Abb. 3.6b ist der Temperaturverlauf (schwarz) über die Leiterlänge dargestellt. Am kühlen Ende des Leiters stellt sich die Temperatur T (P_1), am warmen Ende die Temperatur T_1 und zwischen den Punkten T (P_1) und

T (P$_3$) eine Wärmeabfuhr mit allen Bereichen der Wärmeübergangskurve ein (blau). Die durch Joulesche Wärme dissipierte Leistung (rot) folgt entsprechend dem Temperaturverlauf. Ist die Fläche des abgeführten Wärmestromes A und die Fläche der dissipierten Leistung B gleich groß, so stellt sich ein statischer Zustand ein und es erfolgt keine Ausbreitung der Störstelle. Ist die Fläche des abgeführten Wärmestromes größer als die der dissipierten Leistung, so verringert sich die Störstelle. Dies geschieht unabhängig davon, ob die Temperatur T (P$_3$) größer als T_c ist. Eine Fläche des abgeführten Wärmestromes kleiner der Fläche der dissipierten Leistung, führt zu einer Ausbreitung der Störung bis hin zum vollständigen Übergang des Leiters in den normalleitenden Zustand. Dies würde bedeuten, dass das Flächengleichgewichtstheorem nicht mehr angewendet werden kann.

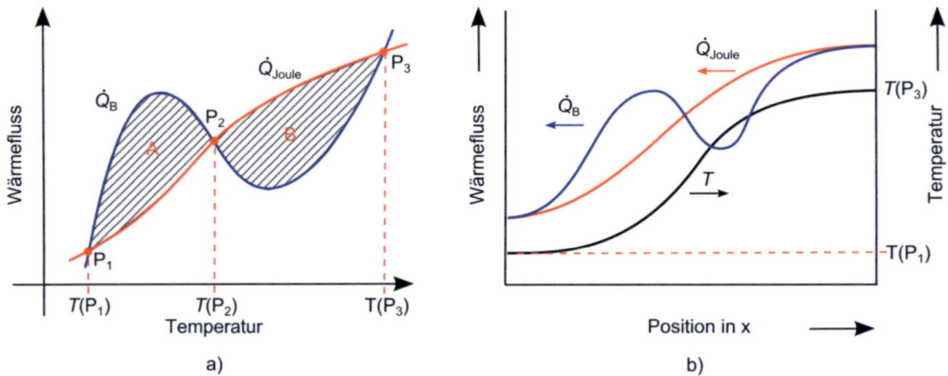

Abb. 3.6: In a) ist die Temperaturabhängigkeit der dissipierten Leistung und des Wärmeflusses in das Kühlbad schematisch dargestellt. Die Temperaturen, bei denen ein Gleichgewicht zwischen zugeführter und abgeführter Wärme herrscht, sind mit T (P$_1$) bzw. T (P$_3$) gekennzeichnet. Der Punkt P$_3$ stellt keinen stabilen Zustand dar. Die Annahme einer Temperaturverteilung gemäß b), liefert die lokalen Wärmeflüsse. Die Darstellungen sind [Wil83, S. 95] und [MJN69] entnommen.

Zum mathematischen Beweis wird ein stationärer Zustand angenommen, woraus sich $\partial t/\partial T = 0$ ergibt. Die Wärmeleitungsgleichung in ihrer eindimensionalen Form vereinfacht sich zu:

$$\frac{\partial}{\partial x}\left(\lambda\left(T\right)\frac{\partial T}{\partial x}\right) = \dot{Q}_{\text{Joule}}\left(T\right) - \dot{Q}_B\left(T\right). \qquad [3.14]$$

Durch Umformen und Integration über x bzw. T ergibt sich nach [Wil83, S. 94-97]

$$\frac{1}{2}\lambda\left(T\right)\left(\frac{\mathrm{d}T}{\mathrm{d}x}\right)^2\Bigg|_{-\infty}^{\infty} = \int_{T(P_1)}^{T(P_2)}\left(\dot{Q}_{\text{Joule}}\left(T\right) - \dot{Q}_B\left(T\right)\right)\lambda\left(T\right)\mathrm{d}T. \qquad [3.15]$$

Nimmt man an, dass der Leiter sehr lang ist, so ist an den Enden $-\infty$ und ∞ der Temperaturgradient $\partial T/\partial x = 0$, wodurch der Term links zu 0 wird. Nimmt man weiter an, dass im

Temperaturbereich $T(P_1)$ bis $T(P_2)$ die Wärmeleitfähigkeit temperaturunabhängig ist, ergibt sich Gl. 3.15 zu

$$\int_{T(P_1)}^{T(P_2)} \left(\dot{Q}_{\text{Joule}}(T) - \dot{Q}_{\text{B}}(T) \right) \mathrm{d}T = 0. \qquad [3.16]$$

Ein stabiler Zustand stellt sich demnach ein, wenn die Flächen unter den Funktionen $\dot{Q}_{\text{Joule}}(T)$ und $\dot{Q}_{\text{B}}(T)$ gleich groß sind. Der sich aus Gl. 3.16 ergebende Grenzstrom $I_{\text{r,M}}$ wird als Maddock-Rückkühlstrom bezeichnet und ist größer als der Stekly-Rückkühlstrom $I_{\text{r,St}}$ aus Gl. 3.13 wie in Abb. 3.7 dargestellt ist.

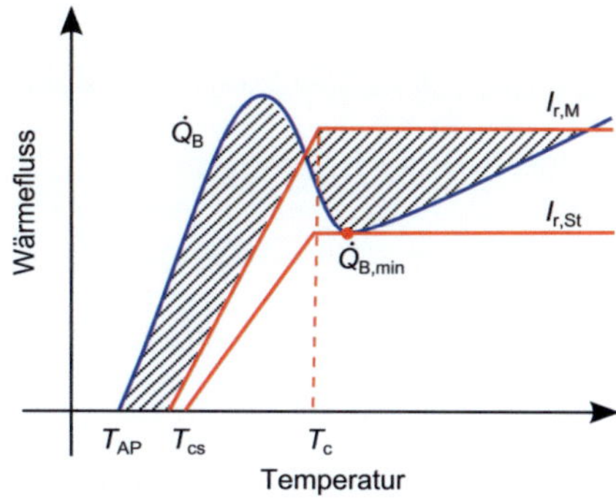

Abb. 3.7: Beispiel für den Rückkühlstrom nach Maddock $I_{\text{r,M}}$ und Stekly $I_{\text{r,St}}$ aus [Kom95, S. 55]

3.4 Minimaler Ausbreitungsbereich

Für das Modell des minimalen Ausbreitungsbereiches wurde von Martinellii und Wipf 1972 eine Wicklung mit unendlicher Ausdehnung angenommen [MW72]. Beim Auftreten einer lokalen Störung stellt sich dann ein stationärer Zustand ein, bei dem die dissipierte Energie an der Störstelle der durch Wärmeleitung abgeführten Energie entspricht. Der Bereich der Störstelle wird auch als Hot Spot bezeichnet. Hat die Störung eine ausreichende Energie, so stellt sich ein normalleitender Bereich ein. Die Länge des normalleitenden Bereiches ℓ_{NL}, bei der gerade die Sprungtemperatur erreicht wird, wurde von Martinellii und Wipf als minimaler Ausbreitungsbereich (engl. minimum propagating zone, MPZ) bezeichnet. Über das Volumen und die Wärmekapazität kann die Energie ermittelt werden, die benötigt wird, um einen normalleitenden Bereich zu erzeugen. Die Energie wird als minimale Quenchenergie bezeichnet (engl. minimum Quench Energy, MQE) [SKMG06, Iwa09, Wil83].

Wird für die Wärmeleitungsgleichung (Gl. 3.1) ein stationärer Zustand $\partial T / \partial t = 0$ angenommen und nur die Wärmeflüsse durch Wärmeleitung und dissipierte Joulesche Wärme berücksichtigt, so ergibt sich ein Gleichgewicht für

$$\frac{\partial}{\partial x}\left(\lambda\left(T\right)\frac{\partial T}{\partial x}\right) \;=\; j^2(t)\cdot\rho_{\mathrm{L}}(T).\tag{3.17}$$

Eine Möglichkeit zur einfachen Lösung der Differentialgleichung liefert Wilson in [Wil83, S. 74-76], auf die hier näher eingegangen wird. Dafür werden folgende Annahmen getroffen:

- die Temperatur des normalleitenden Bereiches ist die Sprungtemperatur T_{c},

- die Temperatur außerhalb des Bereiches ist die Kühlbadtemperatur T_{B},

- der Temperaturgradient $\partial T/\partial x$ wird grob durch $(T_{\mathrm{c}} - T_{\mathrm{B}})/\ell_{\mathrm{NL}}$ angenähert,

- die Temperatur über Breite und Höhe ist homogen,

- die Wärmeleitfähigkeit λ ist temperaturunabhängig,

- der Strom in der normalleitenden Zone fließt vollständig im normalleitenden Parallelwiderstand.

Dann ergibt sich Gl. 3.17 für absolute (nicht auf das Volumen bezogene) Werte zu

$$2\lambda A_{\mathrm{L}}\frac{(T_{\mathrm{c}} - T_{\mathrm{B}})}{\ell_{\mathrm{NL}}} = j_{\mathrm{c}}^2\rho_{\mathrm{L}}A_{\mathrm{L}}\ell_{\mathrm{NL}}.\tag{3.18}$$

Die minimale Länge des normalleitenden Bereiches ℓ_{MPZ}, bei der die Temperatur T_{c} erreicht, ergibt sich durch umformen von Gl. 3.18 zu

$$\ell_{\mathrm{MPZ}} = \sqrt{\frac{2\lambda\left(T_{\mathrm{c}} - T_{\mathrm{B}}\right)}{j_{\mathrm{c}}^2\rho_{\mathrm{NL}}}}.\tag{3.19}$$

Ist die Länge des normalleitenden Bereiches ℓ_{NL} größer, als der minimale Ausbreitungsbereich ℓ_{MPZ}, so erfolgt eine Ausbreitung des normalleitenden Bereiches. Eine geringere Länge führt zu einem vollständigen Zusammenbruch der Störstelle und dem Übergang in den supraleitenden Zustand. Die Temperaturverteilung über die Länge des Leiters ist in Abb. 3.8 schematisch dargestellt.

Störungen, die einen größeren Bereich als der minimale Ausbreitungsbereich in den normalleitenden Zustand übergehen lassen, führen zu einer Ausbreitung der Störstelle und zum Quench des Leiters. Die minimale Energie Q_{MQE}, die für einen normalleitenden Bereich der Länge ℓ_{MPZ} benötigt wird, ergibt sich aus der Wärmekapazität des Leiters

$$Q_{\mathrm{MQE}} = \ell_{\mathrm{MPZ}}\cdot A_{\mathrm{L}}\int_{T_{\mathrm{B}}}^{T_{\mathrm{c}}(j,B)} C\left(T\right)\mathrm{d}T,\tag{3.20}$$

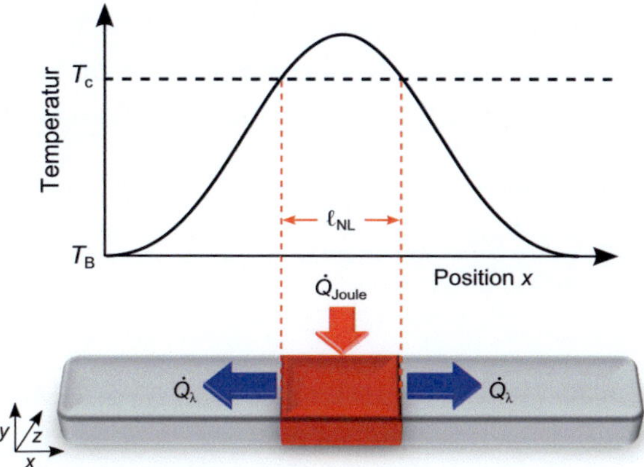

Abb. 3.8: Schematische Darstellung des Temperaturprofils um die Störstelle der Länge ℓ_NL aus [WI78, SKLM08] und [Wil83, S. 75]

bzw. bei Annahme einer temperaturunabhängigen Wärmekapazität [Min98, S. 112-113]

$$Q_\mathrm{MQE} = \ell_\mathrm{MPZ} \cdot A_L \cdot C \cdot (T_\mathrm{c}(j,B) - T_\mathrm{B}), \qquad [3.21]$$

wobei C die Wärmekapazität des gesamten Leiters ist

$$C = c \cdot \rho_\mathrm{D} \cdot A_\mathrm{L} \cdot \ell. \qquad [3.22]$$

Das Modell des minimalen Ausbreitungsbereiches legt keine kryogene Stabilisierung zugrunde. Vielmehr gibt es Auskunft, ab welcher räumlichen Ausdehnung, Höhe und Dauer einer Störung, ein Quench des Leiters erfolgt. Sind die charakteristischen Parameter der zu erwartenden Störungen für die Anwendung bekannt, so kann die Stromdichte gegenüber dem Maddock-Rückkühlstrom entsprechend erhöht werden. Für große und entsprechend kostenintensive Anwendungen wird dagegen oft auf die bessere Ausnutzung der Stromdichte des Leiters, zugunsten einer sichereren kryogenen Stabilisierung, verzichtet [Dre84, S. 64-65].

Die Ausbreitungsgeschwindigkeit eines normalleitenden Bereiches ist von großer Bedeutung für den Schutz des Supraleiters. Entsteht ein kurzer normalleitender Bereich, so ist der Spannungsabfall und die strombegrenzende Wirkung sehr gering. Die lokal dissipierte Leistung kann jedoch sehr groß werden und zur thermischen Zerstörung führen. Um den Quench detektieren zu können, muss sich der normalleitende Bereich rasch ausbreiten und sich der Spannungsabfall erhöhen [Ste08, S. 55].

Die Ausbreitungsgeschwindigkeit v_{NL} des normalleitenden Bereiches (engl. normal zone propagation velocity, NZPV) ist eine wichtige charakteristische Größe des Leiters bei Betrachtungen zur Stabilität. Eine analytische Lösung lieferten Whetstone und Roos in [WR65]:

$$v_{NL} = j_{AP} \sqrt{\frac{\rho(T)\lambda(T)}{\left(C(T) - \frac{1}{\lambda(T)}\frac{\partial \lambda(T)}{\partial T} \times \int_{T_B}^{T_c(j_{AP},B)} C(T)\,dT\right) \times \int_{T_B}^{T_c(j_{AP})} C(T)\,dT}}\Bigg|_{T=T_c(B,j_{AP})}$$

$$[3.23]$$

Eine einfachere Lösung für temperaturunabhängige Materialparameter gibt Iwasa [IA95, S. 484-487]

$$v_{NL} = \frac{j_{AP}}{C}\sqrt{\frac{\rho\lambda}{(T_c(j_{AP},B) - T_B)}}. \qquad [3.24]$$

Die auf Gl. 3.17 basierenden Stabilitätsparameter MPZ, MOE und NZPV wurden ursprünglich für die Quenchausbreitung in Spulen entwickelt. Von Wilson [Wil83, S. 79-83], Iwasa [Iwa09, S. 391] und Martinellii [MW72] wurde die MPZ, auch unter Annahme einer dreidimensionalen Wärmeleitung, gelöst. Wird ein Bandleiter im Kühlbad angenommen, stellt die gezeigte Lösung eine konservative Abschätzung dar. Die Berücksichtigung des transienten Wärmeübergangs vom Leiter an das Kühlbad lässt genauere Betrachtungen der Stabilität zu, erfordert aber eine komplexe Berechnung. Für die Betrachtung des Verhaltens von Störstellen werden häufig numerische Verfahren verwendet [Kom95, S. 57].

Aus Gl. 3.21 und Gl. 3.24 ist die große Bedeutung der Wärmekapazität des Leiters für dessen Stabilität ersichtlich. Eine hohe minimale Quenchenergie wird durch eine hohe Wärmekapazität erzielt. Für die schnelle Ausbreitung eines normalleitenden Bereiches ist jedoch eine geringe Wärmekapazität von Vorteil.

Eine Übersicht der typischen Werte für die relevanten physikalischen Eigenschaften eines NTSL und eines HTSL gibt Tab. 3.2. Die Werte für den NbTi-Leiters stammen aus [Wil83, S. 72, 76], die Werte des $REBCO$-Leiters basieren auf eigenen Untersuchungen. Der Tabelle ist zu entnehmen, dass der $REBCO$-Leiters bei $T_{AP} = 77\,K$ eine Wärmekapazität vom ca. 400-fachen des NbTi-Leiters bei $T_{AP} = 4,2\,K$ besitzt. In anderen Arbeiten werden Werte bis zum 2000-fachen genannt [VSRI06]. Zur Veranschaulichung des unterschiedlichen Stabilitätsverhaltens, wurden die Länge des minimalen Ausbreitungsbereiches ℓ_{MPZ}, die minimale Quenchenergie Q_{MQE} und die Ausbreitungsgeschwindigkeit der normalleitenden Zone v_{NL} nach Gl. 3.19, Gl. 3.21 und Gl. 3.24 berechnet und in Tab. 3.2 aufgeführt. Ähnliche Vergleiche finden sich in [Wip91, Iwa09, S. 358].

Tab. 3.2: Berechnung klassischer Stabilitätskriterien für einen NTSL und einen HTSL

VORGABEN

Leiter	$j_{\mathrm{c}}(T_{\mathrm{AP}})$ / A·mm^{-2}	T_{c} / K	T_{AP} / K	ρ / $\mu\Omega$·mm	C / Ws·cm^{-3}K^{-1}	λ / Wm^{-1}K^{-1}	A_{L} / mm^2
NbTi [a]	5	6,5	4,2	650	0,005	0,1	0,141
R*E*BCO [b]	16·10^3 [c]	87	77	6,8	2,33	239	1,06

ERGEBNISSE

Leiter	ℓ_{MPZ} / μm	Q_{MQE} / μWs	v_{NL} / m·s^{-1}
NbTi [a]	0,1	5,6·10^{-5}	285
R*E*BCO [b]	52	1,2·10^3	2,77

[a][WI78, S. 72, 76]; [b]Probe 1 aus Tab. 5.1; [c]Leiterbreite: 12 mm, Schichtdicke R*E*BCO: 1,6 μm, I_{c}: 300 A

Die Länge des minimalen Ausbreitungsbereiches ℓ_{MPZ} ist bei dem HTSL mehr als 500-mal größer und beträgt ca. 52 μm, die minimale Quenchenergie ist bei dem HTSL um mehr als $2 \cdot 10^7$-mal so groß als bei dem NTSL. Die Ausbreitungsgeschwindigkeit ist mit einem Faktor von $2{,}77$ m/s wesentlich geringer als bei dem NTSL. Die Unterschiede beruhen nicht nur auf der unterschiedlichen Wärmekapazität, sondern auch auf der Temperaturdifferenz zwischen der Temperatur am Arbeitspunkt und der Sprungtemperatur. Die Betrachtungen in Tab. 3.2 berücksichtigen keinen Wärmefluss in das Kühlbad. Der spezifische Wärmefluss in ein Kühlbad aus flüssigem Stickstoff ist ca. 10-mal höher als in flüssiges Helium, wodurch sich die Wärmeabfuhr deutlich erhöht [Col88].

Diese Betrachtungen zeigen, dass sich HTSL wesentlich stabiler verhalten als NTSL. HTSL sind insbesondere gegen Flusssprünge stabil, die bei NTSL häufig zum Quench führen [Col88, Iwa09, S. 351]. Tritt bei einem HTSL ein Quench auf, breitet sich die normalleitende Zone deutlich langsamer aus als bei einem NTSL. Die messtechnische Erfassung einer normalleitenden Zone mit geringer Ausdehnung ist technisch sehr anspruchsvoll. Die Gefahr der lokalen, thermischen Zerstörung im Falle eines Quenches ist bei HTSL durch die geringe Ausbreitungsgeschwindigkeit der normalleitenden Zone sehr viel höher als bei NTSL. Insbesondere in supraleitenden Magneten ist die Quenchdetektion und der kontrollierte Abbau des Magnetfeldes wichtig um die supraleitenden Spulen zu schützen. Für den Schutz von supraleitenden Anwendungen kann die geringe Ausbreitungsgeschwindigkeit der normalleitenden Zone von HTSL ein großer Nachteil sein.

Gerade das von NTSL unterschiedliche Verhalten und die geringe Ausbreitungsgeschwindigkeit normalleitender Bereiche machen Untersuchungen zur Stabilität, insbesondere mit Blick auf die technische Anwendung der Leiter, erforderlich.

Weitere Informationen zum unterschiedlichen Verhalten in Bezug auf die Stabilität finden sich in [VSRI06, Col88, IA95, S. 351 ff.].

3.5 Numerische Modelle

Die vorangegangenen klassischen Modelle zur Betrachtung des elektrisch-thermischen Verhaltens sind beschränkt auf

- einfache Geometrien,

- eine Stromaufteilung nach dem Modell des kritischen Zustandes,

- temperaturunabhängige Parameter,

- die Annahme unendlich langer Leiter.

Numerische Modelle bieten die Möglichkeit der Nachbildung

- beliebig komplexer Geometrien,

- endlich langer Leiter,

- beliebiger Abhängigkeiten der I_c-Kennlinie,

- temperatur- und magnetfeldabhängiger Parameter [Gri10, BGMS08].

Die Möglichkeiten numerischer Modelle gehen weit über das Nachbilden des elektrisch-thermischen Verhaltens bei Störungen hinaus [LBR09, CO91, LBN10, MRHL08]. Es wird zwischen makroskopischen Modellen, bei denen der Leiter als Ganzes betrachtet wird und mikroskopischen Modellen, die das Feldeindringen über die Breite des Leiters nachbilden, unterschieden. Makroskopische Modelle werden eingesetzt um das Verhalten von supraleitenden Betriebsmitteln nachzubilden. Sie sind nicht nur auf das Verhalten bei Störungen beschränkt, sondern können auch das Betriebsverhalten z.B. von supraleitenden Strombegrenzern oder Kabeln im elektrischen Stromnetz nachbilden [Bot98, BRB00, TDC07, DDG07].

Durch mikroskopische Modelle lässt sich die Stromverteilung über die Breite eines Leiters nachbilden. Als Randbedingung können inhomogene elektro-magnetische Felder sowie die komplexe Anordnung mehrerer Leiter angenommen werden. Dies ermöglicht die Berechnung der Wechselstromverluste komplexer Anordnungen z.B. von Roebelkabel, dargestellt in Abb. 2.8 [GP10, BGM07].

Die Berechnung numerischen Modelle erfolgt (fast ausschließlich) durch das Lösen von Maxwellschen Gleichungen in Differential- oder Integralform, meist mit FEM-Programmen, jedoch auch mit selbstgenerierten Algorithmen [Gri10, BGM07, DDG07].

Der Vergleich experimenteller Untersuchungen mit analytischen Berechnungen für MgB_2-Leiter von Martínez hat gezeigt, dass die Berechnung des minimalen Ausbreitungsbereiches nach Wilson [Wil83] für diese Leiter keine ausreichende Beschreibung liefert. Die Stromaufteilung nach dem Modell des kritischen Zustandes aus Gl. 3.10 nimmt an, dass die Stromdichte entweder j_c oder 0 ist. Dies entspricht dem Potenzgesetz aus Gl. 2.3 mit $n = \infty$ [SGD02]. Die Annahme eines endlichen n-Wertes liefert eine nichtlineare Funktion der dissipierten Leistung von der Temperatur, die eine numerische Lösung erfordert, aber auch eine bessere Beschreibung des elektro-thermischen Verhaltens liefert [MLML06, MYB08, YFY09, GSLF05].

Durch die signifikant bessere Beschreibung des elektrischen Verhaltens ist das Potenzgesetz von großer Bedeutung für die Ermittlung der Stromverteilung und des elektrischen Widerstandes des Leiters [GSLF05]. Im Folgenden wird eine detaillierte Beschreibung zur Ermittlung der Stromverteilung gegeben.

Der Temperaturbereich wird, analog zum Modell des kritischen Zustandes in mehrere Bereiche unterteilt [MLML06]

$$E\left(j,T\right) = \begin{cases} \rho_{NL}\left(T\right) j_{NL}\left(T\right) & \text{im Normalleiter für } T < T_c \\ E_0 \left(\frac{j_{SL}(T)}{j_c(T)}\right)^n & \text{im Supraleiter für } T < T_c \\ \rho_{NL}\left(T\right) \frac{j}{A} & \text{im Gesamtleiter für } T > T_c, \end{cases} \qquad [3.25]$$

mit $j = j_{SL} + j_{NL}$. Die Funktion $j_c\left(T\right)$ sowie der n-Wert können durch Parameter an das experimentell ermittelte Verhalten angepasst werden

$$j_c\left(T\right) = \begin{cases} j_c\left(T_{AP}\right) \frac{(T_c - T)^{\alpha_{Pg}}}{(T_c - T_{AP})^{\alpha_{Pg}}} & T_{ref} < T < T_c \\ 0 & T > T_c, \end{cases} \qquad [3.26]$$

mit dem typischen Faktor $\alpha_{Pg} = 1,5$ für BSCCO und REBCO-Leiter [DDG07, CVR02].

Zur Berechnung der Stromverteilung zwischen Normalleiter und Supraleiter ist ein iteratives Lösungsverfahren erforderlich [RLM07]

$$j_{SL}\left(j,T\right) = j \cdot \frac{\rho_{NL} + \rho_{SL}\left(j_{SL},T\right)}{\rho_{SL}\left(j_{SL},T\right)} \qquad [3.27]$$

mit Gl. 2.3

$$\rho_{SL}\left(j_{SL},T\right) = \frac{E_c}{j_{SL}} \cdot \left(\frac{j_{SL}}{j_c\left(T\right)}\right)^n. \qquad [3.28]$$

Die Joulesche Leistung $\dot{Q}_{Joule}$ ergibt sich durch

$$\dot{Q}_{Joule} = j \cdot E\left(T\right) \cdot \ell \cdot A. \qquad [3.29]$$

Die iterative Lösung mit kommerziellen FEM-Programmen der stark nichtlinearen Funktion $E(j,B,T)$ erfordert sehr kleine Zeitinkremente [DDG07, GSLF05, MRHL08, SKLM08]. Oft wird zusätzlich eine Hilfsvariable verwendet, um numerische Probleme des Lösungsalgorithmus zu vermeiden [SGD02, DDG07]. Zur Berechnung werden daher teilweise auch selbstgenerierte Algorithmen verwendet [RLM07].

Für die Ermittlung des elektro-magnetischen Verhaltens ergeben sich verschiedene Formulierungen der Maxwellschen-Gleichungen. Eine Übersicht geben Brambilla und Vinot in [BGM07, VMT00, Cha00].

Insbesondere bei mikroskopischen Modellen, bei denen die Betrachtung der Flussschläuche von Interesse ist, wird die Formulierung der Maxwellschen Gleichung mit der magnetischen Feldstärke $\vec{H}$ als statische Variable verwendet [BGM07, TDC07]. Die makroskopischen Berechnungen von Roy, zu resistiv wirkenden supraleitenden Fehlerstrombegrenzern, basieren ebenfalls auf der $\vec{H}$-Formulierung von Brambilla [RDGS08, BGM07]. Das Modell ist in [RDGS08] für resistiv wirkende supraleitende Fehlerstrombegrenzer ausgeführt, eine weiterentwickelte Version zur Berechnung der Quenchausbreitung in resistiv wirkenden supraleitenden Fehlerstrombegrenzern wird in [RTD09] vorgestellt. Die Formulierung für resistiv wirkende supraleitende Fehlerstrombegrenzer aus [RDGS08] wird im Folgenden exemplarisch für in FEM-Programmen implementierte Modelle dargestellt.

Die Kopplung zwischen magnetischem und elektrischem Feld wird durch das Faradaysche Gesetz beschrieben

$$\nabla \times \vec{E}_x = -\frac{\partial \vec{B}_x}{\partial t} \qquad [3.30]$$

mit dem Vektor des elektrischen Feldes in x-Richtung $\vec{E}_x$ und dem Vektor der magnetischen Flussdichte $\vec{B}_x$

Die Stromdichte j für das zweidimensionale Modell wird nach dem Ampèreschen Gesetz mit der magnetischen Feldstärke H durch

$$j = \frac{\partial H_y}{\partial z} - \frac{\partial H_z}{\partial y} \qquad [3.31]$$

beschrieben. Die Koordinaten basieren auf den Darstellungen in Abb. 3.2. Als Randbedingung wird ein eingeprägter Strom vorgegeben, der

$$I(t) = \oint \vec{H}\, d\vec{s} \qquad [3.32]$$

mit dem magnetischen Feldvektor $\vec{H}$ erfüllt.

Das thermische Modell basiert auf der transienten Wärmeleitungsgleichung

$$Q = C\frac{\partial T}{\partial t} - \nabla \cdot (-\lambda \nabla T) = E_x \cdot j_x \qquad [3.33]$$

Die Kopplung der elektromagnetischen Gleichungen mit dem thermischen Modell ist nicht bei allen FEM-Programmen trivial. Sollen die Gleichungen simultan gelöst werden, ist ein numerisches Lösen von verknüpften Gleichungen notwendig. Diese Lösung zeichnet sich durch eine hohe Genauigkeit aus, kann aber nicht von jedem FEM-Programm durchgeführt werden.

Eine andere Möglichkeit ist die aufeinander folgende Berechnung der Gleichungen. Dazu wird für einen Zeitschritt zunächst eine Gleichung gelöst und deren Ergebnis in die andere eingesetzt, um die Startbedingungen für den nächsten Zeitschritt zu erhalten [DDG07].

Das hohe Aspektverhältnis von 1 000 - 10 000 des Leiters erfordert sehr viele Maschen und führt zu einem hohen Rechenaufwand. Durch geschickte Anordnung und Formung der Elemente lässt sich der Rechenaufwand reduzieren [Gri10, BGMS08].

Einen Überblick verschiedener numerischer Modelle und allgemeine Betrachtungen liefern [BGM07, SG08, VMT00].

4 Simulationsmodelle

Das elektro-thermische Verhalten von R*E*BCO-Bandleitern wurde in dieser Arbeit mit verschiedenen Modellen simuliert. Die Modelle unterscheiden sich in Bezug auf

- die Berücksichtigung des supraleitenden Zustands,

- der Homogenität der charakteristischen Eigenschaften,

- der Annahme von Randbedingungen an den Leiterenden und

- dem Wärmeübergang an das Kühlbad.

Alle Modelle wurden im Eigenfeld mit eingeprägtem Strom betrieben. Eine Abhängigkeit der kritischen Größen vom Magnetfeld wurde vernachlässigt.

In diesem Kapitel wird zunächst auf den Programmablauf und die Berechnungsgleichungen eingegangen. Im Anschluss werden die verschiedenen Modelle vorgestellt. Am Ende des Kapitels befindet sich eine Übersicht der Modelle.

4.1 Programmablauf

Zur numerischen Berechnung erfolgte eine zeitliche Diskretisierung in Zeitinkremente k der Dauer Δt. Abhängig vom verwendeten Modell wurde der Leiter zusätzlich in x-Richtung in nx Elemente m der Länge Δx diskretisiert. Die Diskretisierung eines Leiters ist in Abb. 4.3 veranschaulicht.

Die Modelle wurden mit dem Programmpaket Matlab [The11] implementiert. Der Ablauf bei der Berechnung eines Modells ist in Abb. 4.1 vereinfacht dargestellt und wird exemplarisch an der Berechnung eines Zeitschrittes m im Folgenden erläutert. Zur besseren Übersicht sind die Berechnung des Widerstandes der Supraleiterschicht ρ_{SL}, des Wärmeflusses durch Wärmeleitung $\dot{Q}_\lambda$, der Wärmefluss an das Kühlbad $\dot{Q}_B$ sowie die Randbedingungen an den Enden des Leiters im Anschluss getrennt erläutert.

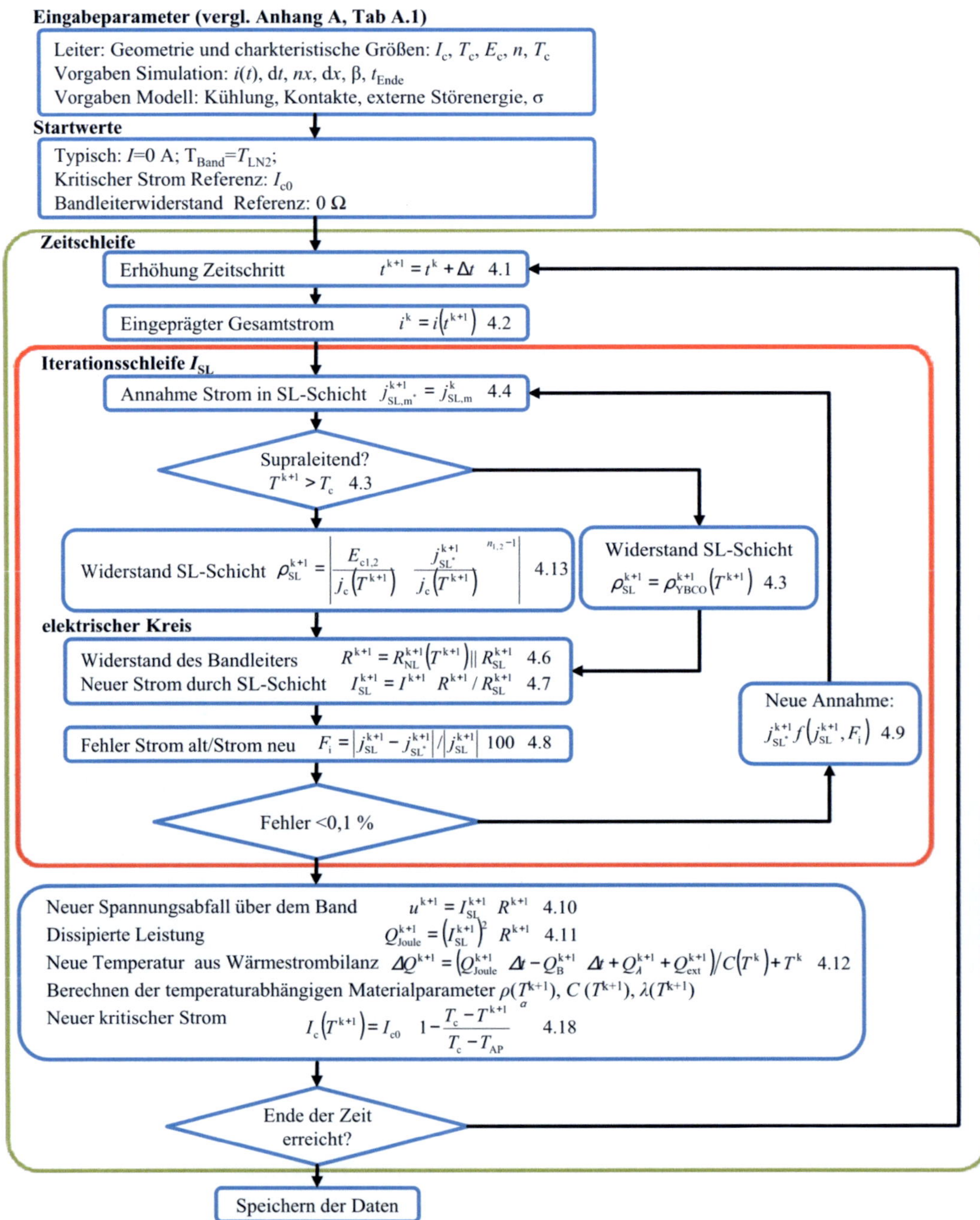

Abb. 4.1: Schematische Darstellung des Ablaufs der Berechnung zur Nachbildung des elektro-thermischen Verhaltens von REBCO-Bandleitern

Zu Beginn des Programms werden die Eingabeparameter festgelegt. Eingabeparameter sind unter anderem die charakteristischen Eigenschaften des Leiters, der zeitabhängige Stromverlauf $i(t)$, die Temperatur am Arbeitspunkt T_{AP}, die Berücksichtigung von Randbedingungen, die Inhomogenität des Leiters, die Simulationsdauer t_{Ende} und Parameter der zeitlichen und geometrischen Diskretisierung. Die charakteristischen Eigenschaften können durch Auswahl eines Leiters aus einer Datenbank oder manuell eingegeben werden. Die im Programm hinterlegten Anpassungsfunktionen für $\rho(T)$, $c(T)$, $\lambda(T)$ sowie weitere verwendete Materialparameter sind in Anhang B aufgeführt.

Aus den Eingabeparametern werden die Startbedingungen zum Zeitpunkt $t = 0$ bestimmt. Üblich ist ein Startstrom von $i^{k=0} = 0\,\mathrm{A}$, wodurch die Startwerte den Vorgaben der Eingabeparameter entsprechen. Für $i^{k=0} \neq 0\,\mathrm{A}$ wird die Stromverteilung zwischen Supraleiterschicht und den normalleitenden Schichten bestimmt. Ein Überblick der verwendeten Eingabeparameter und Startbedingungen befindet sich in Anhang A.

Zu Beginn wird der Zeitschritt k erhöht

$$t^{k+1} = t^k + \Delta t \qquad [4.1]$$

und der eingeprägte Gesamtstrom während des neuen Zeitinkrements i^{k+1} aus der Vorgabe $i(t)$ berechnet

$$i^k = i\left(t^{k+1}\right). \qquad [4.2]$$

Es folgt die Berechnung des Widerstandes der Supraleiterschicht ρ_{SL}. Dazu wird zunächst die Temperatur des Leiters geprüft. Ist der Leiter im normalleitenden Zustand wird der Widerstand gemäß dem normalleitenden spezifischen Widerstand $\rho_{\mathrm{REBCO}}(T)$ berechnet. Die Berechnung für eindimensionale Leiter erfolgt durch Matrizen welche die einzelnen Elemente m enthalten

$$\rho_{\mathrm{SL,m}}^{k+1}\left(T_{\mathrm{m}}^k\right) := \begin{cases} \rho_{\mathrm{Pg}}\left(T_{\mathrm{m}}^k, j_{\mathrm{SL}^*,\mathrm{m}}^{k+1}\right) & T_{\mathrm{m}}^k < T_{\mathrm{c}} \\[2mm] \rho_{\mathrm{REBCO,m}}\left(T_{\mathrm{m}}^k\right) & T_{\mathrm{c}} < T_{\mathrm{m}}^k. \end{cases} \qquad [4.3]$$

Ist die Temperatur geringer als die Sprungtemperatur erfolgt die Berechnung iterativ gemäß dem in Kapitel 4.2.1 aufgeführten Verfahren. Zur Berechnung von $\rho_{\mathrm{Pg}}\left(T_{\mathrm{m}}^k, j_{\mathrm{SL,m}}^{k+1}\right)$ muss ein Strom in der Supraleiterschicht j_{SL^*} angenommen werden und die temperaturabhängige kritische Stromdichte $j_{\mathrm{c}}(T)$ berechnet werden. Dazu wird auf Werte des letzten Zeitschrittes zurückgegriffen

$$j_{\mathrm{SL}^*,\mathrm{m}}^{k+1} = j_{\mathrm{SL,m}}^k \qquad [4.4]$$

$$j_{\mathrm{c,m}}^{k+1} = f\left(T_{\mathrm{m}}^k\right). \qquad [4.5]$$

Mit dem Widerstand der Supraleiterschicht ρ_{SL} kann der Gesamtwiderstand R und die Stromverteilung zwischen Supraleiterschicht und den normalleitenden Schichten berechnet werden

$$R_m^{k+1} = \cfrac{1}{\cfrac{1}{\rho_{Cu,m}^{k+1}(T_m^k)\cdot\frac{\Delta x}{b\cdot d_{Cu}}} + \cfrac{1}{\rho_{Ag,m}^{k+1}(T_m^k)\cdot\frac{\Delta x}{b\cdot d_{Ag}}} + \cfrac{1}{\rho_{Hs,m}^{k+1}(T_m^k)\cdot\frac{\Delta x}{b\cdot d_{Hs}}} + \cfrac{1}{\rho_{SL,m}^{k+1}(T_m^k)\cdot\frac{\Delta x}{b\cdot d_{SL}}}} \qquad [4.6]$$

$$I_{SL,m}^{k+1} = I_m^{k+1}\cdot\frac{R_m^{k+1}}{R_{SL,m}^{k+1}} \qquad [4.7]$$

mit der Schichtdicke d des jeweiligen Materials, der Breite b und der Elementlänge Δx. Im Falle der Berechnung des Widerstandes der Supraleiterschicht im supraleitenden Zustand wird der Fehler F_i in Prozent zwischen angenommener Stromdichte j_{SL^*} und aus den Widerstandsverhältnissen berechneter Stromdichte j_{SL} (Gl. 4.7) ermittelt

$$F_i = \frac{\left| j_{SL,m}^{k+1} - j_{SL^*,m}^{k+1} \right|}{\left| j_{SL,m}^{k+1} \right|}\cdot 100. \qquad [4.8]$$

Überschreitet der Fehler einen Grenzwert von 0,1% wird der Widerstand der Supraleiterschicht mit einer neuen Annahme des Stromes durch die Schicht berechnet. Die neue Annahme ist eine Funktion der neu berechneten Stromdichte j_{SL} aus Gl. 4.7 und der Größe des Fehlers in der Supraleiterschicht aus Gl. 4.8

$$j_{SL^*,m}^{k+1} = f\left(j_{SL,m}^{k+1}, F_i \right). \qquad [4.9]$$

Wurde der Widerstand der Supraleiterschicht korrekt ermittelt, bzw. war der Leiter im normalleitenden Zustand, wird der Spannungsabfall u über den Elementen sowie die in den Elementen dissipierte Leistung $\dot{Q}_{Joule}$ berechnet

$$u_m^{k+1} = i_{SL,m}^{k+1}\cdot R_m^{k+1}, \qquad [4.10]$$

$$\dot{Q}_{Joule,m}^{k+1} = \left(i_{SL,m}^{k+1} \right)^2\cdot R_m^{k+1}. \qquad [4.11]$$

Die Wärmebilanz der einzelnen Elemente wird, abhängig vom gewählten Modell, aus Joulesche Leistung $\dot{Q}_{Joule}$, an das Kühlbad abgegebener Leistung $\dot{Q}_B$, Wärme zu bzw. Abfluss durch Wärmeleitung $\dot{Q}_\lambda$ und extern eingebrachter Störleistung $\dot{Q}_{ext,m}^{k+1}$ berechnet

$$T_m^{k+1} = \frac{\dot{Q}_{Joule,m}^{k+1}\cdot\Delta t - \dot{Q}_{B,m}^{k+1}\cdot\Delta t + \dot{Q}_{\lambda,m}^{k+1}}{C(T_m^k)} + T_m^k. \qquad [4.12]$$

Mit der neuen Temperatur können die Materialparameter $\rho\left(T\right)$, $c\left(T\right)$, $\lambda\left(T\right)$ und $j_c\left(T\right)$ für den nächsten Zeitschritt berechnet werden. Zum Ende des Zeitschrittes wird überprüft, ob die Simulationsdauer erreicht ist. Bei Erreichen der Simulationsdauer werden die Daten gespeichert und ausgegeben. Ist die Simulationsdauer nicht erreicht, so wird der nächste Zeitschritt, beginnend mit Gl. 4.1 berechnet. Ein vergleichbares Vorgehen findet sich in [But96, Mae97].

4.2 Berechnungsgleichungen

Die Lösung der Wärmeleitungsgleichung nach Gl. 3.2 erfolgte durch eine zeitliche Diskretisierung. Während eines Zeitschrittes k, werden alle Parameter (Stromdichte j, Temperatur T) als konstant angenommen.

4.2.1 Widerstand der Supraleiterschicht

Es gibt verschiedene Möglichkeiten zur Nachbildung des Widerstandes der Supraleiterschicht. Im Einzelnen wurden untersucht:

- keine Berücksichtigung des supraleitenden Zustandes,

- das Potenzgesetz,

- zwei Potenzgesetze,

- zwei Potenzgesetze und nichtlineare Abhängigkeit des kritischen Stromes von der Temperatur,

- eine analytische Funktion.

In diesem Abschnitt werden die mathematischen Hintergründe erläutert, der Vergleich der Verfahren mit experimentellen Untersuchungen erfolgt in Kapitel 6.1.1.

Bei der Vernachlässigung des supraleitenden Zustandes wird der normalleitende Widerstand der Supraleiterschicht verwendet:

$$\rho_{\mathrm{SL}} \widehat{=} \rho_{\mathrm{REBCO}}\left(T\right). \qquad [4.13]$$

Das Potenzgesetz wurde in Kapitel 2, Gl. 2.3 bereits erwähnt. Der Widerstand der Supraleiterschicht ρ_{Pg} berechnet sich nach dem Potenzgesetzt durch

$$\rho_{\mathrm{Pg}} = \frac{E_{\mathrm{c}}}{j_{\mathrm{c}}} \cdot \left(\frac{j}{j_{\mathrm{c}}\left(T\right)}\right)^{n-1}, \qquad [4.14]$$

mit der kritischen Stromdichte $j_{\mathrm{c}}\left(T\right)$, der kritischen Feldstärke E_{c} (1 µV/cm), dem n-Wert n und der Stromdichte in der Supraleiterschicht j [Wal74]. Das Verhältnis $E_{\mathrm{c}}/j_{\mathrm{c}}\left(T_{\mathrm{AP}}\right)$ entspricht dem kritischen spezifischen Widerstand am Arbeitspunkt $\rho_c\,(T_{AP})$. Nimmt man eine lineare Temperaturabhängigkeit der kritischen Stromdichte an, so ergibt sich nach Gl. 3.9 die kritische Stromdichte zu

$$j_c\,(T) = j_c\,(T_{AP}) \cdot \left(\frac{T_c - T}{T_c - T_{AP}} \right), \qquad [4.15]$$

mit den Parametern am Arbeitspunkt j_c bei T_{AP} und E_c [SZ65]. Üblich ist eine Fallunterscheidung zwischen supraleitendem Widerstand ρ_{Pg} und normalleitendem Widerstand ρ_{NL} in Abhängigkeit der Temperatur. Ergibt die Berechnung mit dem Potenzgesetz einen höheren Widerstand als die Berechnung unter Annahme normalleitender Widerstände, so wird ebenfalls der normalleitende Widerstand verwendet [RDGS08]

$$\rho_{SL} := \begin{cases} \rho_{Pg} & T < T_c \\ \rho_{NL} & T > T_c \mid \rho_{Pg}\,(j,T) > \rho_{NL}. \end{cases} \qquad [4.16]$$

Mit diesem Ansatz lässt sich das elektrische Verhalten um j_c und T_{AP} sehr gut nachbilden, für die Bereiche $T \gg T_{AP}$ und $j \gg j_c$ wird das Verhalten jedoch nur grob beschrieben.

Eine andere Möglichkeit besteht in der Anwendung von mehreren Potenzgesetzen, deren Parameter für einen Teilbereich der I_c-Kennlinie angepasst wurden. Von Lindmayer wurden in [LG00] zwei spezifische Widerstände und n-Werte verwendet[a]

$$\rho_c; n := \begin{cases} \rho_{c1}; n_1 & j < 1,4 \cdot j_c \\ \rho_{c2}; n_2 & j > 1,4 \cdot j_c. \end{cases} \qquad [4.17]$$

Auch Roy verwendete in [RDGS08] zwei Bereiche und passte dazu die n-Werte an

$$n := \begin{cases} 20 & j < j_c \\ 10 & j > j_c. \end{cases} \qquad [4.18]$$

Zusätzlich erweiterte er Gl. 4.15 mit einem in [CVR02] vorgestellten zusätzlich Exponenten $\alpha = 1,5$ zur Beschreibung der temperaturabhängigen kritischen Stromdichte

$$j_c\,(T) = j_c\,(T_{AP}) \cdot \left(\frac{T_c - T}{T_c - T_{AP}} \right)^{\alpha}. \qquad [4.19]$$

Durch die Verwendung mehrerer Potenzgesetze und einer nichtlinearen Abhängigkeit der kritischen Stromdichte von der Temperatur werden auch gute Ergebnisse für die Nachbildung des elektrischen Verhaltens für Bereiche mit $T \gg T_{AP}$ und $j \gg j_c$ erzielt.

Eine analytische Beschreibung der Kennlinie $\rho_{Pg}\,(j, T = 77\,\text{K})$, basierend auf dem Potenzgesetz, entwickelte Grundmann in [Gru07, S. 58]

---

[a] Lindmayer verwendete für ρ_{c1} bzw. n_1 ein E_c von 10 µV/cm

$$\rho_{\mathrm{Pg}} = \frac{E}{j_{\mathrm{c}}(T)} \cdot \left(P \cdot \left(\frac{E}{E_{\mathrm{c}}} \right)^{w} + (1 - P) \right) \qquad [4.20]$$

mit den empirisch bestimmten Anpassungsparametern w und P. Die Berechnung der Stromdichte erfolgte nach [Pre98] durch

$$j_{\mathrm{c}}(T) = K \cdot \left(1 - \frac{T}{T_{\mathrm{c}}} \right)^{r} \qquad [4.21]$$

mit

$$K = \frac{j_{\mathrm{c}}}{\left(1 - \frac{T_{\mathrm{AP}}}{T_{\mathrm{c}}} \right)^{r}} . \qquad [4.22]$$

Durch Einsetzen von Gl. 4.22 in Gl. 4.21 und Umformen ergibt sich exakt Gl. 4.19 mit $\alpha = r$. Grundmann passte den Parameter r in einem Bereich von 1,6 und 1,9 an die Leiter an [Gru07].

In Abb. 4.2 ist die $I_{\mathrm{c}}(T)$-Kennlinie für die Annahme einer linearen Temperaturabhängigkeit nach Gl. 4.15 und mit einer Potenz $\alpha = 1,5$ nach Gl. 4.19 dargestellt. Im Bereich um die vorgegeben Parameter T_{AP}=77 K und T_{c}=93 K verhalten sich beide Funktionen erwartungsgemäß ähnlich. Die Potenzfunktion nähert sich dem Punkt $I_{\mathrm{c}}(T_{\mathrm{c}})$ sehr flach an. Im Bereich $T_{\mathrm{AP}} - T_{\mathrm{c}}$ liefert die Potenzfunktion eine geringere kritische Stromstärke I_{c}.

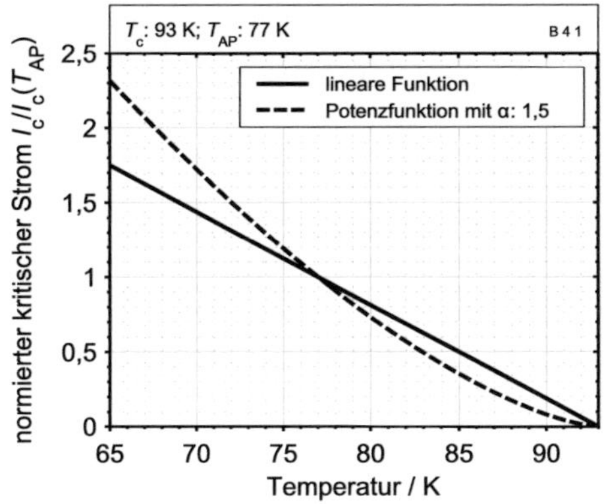

Abb. 4.2: Kritischer Strom in Abhängigkeit der Temperatur, berechnet mit der linearen Funktion nach Gl. 4.15 und der Potenzfunktion nach Gl. 4.19 mit $\alpha = 1,5$

Die vorgestellten Verfahren, zerlegt in die Berechnung des Widerstandes der Supraleiterschichtt ρ_{SL} und die Berechnung der kritischen Stromdichte in Abhängigkeit der Temperatur $j_{\mathrm{c}}(T)$, sind in Tab. 4.1 zusammengefasst. Neben den Gleichungen sind in der Tabelle die Bezeichnung des Verfahrens, die von den Verfahren benötigen Parameter sowie der Verweis auf die Gleichung enthalten.

Tab. 4.1: Übersicht der Berechnungsverfahren

Bezeichnung	Berechnung ρ_{SL}	Berechnung $j_c(T)$	Parameter	Gl.
ohne supraleitenden Zustand	$\rho_{SL} \mathrel{\hat{=}} \rho_{REBCO}(T)$	-	-	4.13
Potenzgesetz (Pg, $j_c(T)$)	$\rho_{Pg} = \frac{E_c}{j_c}\left(\frac{j}{j_c(T)}\right)^{n-1}$	$j_c(T) = j_c(T_{AP})\left(\frac{T_c-T}{T_c-T_{AP}}\right)$	E_c, n, T_c	4.14, 4.15
zwei Potenzgesetze, mit linearer Temperaturabhängigkeit von j_c ($2{\times}$Pg, $j_c(T)$)	$\rho_{Pg} = \frac{E_c}{j_c}\left(\frac{j}{j_c(T)}\right)^{n-1}$	$j_c(T) = j_c(T_{AP})\left(\frac{T_c-T}{T_c-T_{AP}}\right)$	$E_{c1}, n_1,$ E_{c2}, n_2, T_c	4.17, 4.15
zwei Potenzgesetze mit nichtlinearer Temperaturabhängigkeit von j_c ($2{\times}$Pg, $j_c(T,\alpha)$)	$\rho_{Pg} = \frac{E_c}{j_c}\left(\frac{j}{j_c(T)}\right)^{n-1}$	$j_c(T) = j_c(T_{AP})\left(\frac{T_c-T}{T_c-T_{AP}}\right)^{\alpha}$	$E_{c1}, n_1,$ $E_{c2}, n_2, T_c,$ α	4.17, 4.19
analytische Funktion mit nichtlinearer Temperaturabhängigkeit von j_c (analytisch, $j_c(T,\alpha)$)	$\rho_{Pg} = \frac{E}{j_c(T)}\left(P\cdot\left(\frac{E}{E_c}\right)^{w} + (1-P)\right)$	$j_c(T) = j_c(T_{AP})\left(\frac{T_c-T}{T_c-T_{AP}}\right)^{\alpha}$	$w, P, E_c,$ T_c, α	4.20, 4.19

4.2.2 Wärmeleitung

Wie schnell sich eine Temperaturdifferenz ausgleicht ist abhängig von der Temperaturleitfähigkeit a des Materials, die sich aus dem Verhältnis der Wärmeleitfähigkeit λ zur Wärmekapazität $C = c \cdot \rho_D$ ergibt

$$a = \frac{\lambda}{c \cdot \rho_D}. \qquad [4.23]$$

Die Berechnung der Zeitkonstante für eine Reduktion der Temperaturdifferenz über eine Strecke x auf $1/e$ wird in [Sch09b, SCWJ08] beschrieben durch

$$t = \frac{x^2}{4a}. \qquad [4.24]$$

Für einen gut stabilisierten Leiter mit 40 µm Kupfer und einem hohen Substrat von 100 µm ergibt sich ein Abklingen der ursprünglichen Temperaturdifferenz auf $1/e$ innerhalb ca. 1 ms [SCWJ08]. Die Temperaturleitfähigkeit verschiedener Leiter und Materialien ist im Anhang B.2, Tab. B.2 dargestellt.

Das hohe Aspektverhältnis und die hohe Temperaturleitfähigkeit der Materialien lassen im betrachteten Zeitintervall (ms-Bereich) die Annahme einer homogenen Temperatur über die Leiterdicke zu ($T_y = $ konstant). Über die Leiterbreite wird eine konstante kritische Stromdichte angenommen, so dass sich ein eindimensionales thermisches Modell ergibt. Zur Berechnung des Wärmestromes durch Wärmeleitung wird der Leiter in nx Längenelemente m der Länge Δx diskretisiert (vergl. Abb. 4.3).

Mit der Annahme einer über Breite und Höhe homogenen Temperatur, folgt die Temperaturverteilung über die Länge des Leiters der eindimensionale Wärmeleitungsgleichung (hier ohne andere Wärmequellen dargestellt)

$$\frac{\partial T}{\partial t} = a \cdot \frac{\partial^2 T}{\partial x^2} \qquad [4.25]$$

mit der Temperaturleitfähigkeit a aus Gl. 4.23.

Die Lösung von Gl. 4.25 mit einem nummerischen Differenzenverfahren wird von Baehr detailliert in [BS94, S. 200 ff.] beschreiben und im Folgenden in Anlehnung daran erläutert.

Die zeitliche Ableitung der Temperatur wird durch den vorderen Differenzenquotienten gebildet

$$\left(\frac{\partial T}{\partial t} \right)_{\mathrm{m}}^{\mathrm{k}} = \frac{T_{\mathrm{m}}^{\mathrm{k+1}} - T_{\mathrm{m}}^{\mathrm{k}}}{\Delta t}. \qquad [4.26]$$

Die Temperaturänderung ist abhängig von der Differenz des Wärmestromes

$$\frac{\partial T}{\partial t} = \frac{\partial \dot{Q}}{c \cdot \rho_{\mathrm{D}} \cdot A \cdot \Delta x} \qquad [4.27]$$

mit der Querschnittfläche A.

Durch Einsetzen von Gl. 4.26 in Gl. 4.27 ergibt sich die diskrete Form der Wärmeleitungsgleichung

$$\frac{T_{\mathrm{m}}^{\mathrm{k+1}} - T_{\mathrm{m}}^{\mathrm{k}}}{\Delta t} = \frac{\Delta \dot{Q}_{\lambda,\mathrm{m}}^{\mathrm{k}}}{c \cdot \rho_{\mathrm{D}} \cdot A \cdot \Delta x}. \qquad [4.28]$$

Die zu einer Temperaturänderung führende Differenz der Wärmeströme $\Delta \dot{Q}_{\lambda}$ ist die Differenz zwischen dem Wärmestrom am linken Rand und dem Wärmestrom am rechten Rand des Elements m. Der Wärmestrom berechnet sich allgemein nach dem Fouriergesetz

$$\dot{Q}_{\lambda} = \frac{\lambda}{\ell} \cdot A \cdot \Delta T. \qquad [4.29]$$

Im diskreten Fall wird ℓ zu Δx und ΔT zu der Temperaturdifferenz zum linken bzw. rechten Element ($T_{\mathrm{m}}^{\mathrm{k}} - T_{\mathrm{m-1}}^{\mathrm{k}}$, bzw. $T_{\mathrm{m+1}}^{\mathrm{k}} - T_{\mathrm{m}}^{\mathrm{k}}$), wie in Abb. 4.3 dargestellt ist.

Im diskreten, eindimensionalen Fall ergibt sich die Differenz der Wärmeströme durch Wärmeleitung zu

$$\Delta \dot{Q}_{\lambda,\mathrm{m}}^{\mathrm{k}} = \frac{\lambda}{\Delta x} \cdot A \cdot \left(T_{\mathrm{m}}^{\mathrm{k}} - T_{\mathrm{m-1}}^{\mathrm{k}} \right) - \frac{\lambda}{\Delta x} \cdot A \cdot \left(T_{\mathrm{m+1}}^{\mathrm{k}} - T_{\mathrm{m}}^{\mathrm{k}} \right). \qquad [4.30]$$

Durch Umformen ergibt sich

$$\Delta \dot{Q}_{\lambda,\mathrm{m}}^{\mathrm{k}} = \frac{\lambda}{\Delta x} \cdot A \cdot \left(T_{\mathrm{m}-1}^{\mathrm{k}} - 2T_{\mathrm{m}}^{\mathrm{k}} + T_{\mathrm{m}+1}^{\mathrm{k}} \right). \qquad [4.31]$$

Die neue Temperatur erhält man durch Einsetzen von Gl. 4.31 und Gl. 4.23 in Gl. 4.28

$$T_{\mathrm{m}}^{\mathrm{k}+1} = a \cdot \frac{\left(T_{\mathrm{m}-1}^{\mathrm{k}} - 2T_{\mathrm{m}}^{\mathrm{k}} + T_{\mathrm{m}+1}^{\mathrm{k}} \right)}{\Delta x^2} \cdot \Delta t + T_{\mathrm{m}}^{\mathrm{k}}. \qquad [4.32]$$

Im ersten Term ist der zentrale zweite Differenzenquotient aus Gl. 4.25 enthalten

$$\left(\frac{\partial^2 T}{\partial x^2} \right)_{\mathrm{m}}^{\mathrm{k}} = \frac{\left(T_{\mathrm{m}-1}^{\mathrm{k}} - 2T_{\mathrm{m}}^{\mathrm{k}} + T_{\mathrm{m}+1}^{\mathrm{k}} \right)}{\Delta x^2}. \qquad [4.33]$$

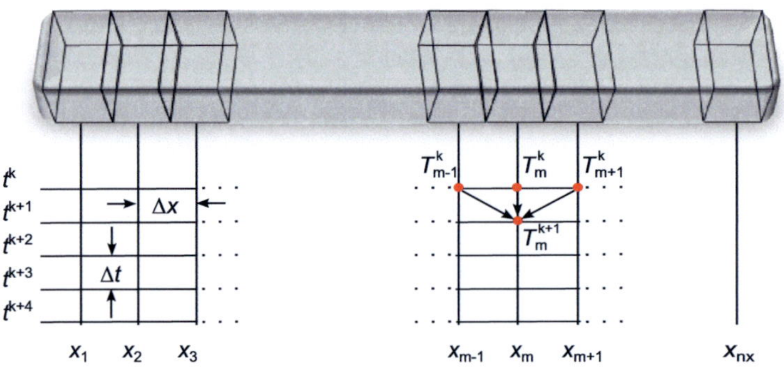

Abb. 4.3: Diskretisierung des Leiters in Längenelemente Δx und Zeitinkremente Δt

Die Temperatur der einzelnen Elemente wird über einen Zeitschritt Δt konstant angenommen. Ist die abgeführte Energie während dem Zeitschritt größer als die Differenz der thermische Energie zu den benachbarten Elementen, so führt dies zu negativen Temperaturen und zu einem instabilen bzw. fehlerhaften Differenzenverfahren. Durch Umstellen können die Koeffizienten aus Gl. 4.32 in dem Modul

$$M = a \cdot \frac{\Delta t}{\Delta x^2} \qquad [4.34]$$

zusammengefasst werden. Dadurch wird Gl. 4.32 zu

$$T_{\mathrm{m}}^{\mathrm{k}+1} = M \cdot T_{\mathrm{m}-1}^{\mathrm{k}} + (1 - 2M)\, T_{\mathrm{m}}^{\mathrm{k}} + M \cdot T_{\mathrm{m}+1}^{\mathrm{k}}. \qquad [4.35]$$

Wird nur der Wärmefluss durch Wärmeleitung berücksichtigt, ergibt sich aus Gl. 4.35 für das Differenzenverfahren ein Stabilitätskriterium von

$$M \leq \frac{1}{2}. \qquad [4.36]$$

Wird neben dem Wärmeabfluss durch Wärmeleitung zusätzlich Wärme abgeführt, z.B. durch das Kühlbad, verschärft sich die Stabilitätsbedingung. In [BS94, S. 203] wird auf die Stabilität des Differenzverfahrens, auch unter Berücksichtigung von Wärmequellen bzw. Wärmesenken, eingegangen.

Die Stabilität der Simulation des elektro-thermischen Verhaltens muss nach Gl. 4.34 bei gegebener Bandleiterlänge ℓ durch Anpassen der Anzahl nx der Elemente m oder Anpassen des Zeitinkrements Δt erreicht werden. Die Anzahl der Elemente nx und die Schrittweite der Zeitinkremente Δt ist dazu möglichst klein zu wählen.

4.2.3 Wärmekonvektion

Während der im nächsten Kapitel vorgestellten experimentellen Untersuchungen, wurde der Leiter auf Temperaturen bis zu 200 K erwärmt. Die Erwärmung des Leiters hat einen Wärmestrom in das Kühlbad zur Folge, dessen Höhe von der Temperaturdifferenz zwischen Leiter und Kühlbad abhängt.

Eine gute Näherung für langsame Vorgänge mit großen Zeitkonstanten liefert die in Abb. 4.4 dargestellte statische Wärmeübergangskurve, die von verschiedenen Arbeitsgruppen verwendet wird [DDG07, CTV08]. Je nach Temperaturdifferenz stellen sich unterschiedliche Wärmeübergangsmechanismen ein. Für geringe Temperaturdifferenzen stellt sich ein Wärmestrom durch Wärmeleitung und Konvektion ein. Bei höheren Temperaturen des Leiters bilden sich, zunächst an Vertiefungen der Leiteroberfläche Dampfblasen, die sich langsam lösen. Mit steigender Temperatur lösen sich die Dampfblasen schneller und die Zahl der Dampfblasen erhöht sich. Die Frequenz und Dichte der Dampfblasen besitzt ein Maximum. Wird der Leiter darüber hinaus erwärmt bilden sich Bereiche mit einem geschlossenen Dampffilm. Dieser Bereich wird Filmsieden genannt. Die Wärmeabfuhr verringert sich im Bereich des Filmsiedens, da innerhalb des geschlossenen Dampffilms zunächst ein Wärmeübergang durch Wärmeleitung in der Gasschicht erfolgt. Eine weitere Erhöhung der Temperatur führt zum Filmsieden des gesamten Leiters.

Die Konvektion der Kühlflüssigkeit und die Blasenbildung erfolgt nicht plötzlich, sondern benötigt eine Zeitdauer um sich auszubilden. Der Wärmeübergang bei transienten Vorgängen (z.B. Aufwärmen oder Rückkühlen) unterschiedet sich daher von der statischen Wärmeübergangskurve.

Von Fischer wird in [Fis99] der Wärmeübergang von Supraleitern in das Kühlbad überwiegend experimentell untersucht und die Unterschiede zwischen statischem Wärmeübergang und transienten Wärmeübergang sowie zwischen Aufwärm- und Rückkühlverhalten beschrieben. Für die vorliegende Arbeit wesentlichen Merkmale werden zusammengefasst.

Aufwärmverhalten: Zunächst erfolgt ein geringer Wärmeübergang durch Wärmeleitung. Erst nach dem sich durch die Erwärmung des Stickstoffs eine Strömung eingestellt hat, erfolgt ein signifikanter Wärmeübergang durch Konvektion. Bei hoher dissipierten Leistung kann der

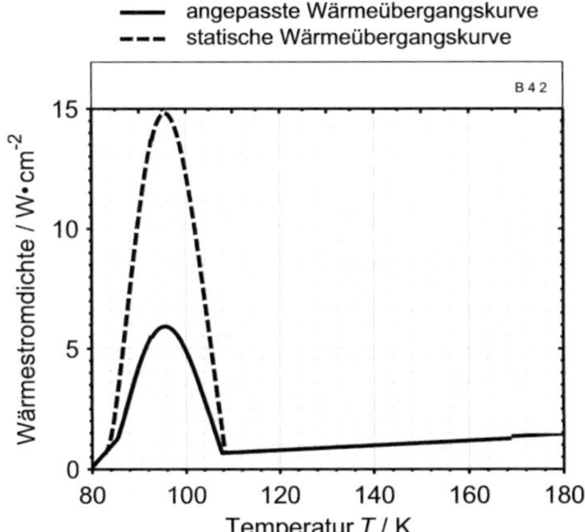

Abb. 4.4: Statische Wärmeübergangskurve, berechnet aus Ausgleichsfunktionen der Messungen von Merte und Clark und angepasster Funktion (Badtemperatur 77 K) [MC62]

Siedeeinsatz auch ohne vorherigen konvektiven Wärmeübergang erfolgen. Der Siedeeinsatz führt dann entweder zum Blasensieden oder bei sehr hohen Heizleistungen direkt zum Filmsieden. Der Wärmeübergang beim Filmsieden unter transienten Bedingungen ist von Fischer stets höher gemessen worden als unter statischen Bedingungen. Über die Zeit integriert ist bei Berücksichtigung der langen Phase der Wärmeleitung und des verzögerten Siedeeinsatzes, für die in dieser Arbeit angestellten Untersuchungen, bei transienten Verhältnissen ein insgesamt geringerer Wärmeübergang anzunehmen.

Rückkühlverhalten: Für den Wärmeübergang während der Rückkühlung wurden von Fischer in [Fis99] noch gravierendere Unterschiede festgestellt, die durch Beobachtungen bei eigenen Experimenten nachvollzogen werden konnten.

Für das Rückkühlverhalten ergeben sich folgende Unterschiede zur statischen Wärmeübergangskurve:

- Zu Beginn der Rückkühlung besteht der gleich Wärmeübergangsmechanismus wie zum Ende des Heizpulses, der geringer sein kann als bei statischen Bedingungen (s.o.).

- Bei Rückkühlung von höheren Temperaturen im Bereich des Filmsiedens kann ein direkter Übergang vom Filmsieden zur Wärmeleitung oder Konvektion erfolgen, bzw. der Bereich des Blasensiedens weniger ausgeprägt sein. Der hohe Wärmeübergang durch Blasensieden entfällt daher oder wird stark verringert.

- Der Wärmeübergang im Bereich des Filmsiedens ist bei transienten Bedingungen höher als bei statischen Bedingungen. Für lange Zeitdauern nähert sich die Kühlleistung des transienten Verhaltens der Kühlleistung des statischen Verhaltens an.

Der Wärmeübergang durch die verschiedenen Wärmeübergangsmechanismen wird mit drei Ausgleichsfunktionen nachgebildet

$$\dot{Q}_{\mathrm{B}}\left(\Delta T\right) := \begin{cases} \dot{Q}_{\mathrm{B1}}\left(\Delta T\right) & \Delta T < 2{,}757\,\mathrm{K} & \text{Wärmeleitung/Konvektion} \\ \dot{Q}_{\mathrm{B2}}\left(\Delta T\right) & 2{,}757\,\mathrm{K} < \Delta T < 28{,}4\ \mathrm{K} & \text{Blasensieden/Übergangssieden} \\ \dot{Q}_{\mathrm{B3}}\left(\Delta T\right) & 28{,}4\,\mathrm{K} < \Delta T & \text{Filmsieden.} \end{cases} \qquad [4.37]$$

Die in dieser Arbeit verwendete Wärmeübergangskurve basiert auf den Messwerte der statischen Wärmeübergangskurve von Merte und Clark [MC62]. Um dem Einfluss transienter Vorgänge zu berücksichtigen wurde die Wärmeabfuhr im Bereich des Blasen und Übergangssiedens reduziert, wie in Abb. 4.4 dargestellt. Ein vergleichbares Vorgehen findet sich in [KJL04]. Die Reduktion der Wärmeabfuhr in diesem Bereich um $1/3$ hat sich bei Vergleichen mit den hier vorgestellten experimentellen Untersuchungen als geeignet erwiesen.

Dabei sind $\dot{Q}_{\mathrm{B1}}$ und $\dot{Q}_{\mathrm{B3}}$ lineare Funktionen, $\dot{Q}_{\mathrm{B3}}$ ist ein Polynomfunktion 5. Ordnung. Die Werte der Ausgleichsfunktionen sind in Anhang B.1.4 angegeben.

In der Literatur sind verschiedene Untersuchungen zum transienten Wärmeübergang zu finden [SSH92, DSL08, Fis99].

4.2.4 Randbedingungen an den Kontakten

Als Randbedingung zur Lösung der Wärmeleitungsgleichung 4.32 muss die Temperatur am linken und rechten Rand des Leiters vorgegeben werden (vergl. Abb. 4.3). Bei Annahme eines unendlich langen Leiters ist der Temperaturgradient an den Enden Null ($\partial T/\partial x = 0$). Der Wärmestrom $\dot{Q}_{\lambda}$ an den Enden des Leiters $m = 0$ und $m = nx + 1$ ist daher ebenfalls Null (Gl. 4.29). Diese Bedingung kann durch Vorgabe der Randtemperaturen erfüllt werden:

$$T_0^{\mathrm{k}} = T_1^{\mathrm{k}} \qquad [4.38]$$

$$T_{\mathrm{nx}+1}^{\mathrm{k}} = T_{\mathrm{nx}}^{\mathrm{k}}. \qquad [4.39]$$

Bei den experimentellen Untersuchungen wurde der Strom durch massive Kupferkontakte an den Enden des Leiters eingekoppelt, wie in Abb. 4.5 dargestellt. Um die Kontakte zu berücksichtigen wird als Randtemperatur T_0^{k} bzw. $T_{\mathrm{nx}+1}^{\mathrm{k}}$ die Temperatur des Stromkontakts eingesetzt:

$$T_0^{\mathrm{k}} = T_{\mathrm{Kontakt}} \qquad [4.40]$$

$$T_{\mathrm{nx}+1}^{\mathrm{k}} = T_{\mathrm{Kontakt}}. \qquad [4.41]$$

Der Stromkontakt wird durch einen thermischen Widerstand $R_{\mathrm{th.Kontakt}}$ und einen elektrischen Widerstand $R_{\mathrm{el,Kontakt}}$ nachgebildet. Zusätzlich wird die Wärmeleitung zwischen Kontakt und Band berücksichtigt. Damit kann die Temperatur des Stromkontakts berechnet und in die Wärmeleitungsgleichung 4.32 eingesetzt werden. Die thermische und elektrische Nachbildung des Stromkontakts ist in Abb. 4.5 dargestellt.

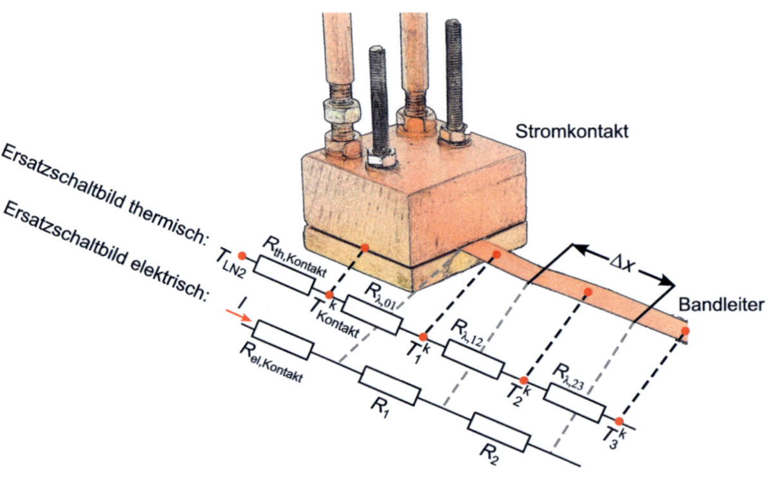

Abb. 4.5: Schematische Darstellung der Randbedingungen an den Stromkontakten mit elektrischem und thermischem Ersatzschaltbild

Der thermische Widerstand des Stromkontakts $R_{\mathrm{th.Kontakt}}$ fasst dabei alle thermischen Widerstände vom Band unter dem Stromkontakt bis zur Kühlbadtemperatur zusammen. Im Einzelnen ist dies der Kontaktwiderstand zwischen Bandleiter und Stromkontakt, der thermische Widerstand des Kontakts und der Wärmeübergang an das Kühlbad. In [MN07, S. 28] wird ein Bereich von $2 \times 10^{-6} - 2 \times 10^{-3}$ m²·K·W^{-1} für den spezifische Kontaktwiderstande in der Praxis angegeben. In den Simulationen wird ein thermischer Widerstand $R_{\mathrm{th.Kontakt}}$ von 6×10^{-3} m²·K·W^{-1} verwendet.

Der elektrische Widerstand des Kontakts $R_{\mathrm{el,Kontakt}}$ beinhaltet den elektrischen Widerstand des Bandleiters zwischen den Kontaktflächen, den Kontaktwiderstand zwischen Bandleiter und Stromkontakt sowie den elektrischen Widerstand des Stromkontakts. Ein typischer Wert für den elektrischen Widerstand $R_{\mathrm{el,Kontakt}}$ aus experimentellen Untersuchungen sind $60\,\mu\Omega$, der auch in den Simulationen verwendet wird.

4.2.5 Inhomogenität des Bandleiters

Die technischen Eigenschaften eines Supraleiters sind nicht homogen über Länge und Breite des Leiters. Eine Möglichkeit zur Betrachtung der Inhomogenität ist die Annahme eines idealen Leiters mit Störstellen.

Würde ein Leiter ideal hergestellt, so besäße er eine homogene, maximale kritische Stromdichte $j_{c,ideal}$, die sich aus den physikalischen Gesetzmäßigkeiten ergibt. Durch mechanische und chemische Einwirkung bei Produktion, Transport, Lagerung und Anwendung der Leiter entstehen makroskopische Störstellen, die zur lokalen Reduktion der kritischen Stromdichte führen [Sch11].

Um das Verhalten eines inhomogenen Leiters zu modellieren wird angenommen, dass der kritischen Stromdichte eine Exponentialverteilung $f_{exp}(x)$ mit dem Parameter σ^{b} zu Grunde liegt [Sch11]

$$f_{exp}(x) = \left(1 - \frac{1}{\sigma} \cdot e^{-\frac{x}{\sigma}}\right).$$
$$[4.42]$$

Durch Multiplikation der Verteilungsfunktion $f_{exp}(x)$ mit der maximalen kritischen Stromdichte $j_{c,ideal}$ erhält man die ortsabhängige Verteilung der kritischen Stromdichte

$$j_c(x) = j_{c,ideal} \cdot \left(1 - \frac{1}{\sigma} \cdot e^{-\frac{x}{\sigma}}\right).$$
$$[4.43]$$

In Abb. 4.6 sind die Werte der Verteilungsfunktion f_{exp} der Elemente m für a) $\sigma = 10$ und b) $\sigma = 20$ dargestellt. Die Häufigkeitsverteilung der Funktion f_{exp} bei c) $\sigma = 10$ und d) $\sigma = 20$ ist ebenfalls dargestellt. Beide Verteilungen haben den gleichen maximalen Wert $f_{exp} = 1$, jedoch unterschiedliche Erwartungswerte (Mittelwerte).

Die ideale kritische Stromdichte wird aus der gemittelten kritischen Stromdichte $\bar{j}_c$ und dem Parameter σ berechnet

$$j_{c,ideal} = \bar{j}_c \cdot \left(1 + \frac{1}{\sigma}\right).$$
$$[4.44]$$

Der Mittelwert der kritischen Stromdichte $\bar{j}_c$ kann experimentell durch die I_c-Kennlinie ermittelt werden.

Die gleiche Verteilungsfunktion $f_{exp}(x)$ wird auf verschiedene Leiter mit unterschiedlichen kritischen Stromdichten angewendet. Dadurch sind die Abweichungen der lokalen kritischen Stromdichte relativ zur gemittelten kritischen Stromdichte bei allen Leitern gleich. Jedem Element m wird mit der Verteilungsfunktion $f_{exp}(x)$ eine relative Abweichung zugeordnet. Das Verhalten verschiedener Leiter gleicher Länge und Diskretisierung in x-Richtung ist dadurch

---

[b]Häufig wird die Exponentialverteilung zur Berechnung der Ausfallrate verwendet. Der Parameter σ ist dabei ein Maß für die Lebensdauer. Ein hoher Wert von σ bedeutet eine hohe Lebensdauer. Mathematisch ist σ die Varianz der Verteilungsfunktion.

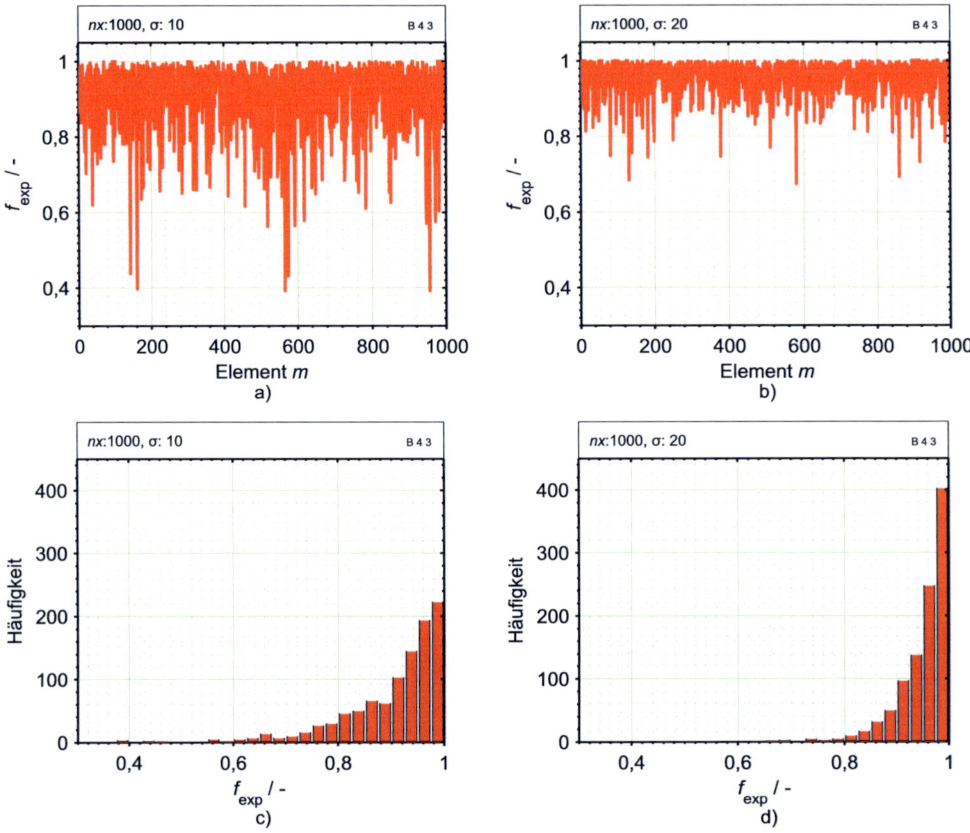

Abb. 4.6: Werte der Verteilungsfunktion f_{exp} der Elemente m a) für $\sigma = 10$, b) $\sigma = 20$. Häufigkeitsverteilung der Funktion f_{exp} bei c) $\sigma = 10$ und d) $\sigma = 20$. Die Balkenbreite beträgt 0.0125, die Gesamtzahl der Werte $nx = 1000$. Der Wert $f_{exp} = 1$ entspricht der maximalen kritischen Stromdichte $j_{c,ideal}$.

vergleichbar. Wird eine andere Diskretisierung verwendet, so müssen Werte zum Ende des Leiters entfallen bzw. hinzugefügt werden. Eine Mittelwertbildung benachbarter Werte entspräche einer Tiefpassfilterung.

4.3 Modell mit konzentrierten Widerständen

Werden die charakteristischen Werte j_c und n als homogen angenommen und der Einfluss der Stromkontakte vernachlässigt, ist auch die Temperatur über die Länge des Leiters homogen. Das elektrische Verhalten der jeweiligen Schicht kann dann durch einen einzelnen Widerstand nachgebildet werden, wie in Abb. 4.7 dargestellt. Die zusätzliche Stabilisierung aus Kupfer wird durch einen Ersatzwiderstand nachgebildet. Aus der Parallelschaltung aller Schichten ergibt sich der Ersatzwiderstand des gesamten Leiters. Alle Modelle verwenden temperaturabhängige

Materialparameter des spezifischen Widerstandes, der spezifischen Wärmeleitfähigkeit und der spezifischen Wärmekapazität. Die spezifische Dichte wird temperaturunabhängig angenommen. Die Temperaturkennlinie sowie die Ausgleichsfunktionen und physikalischen Eigenschaften der Materialien sind in Anhang B aufgeführt.

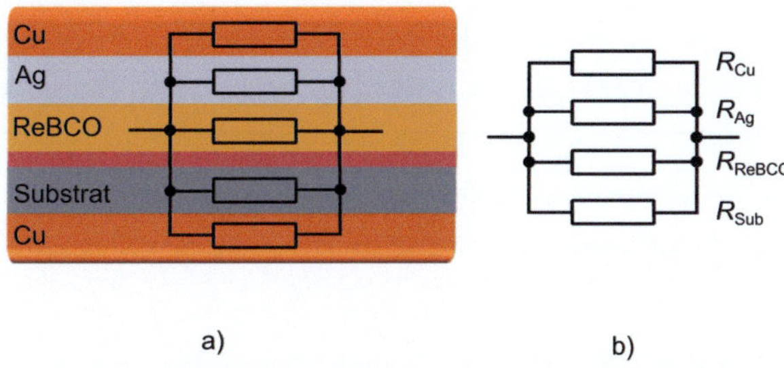

Abb. 4.7: Diskretisierung der einzelnen Schichten eines Bandleiters und elektrisches Ersatzschaltbild. Die Widerstände der Kupferschicht sind zu einem Ersatzwiderstand zusammengefasst.

4.3.1 Homogenes, adiabates Modell mit konzentrierten Widerständen

Als resistiver Schalter verwendet, z.B. in Strombegrenzern, wird der Leiter hohen Überströmen ausgesetzt und geht relativ schnell in den normalleitenden Zustand über. Der Einfluss des supraleitenden Zustandes auf die Gesamtdauer bezogen ist daher relativ gering. Thermisch wird einer sehr großen dissipierten Jouleschen Wärme ein sehr geringer Wärmstrom in das Kühlbad entgegengesetzt, da sich eine Konvektion des Kühlmediums erst entwickeln muss [DF96]. In erster Näherung werden daher der supraleitende Zustand und der Wärmestrom in das Kühlmedium vernachlässigt. Das daraus resultierende homogene, adiabate Modell mit konzentrierten Widerständen wird im Folgenden als Modell Ia bezeichnet. Ähnliche Annahmen sind bereits bei der Auslegung supraleitender Strombegrenzer getroffen worden [Sch09a, KEMG10].

Bis zu welchen Strömen und für welche Leiter die Annahmen von Modell Ia gute Ergebnisse ermöglichen wird in Kapitel 6.1 untersucht.

Das Modell IIa basiert auf den gleichen Annahmen wie Modell Ia, berücksichtigt jedoch den supraleitenden Zustand durch das in Abschnitt 4.2.1 beschriebene Verfahren mit zwei Potenzgesetzen und nicht nichtlinearer Funktion $j_c(T)$.

4.3.2 Homogenes, nicht adiabates Modell mit konzentrierten Widerständen

Bei langsamen Vorgängen mit großen Zeitkonstanten erfolgt ein signifikanter Wärmestrom in das Kühlmedium. Der Einfluss einer Badkühlung auf das Aufwärmverhalten wurde mit Modell IIb, mit konzentrierten Elementen, homogenen Eigenschaften und Berücksichtigung des Wärmeflusses in das Kühlmedium nach Gl. 4.37 in Kapitel 6.1.2 untersucht. Das Rückkühlverhalten unter Last nach Heizpulsen (Kapitel 7.1) konnte mit diesem Modell ebenso untersucht werden wie der maximale zulässige Transportstrom, mit dem sich gerade noch ein statischer Zustand einstellt (Kapitel 8.1).

4.4 Modell mit eindimensionaler Widerstandsverteilung

Die Berücksichtigung der Wärmeleitung nach Gl. 4.31 in Längsrichtung erfordert die Diskretisierung des Leiters zu einem eindimensionalen Modell. Die Temperatur über die Länge des Bandleiters kann bei der Berücksichtigung von inhomogenen Eigenschaften oder Stromkontakten nicht mehr als homogen über die Länge angenommen werden. Dies macht auch eine Diskretisierung des elektrischen Ersatzschaltbildes, analog zum thermischen Ersatzschaltbild aus Abb. 4.3, erforderlich.

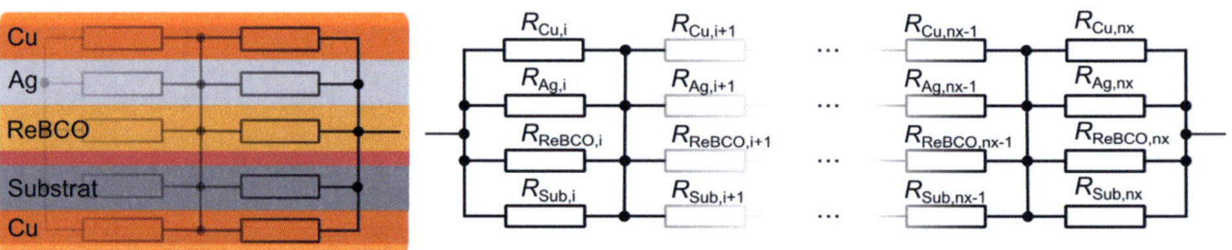

Abb. 4.8: Diskretisierung der Modelle mit eindimensionaler Widerstandsverteilung. Die Widerstände der Kupferschicht sind zu einem Ersatzwiderstand zusammengefasst.

4.4.1 Homogenes, adiabates Modell mit eindimensionaler Widerstandsverteilung

Das homogene, adiabate Modell mit eindimensionaler Widerstandsverteilung berücksichtigt den thermischen Einfluss der Stromkontakte nach Kapitel 4.2.4. Mit einem direkten Vergleich zum homogenen, adiabaten Modell mit konzentrierten Widerständen lässt sich der Einfluss der Stromkontakte auf das Aufwärmverhalten untersuchen (Kapitel 6.2.2). Dieses Modell wird im Folgenden Modell IIIa genannt.

Durch das Einbringen einer lokalen Störleistungsdichte $\dot{Q}'''_{\mathrm{ext}}$ werden für die Stabilität wichtige Eigenschaften wie die lokale Temperaturerhöhung, die Ausbreitung einer normalleitenden Zone und das Rückkühlverhalten verschiedener Leiter in Kapitel 8.3 untersucht. Dieses Modell wird als Modell Va bezeichnet.

4.4.2 Homogenes, nicht adiabates Modell mit eindimensionaler Widerstandsverteilung

Das homogene nicht adiabate Modell mit eindimensionaler Widerstandsverteilung berücksichtigt eine Kühlung gemäß der angepassten Wärmeübergangskurve nach Gl. 4.37 und wird als Modell IIIb bezeichnet. Durch den Vergleich zum homogenen, nicht adiabaten Modell mit konzentrierten Elementen wird der Einfluss der Stromkontakte auf das Rückkühlverhalten in Kapitel 7.2.2 untersucht.

Die Stabilität gegen äußere Störeinwirkung unter Annahme eines Wärmestroms in das Kühlmedium wird mit dem homogenen, nicht adiabaten Modell mit eindimensionaler Widerstandsverteilung und eingeprägter externer Wärmestromdichte untersucht. Eine externe Wärmestromdichte $\dot{Q}'''_{\text{ext}}$ wird bei der Bildung der Wärmebilanz nach Gl. 4.12 bei einem Element m in der Mitte des Leiters berücksichtigt. Es lässt sich so ein lokaler normalleitender Bereich erzeugen, dessen Ausbreitungsverhalten in Kapitel 8.3 untersucht wird. Dieses Modell wird im Folgenden Modell Vb genannt.

4.4.3 Inhomogenes, adiabates Modell mit eindimensionaler Widerstandsverteilung

Das inhomogene, adiabate Modell mit eindimensionaler Widerstandsverteilung ermöglicht Untersuchungen zum Einfluss der Inhomogenität der kritischen Stromdichte beim Aufwärmverhalten. Von besonderem Interesse ist, ab welchen Überströmen sich lokale Hitzezentren aufgrund von Schwachstellen mit reduziertem I_c, bilden und wie dies durch eine geeignete Stabilisierung beeinflusst werden kann (Kapitel 6.2.1). Dieses Modell wird als Modell IVa bezeichnet.

4.4.4 Inhomogenes, nicht adiabates Modell mit eindimensionaler Widerstandsverteilung

Der Einfluss einer inhomogenen, kritischen Stromdichte auf das Rückkühlverhalten wird mit dem inhomogenen, nicht adiabaten Modell mit eindimensionaler Widerstandsverteilung in Kapitel 7.2.1 untersucht. Dieses Modell wird als Modell IVb bezeichnet.

4.5 Übersicht

Eine Übersicht der berücksichtigten Terme der Wärmeleitungsgleichung und der angenommenen Randbedingungen gibt Tab. 4.4. Die Modelle sind dabei in ansteigender Reihenfolge ihrer Komplexität der Berechnung angeordnet.

Zur besseren Übersicht und zum einfachen Vergleich der verschiedenen Modelle sind in Tab. 4.2 die wichtigsten Eigenschaften und mögliche Anwendungsgebiete der Modelle dargestellt.

Mit dem ersten Modell ohne supraleitenden Zustand bis zu eindimensionalen Modellen mit inhomogener Verteilung der kritischen Stromdichte und lokalen Störungen wurde eine große Bandbreite an unterschiedlichen Randeffekten implementiert.

Tab. 4.2: Übersicht der Modelle

Nr.	Beschreibung	elektr. Ersatzschaltbild	elektr. Eigenschaften	therm. Eigenschaften	Anwendung
I	konzentrierte Widerstände, homogen, ohne SL-Zustand a) adiabat	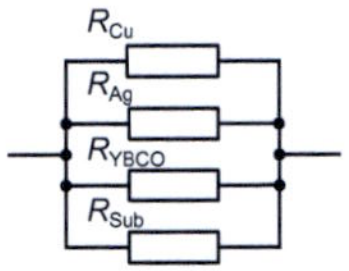	Strom eingeprägt	keine Wärmeleitung	vereinfachtes Nachbilden des Schaltverhaltens, z.B. bei supraleitenden Strombegrenzern
II	konzentrierte Widerstände, homogen a) adiabat b) Badkühlung	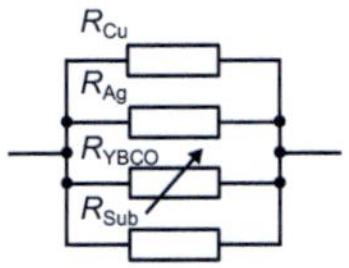	Strom eingeprägt	keine Wärmeleitung	nachbilden des Aufwärm- und Rückkühlverhaltens allg. Einfluss der Stabilisierung
III	eindimensionale Widerstandsverteilung, homogen a) adiabat b) Badkühlung	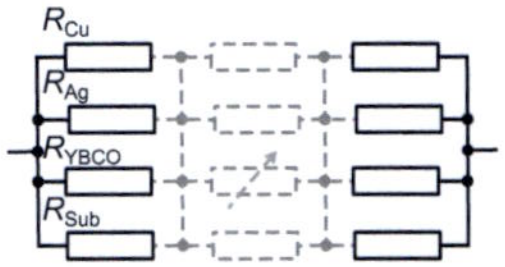	Strom eingeprägt, keine Übergangswiderstände zwischen den Schichten	Wärmeleitung in longitudinaler Ebene, infinite Wärmeleitung in transversaler Ebene	Einfluss von Kontakten auf das Aufwärm- und Rückkühlverhalten
IV	eindimensionale Widerstandsverteilung, inhomogen a) adiabat b) Badkühlung	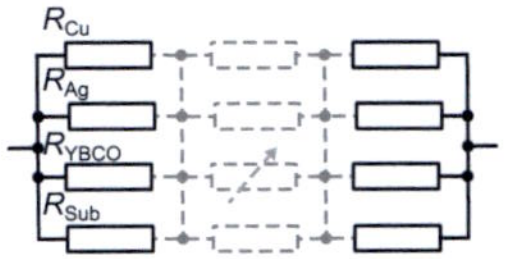	Strom eingeprägt, keine Übergangswiderstände zwischen den Schichten	Wärmeleitung in longitudinaler Ebene, infinite Wärmeleitung in transversaler Ebene	Einfluss von Inhomogenitäten auf das Aufwärm- und Rückkühlverhalten
V	eindimensionale Widerstandsverteilung, inhomogen, mit Wärmeeintrag a) adiabat b) Badkühlung	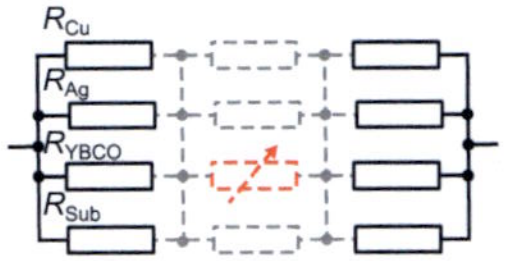	Strom eingeprägt, keine Übergangswiderstände zwischen den Schichten	Wärmeleitung in longitudinaler Ebene, infinite Wärmeleitung in transversaler Ebene, lokaler Wärmeeintrag	Flächengleichgewichtstheorem, minimale Ausbreitungszone, Ausbreitungsgeschwindigkeit

Tab. 4.4: Berücksichtigte Terme der Wärmeleitungsgleichung und Randbedingungen der verschiedenen Simulationsmodelle

Modell			$C''(T)\frac{\partial T}{\partial t}$	$\dot{Q}''_{Joule}$	$\dot{Q}''_{ext}$	$\dot{Q}''_{\lambda}$	$\dot{Q}''_{B}$	Inh.	Kont.
I	konzentrierte Widerstände, homogen, ohne SL-Zustand, adiabat		$\checkmark$	ohne SL-Zustand	0	0	0	0	0
II	konzentrierte Widerstände, homogen,	a)	$\checkmark$	$\checkmark$	0	0	0	0	0
	a) adiabat, b) Badkühlung	b)	$\checkmark$	$\checkmark$	0	0	$\checkmark$	0	0
III	eindimen. Widerstandsverteilung, homogen,	a)	$\checkmark$	$\checkmark$	0	$\checkmark$	0	0	$\checkmark$
	Stromkontakte a) adiabat, b) Badkühlung	b)	$\checkmark$	$\checkmark$	0	$\checkmark$	$\checkmark$	0	$\checkmark$
IV	eindim. Widerstandsverteilung, inhomogen,	a)	$\checkmark$	$\checkmark$	0	$\checkmark$	0	$\checkmark$	$\checkmark$
	a) adiabat, b) Badkühlung	b)	$\checkmark$	$\checkmark$	0	$\checkmark$	$\checkmark$	$\checkmark$	$\checkmark$
V	eindim. Widerstandsverteilung, inhomogen,	a)	$\checkmark$	$\checkmark$	$\checkmark$	$\checkmark$	0	$\checkmark$	0
	Wärmeeintrag, a) adiabat, b) Badkühlung	b)	$\checkmark$	$\checkmark$	$\checkmark$	$\checkmark$	$\checkmark$	$\checkmark$	$\checkmark$

5 Experimentelle Untersuchungen

Die Verifizierung und die Bestimmung der Grenzen hinsichtlich der Anwendbarkeit des jeweiligen Modells erfolgten durch den Vergleich mit experimentell ermittelten Werten. Auch im Hinblick auf die momentane Entwicklung im Bereich resistiver Strombegrenzer und Kabel wurde der Schwerpunkt auf das Aufwärmverhalten durch konstante Strompulse sowie auf das Rückkühlverhalten bei konstantem Laststrom gelegt.

Ziel der Untersuchung zum Aufwärmverhalten war die Temperatur des Leiters als Funktion von Pulshöhe I_p, Pulsdauer t_p und Stabilisierung zu ermitteln. Die Strompulse wurden dazu in Höhe und Dauer variiert und der Widerstand des Leiters durch eine 4-Punkt-Messung bestimmt. Pulshöhe und Dauer wurden so gewählt, dass das Verhalten der Leiter von schnellen Vorgängen und hohen Strömen bis zu quasi statischen Vorgängen langer Dauer und geringer Stromhöhe untersucht werden konnte. Dadurch konnte die Grenze des maximalen Transportstromes ermittelt werden, der fließen kann und sich dennoch ein statischer Zustand (Gleichgewicht aus Joulescher Wärme und an das Kühlbad abgeführter Wärme) einstellt. Die erreichte Temperatur bei Untersuchungen mit Strompulsen konnte für Temperaturen größer der kritischen Temperatur aus der zuvor experimentell ermittelten $R(T)$-Kennlinie bestimmt werden.

Nur wenige Arbeiten beschäftigen sich mit der Modellierung des Rückkühlverhaltens, obwohl Parameter wie der maximale Rückkühlstrom und die Rückkühldauer für Anwendungen in der Energietechnik, in denen der Leiter als Strombegrenzer oder Schalter wirkt, von großer Bedeutung sind. Hier sind besonders die Arbeiten von Berger [Ber11, BNK11b, BNK11a] und Martínez [MAP10] sowie [YAP08, KIH08] zu erwähnen. Um die Nachbildung des Rückkühlverhaltens mit den Modellen zu verifizieren wurde die Rückkühldauer t_r und der maximal zulässige Rückkühlstrom $I_{r,max}$ für verschiedene Starttemperaturen experimentell ermittelt. Der Leiter wurde mit konstantem Strom auf die Starttemperatur erwärmt und im Anschluss ein konstanter Laststrom eingeprägt. Die Starttemperatur und die Höhe und Dauer des Laststromes wurden variiert. Die Experimente wurden an Leitern mit- und ohne zusätzlicher Stabilisierung durchgeführt.

Die charakteristischen Eigenschaften des Leiters sind wichtige Parameter der Simulationsprogramme. Experimentell ermittelt wurden der temperaturabhängige Widerstand des Leiters ($R(T)$-Kennlinie), der kritische Strom I_c und der n-Wert beim Spannungskriterium E_c sowie die Sprungtemperatur T_c.

In diesem Kapitel werden die experimentellen Untersuchungen zum Aufwärm- und Rückkühlverhalten von REBCO-Bandleitern sowie deren Charakterisierung beschrieben. Zunächst wird auf die verwendeten Leiter und deren physikalischen Eigenschaften eingegangen. Danach werden der Versuchsaufbau und die Messabläufe der Experimente zum Aufwärm- und Rückkühlverhalten sowie zur Charakterisierung der verwendeten Proben beschrieben. Eine Zusammenfassung der experimentellen Untersuchungen bildet den Abschluss des Kapitels.

5.1 Verwendete Supraleiter

Es wurden verschiedene Leiter der Firma SuperPower und ein Leiter der Firma American Superconductor verwendet. Die Leiter hatten eine zusätzliche Stabilisierung aus Kupfer bzw. Edelstahl oder waren lediglich durch eine Silberschicht stabilisiert. Den höchsten kritischen Strom hatte Leiter 3, welcher gleichzeitig eine sehr geringe Stabilisierung hatte. Die experimentellen Untersuchungen führten teilweise zur thermischen Zerstörung der Probe, so dass von einem Leitertyp mehrere Proben verwendet wurden. Eine Auswahl der technischen Daten der verwendeten Leiter ist in Tab. 5.1 dargestellt. Eine ergänzende Darstellung der technischen Daten ausgewählter Leiter findet sich in Anhang B.2, Tab. B.2.

Tab. 5.1: Übersicht der technischen Eigenschaften der verwendeten Leiter

Nr.	Typ	I_c / A	n / -	T_c / K	b / mm	d_{Cu} / µm	d_{Ag} / µm	d_{Sub} / µm	A / mm^2	Proben
1	SCS12050	300	34	86,5	12[a]	41,5	2,5	42,5	1,06	6
2	SCS12050	282	34	93,4	12[a]	49,5	2,5	50	1,25	3
3	SF12100	401	40	87,7	12[a]	-	2,6	120	1,5	6
4	SF12100	260	25	93,7	12[a]	-	3,3	115	1,44	1
5	SF12100	316	35	k.A.	12[a]	-	~2,3[a]	100[a]	1,23[a]	2
6	SCS12050	256	34,8	91,8	12	39	2	45	1,16	2
7	AMSC SS	102	29,4	90,5	4,3-4,6[a]	ca. 100[b]	k.A.	k.A	k.A	1
8	SF12100	361	30	k.A.	12[a]	-	3[a]	100[a]	1,24[a]	1
9	SF12100	370	95	87,7	12[a]	-	~2,3[a]	100[a]	1,23[a]	1

[a]Herstellerangabe [b]Edelstahl mit Lot

5.2 Versuchsaufbau

Die Versuche zum Aufwärm- und Rückkühlverhalten wurden in einem offenen Kryostaten mit den Abmessungen $66 \times 23 \times 30$ cm durchgeführt. Der Leiter wurde horizontal, mit der Substratseite nach unten, zwischen zwei Kupferblöcke gepresst. Zur Verbesserung des elektrischen Kontaktes wurden die Leiterenden mit Indiumfolie umwickelt. Die Kupferblöcke waren auf einer 10 mm starken Grundplatte aus Glasfaser verstärktem Kunststoff (GFK) angebracht. Der Abstand zwischen Leiter und Grundplatte betrug 10 mm. Der Boden der Grundplatte besitzt

Lochreihen, die es ermöglichten die Abstände zwischen den Kupferblöcken zu variieren. Die Grundplatte stand mit 2 cm langen Füßen auf dem Boden des Kryostaten. Der Spannungsabgriff erfolgte durch gefederte Goldkontakte auf der Oberseite (Supraleiterseite) des Leiters. Um den nötigen Gegendruck zu erzeugen wurden auf Höhe der Spannungsabgriffe GFK-Blöcke zwischen Grundplatte und Supraleiter angebracht. Der Füllstand des LN_2-Bades betrug mindestens 8 cm über dem Leiter. Die Probehalterung mit Bemaßung ist in Abb. 5.1 dargestellt. Die Abstände der Stromkontakte zueinander sowie die Position der Spannungskontakte auf dem Band wurden, je nach Leiter und gewählten Einstellungen des Experimentes, variiert. In Anhang C.2 befindet sich in Tab. C.1 eine Übersicht der gewählten Einstellungen und Abstände.

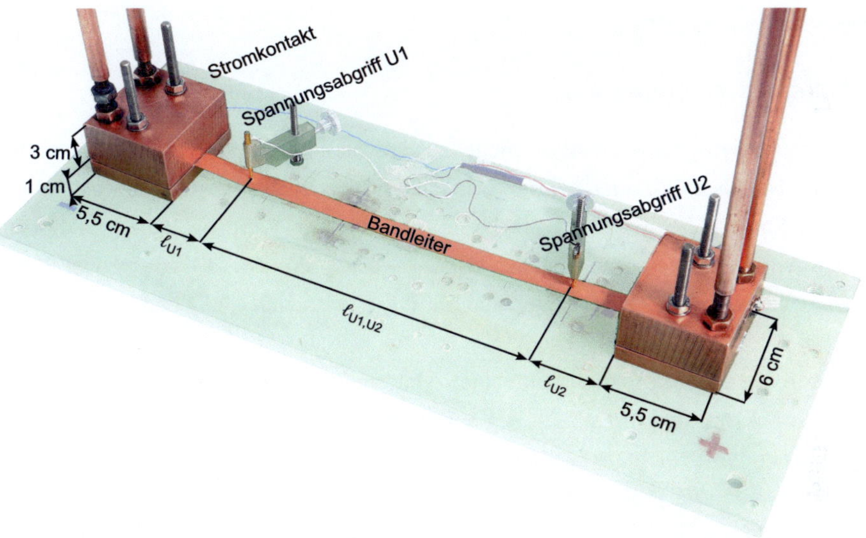

Abb. 5.1: Probehalterung zur Untersuchung des Aufwärm- und Rückkühlverhalten durch Strompulse mit eingebautem Leiter 1

Zur Messung der Widerstandskennlinie wurde ein separater Messstand verwendet, der von Berger in [Ber11] bereits vorgestellt wurde. Die Probenhalterung hatte integrierte Kontakte zur Stromeinkopplung und zwei Messabgriffe zur Spannungsmessung auf dem Leiter, wie in Abb. 5.2 dargestellt. Die Temperatur wurde durch einen Temperatursensor in der Mitte des Leiters erfasst. Die Probenhalterung befand sich in einem offenen Kryostaten und wurde mit flüssigem Stickstoff auf 77 K abgekühlt. Durch das Verdampfen des Stickstoffs erwärmte sich der Leiter über ca. 13 Stunden auf Raumtemperatur.

Eine Zusammenstellung aller verwendeten Geräte befindet sich in Anhang C.1.

Abb. 5.2: Probenhalterung zur experimentellen Ermittlung der $R(T)$-Kennlinie [Ber11]

5.3 Ablauf der Messungen

5.3.1 Leitercharakterisierung

Die Berechnungen mit den Simulationsmodellen sind ganz wesentlich von der genauen Kenntnis der charakteristischen Größen des Leiters abhängig. Für den supraleitenden Zustand sind dies der kritische Strom I_c beim Spannungskriterium E_c und der n-Wert sowie die Sprungtemperatur T_c. Im normalleitenden Zustand ist die Widerstandskennlinie $R(T)$ von großer Bedeutung. Allgemeine wichtige Größen der Leiter sind die Wärmekapazität $C(T)$ und Wärmeleitfähigkeit $\lambda(T)$.

Die spezifischen Kennlinien der einzelnen Materialien für $R(T)$, $C(T)$ und $\lambda(T)$ sind aus der Literatur bekannt und in Anhang B.1 aufgeführt. Die Widerstandskennlinie $R(T)$ des gesamten Leiters (aller Schichten) sowie die kritische Stromstärke I_c bei dem Spannungskriterium E_c=1 µV/cm wurden für jeden Leiter gemessen.

Die Schichtdicken der einzelnen Materialien sind nur durch ungefähre Herstellerangaben bekannt. Die gemessene $R(T)$-Kennlinien wurde durch empirisches Anpassen der Schichtdicken aus den einzelnen $R(T)$-Kennlinien der Materialien nachgebildet. Mit Kenntnis der Schichtdicken lassen sich die Kennlinien für die temperaturabhängige Wärmekapazität $C(T)$ und Wärmeleitfähigkeit $\lambda(T)$ nachbilden.

Die kritische Stromstärke wurde vor und während der Messreihen zum Aufwärm- und Rückkühlverhalten ermittelt, die Messung der Widerstandskennlinie erfolgte in einem eigenen Messstand vor den Messreihen.

Die I_c-Kennlinie wurde mit einem automatisierten Messprogramm aufgenommen. Zur Messung wurden die gleiche Probenhalterung und der gleiche Messstand wie für die Messung des Aufwärm- und Rückkühlverhalten verwendet. Die Stromstärke wurde schrittweise erhöht und der Spannungsabfall über den Kontakte U1 und U2 gemessen. Die Schrittweite wurde dem Verhalten des Leiters angepasst, so dass der Übergang höher aufgelöst gemessen wurde. Bei Überschreiten des Feldstärkekriteriums von 1 µV/cm wurde die Messung gestoppt. Die I_c-Kennlinien der verwendeten Leiter sind in Abb. 5.3a dargestellt.

Der n-Wert wurde aus den nächstgelegenen Messwerten um E_c bzw. I_c berechnet. Dazu wurde das Potenzgesetz aus Gl. 2.3 umgestellt

$$n = \frac{ln\left(\frac{E}{E_c}\right)}{ln\left(\frac{I}{I_c}\right)}.$$ [5.1]

Die experimentelle Ermittlung der $R(T)$-Kennlinie wurde durch eine Vierpunktmessung des Widerstandes des Leiters und gleichzeitiger Temperaturmessung mit einem Platinwiderstand aufgezeichnet.

Die Probenhalterung befand sich in einem offenen Kryostaten und wurde bei Beginn der Messung mit flüssigem Stickstoff auf 77 K abgekühlt. Durch das Verdampfen des Stickstoffs erwärmte sich der Leiter über ca. 13 Stunden auf Raumtemperatur. Der Widerstand wurde, während dem Aufwärmen, alle 10 Sekunden über eine Messlänge von 5 cm erfasst. Zur Messung wurde ein Strom von lediglich 10 mA verwendet, um Fehler durch Joulesche Wärme zu vermeiden. Die Aufzeichnung und Speicherung der Messwerte erfolgte automatisch mit einem Datenakquisitionsprogramm [Ber11].

Die Sprungtemperatur T_c wurde aus der $R(T)$-Kennlinie ermittelt. Dazu wurde der Wert $T_{c,50}$ verwendet, bei dem der Widerstand des Leiters auf 50% vom linearen Bereich der Kennlinie abgefallen ist (vergl. Kapitel 2.4).

Die gemessenen Widerstandskennlinien der Leiter sind in Abb. 5.3b dargestellt. Der Unterschied von einer Größenordnung zwischen den gut stabilisierten Leitern 1 und 2 zu den gering stabilisierten Leitern 3 und 4 ist deutlich zu erkennen.

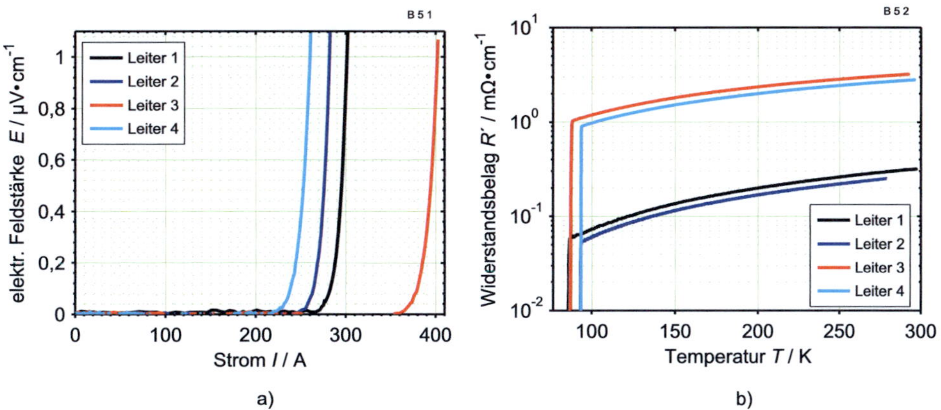

Abb. 5.3: Experimentell ermittelte I_c-Kennlinie a) und Widerstandskennlinie b) ausgewählter Leiter

5.3.2 Messungen mit DC-Strompulsen

Um die Kontaktierung der Probe zu überprüfen, wurde nach dem Einbau ein Konstantstrom von 100 mA über die Stromkontakte eingekoppelt und der Spannungsabfall sowohl auf dem Band, als auch über den Stromkontakte gemessen.

Im Anschluss wurde der Kryostat mit flüssigem Stickstoff befüllt. Durch regelmäßiges Nachfüllen wurde ein Füllstand von mehr als 8 cm über dem Leiter eingehalten. Nach dem Abkühlen wurde die kritische Stromstärke I_c gemessen. Die I_c-Messung wurde regelmäßig zwischen den Messreihen wiederholt, um den Leiter auf eine mögliche Degradation zu überprüfen.

Zur Messung des Aufwärmverhaltens wurde der Leiter mit Strompulsen geringer Pulshöhe I_p und kurzer Pulsdauer t_p beaufschlagt und der Spannungsabfall U_{12} über den Kontakten U1 und U2 mit einer Abtastrate f_s von $0,1 - 2$ kHz gemessen. Der Strom wurde mit einem Messwiderstand R_s am Ausgang der Stromquelle gemessen. Das Schaltbild der Messung ist in Abb. 5.4 dargestellt.

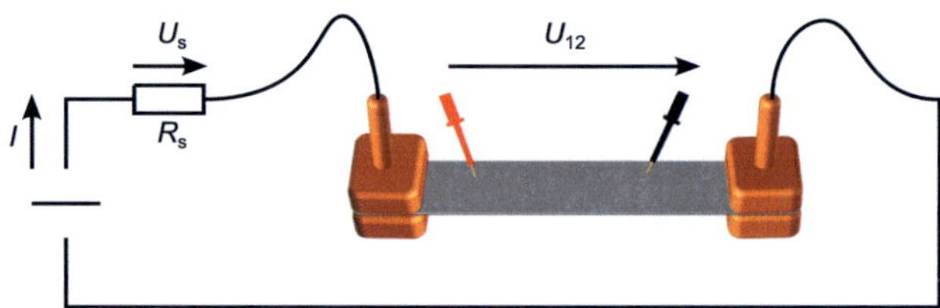

Abb. 5.4: Ersatzschaltbild der Versuchsanordnung zur Messungen mit Strompulsen

Die Pulshöhe I_p wurde während einer Messreihe gesteigert. Die Messreihe wurde abgebrochen wenn

- der Leiter einen Widerstand erreichte, der einer Temperatur von über 200 K entspricht oder

- der Strom der Stromquelle einbrach, da der Spannungsabfall über dem Band die mögliche Ausgangsspannung der Quelle überstieg. Dies war besonders bei gering stabilisierten Leitern mit hohem spezifischem Widerstand der Fall. Durch reduzieren der Leiterlänge konnte die Höhe des Strompulses gesteigert werden.

Die darauf folgende Messreihe begann mit den gleichen Stromwerten und einer verlängerten Pulsdauer. In Abb. 5.5a ist der Ablauf zur Messung des Aufwärmverhaltens und mögliche Verläufe der Feldstärke über dem Leiter dargestellt. Das Aufwärmverhalten wurde bis zu Pulshöhen über 1 kA und Pulsdauern bis zu mehreren Sekunden untersucht. Eine Übersicht der Pulshöhen und Pulsdauern, mit denen die in Tab. 5.1 aufgeführten Leiter beaufschlagt wurden gibt Tab. 5.2.

Zur Messung des Rückkühlverhaltens wurde für jede Messreihe die Pulshöhe I_p und Pulsdauer t_p des Heizpulses vorgegeben und der darauf folgende Laststrom variiert; wie in Abb. 5.5b schematisch dargestellt ist.

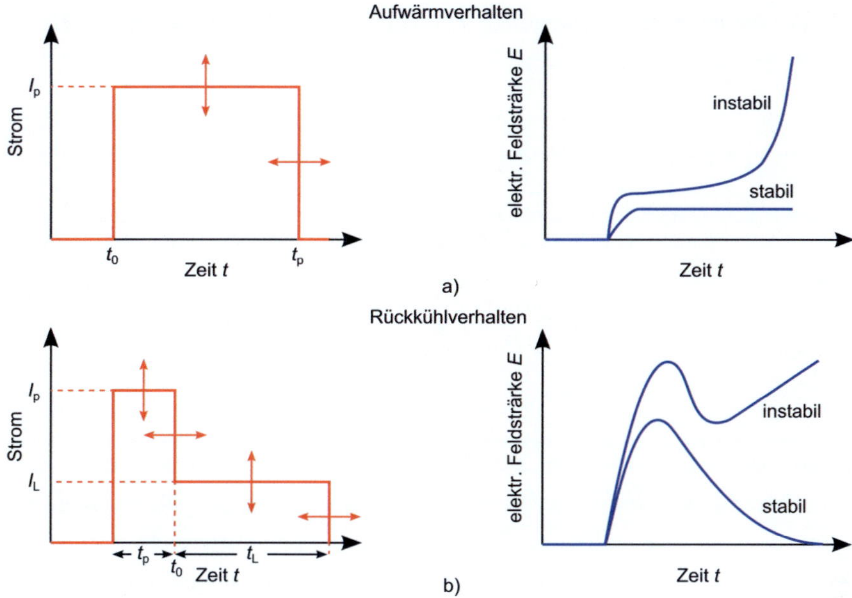

Abb. 5.5: Schematische Darstellung der experimentellen Ermittlung des Aufwärmverhalten a) und des Rückkühlverhaltens b). Die Strompulse (links) wurde in Höhe und Dauer variiert, das erwartete Verhalten der elektrischen Feldstärke ist rechts dargestellt. Es ist jeweils eine Messung mit stationärem Verhalten am Ende bzw. Rückkühlung des Leiters und eine Messung mit weiterer Erwärmung dargestellt.

Tab. 5.2: Einstellungen und Abmessungen der verschiedenen Experimente zum Aufwärmverhalten

Leiter	$\ell_{\mathrm{U1}};\ell_{\mathrm{U2}}$ / cm	$\ell_{\mathrm{U1,U2}}$ / cm	I_p / A	t_p / ms	f_s / kHz
1	1,5; 2; 3,5; 3,75	9; 9,5; 19,3; 19,6	250-1.200	20-10.000	1; 2
2	3,05; 3,25	10	300-1.200	10-1.000	2
3	2; 3,05; 3,75	5; 9; 10	360-700	10-10.000	1
4	3,1	10	315-600	10-225	1
5	2	9	250-400	20	1
6	3,15	10	280-1.200	10-5.000	1; 2
7	3,1	10	120-300	10-800	1
8	2,5	5	300-550	20-150	1
9	2,5	5	350-1.200	40-60	1

In den ersten Messreihen wurde mit geringen Heizpulsen für eine kurze Dauer begonnen wodurch sich niedrige Temperaturen ergaben. Der Laststrom I_L nach dem Heizpuls wurde innerhalb der Messreihe gesteigert. Die Dauer des Laststromes t_L wurde zunächst gering gewählt, um den Leiter für den Fall einer weiteren Erwärmung durch den Laststrom zu schützen. Eine Übersicht der Ströme und Spannungen zur Ermittlung des Rückkühlverhaltens gibt Tab. 5.3.

Tab. 5.3: Einstellungen und Abmessungen der verschiedenen Experimente zum Rückkühlverhalten

Leiter	$\ell_{U1};\ell_{U2}$ / cm	$\ell_{U1,U2}$ / cm	I_p / A	t_p / ms	I_L / A	t_L / ms	f_s / kHz
1	2	9; 19,3; 19,6	260-1.000	20-100	20-400	100-6.000	1
3	2	9	500	20	350-400	100	1
5	2	9	250-400	20	50-350	50-500	1
9	2,5	5	350-1.200	40-60	5-370	40	1

Die Messreihe wurde abgebrochen, sobald der Leiter die Tendenz zeigte sich weiter zu erwärmen statt zurückzukühlen. Wurde die Dauer des Laststromes kürzer gewählt als die Rückkühldauer, so wurde die Messreihe mit längeren Lastströmen wiederholt. Aufgrund der Erfahrungswerte der Messreihe zuvor erfolgte beim Erreichen des maximalen Rückkühlstromes ein Abbruch der Messung. Als maximaler Rückkühlstrom wird der letzte gemessene Strom bezeichnet, bei dem keine weitere Erwärmung des Leiters erfolgte (vergl. auch [Ber11, S. 23]).

Für die nächste Messreihe wurde die Höhe des Heizpulses gesteigert. Typisch für hohe Heizpulse waren 1,2 kA für bis zu 40 ms, wobei sich der Leiter auf ca. 200 K erwärmte (Werte für Leiter mit zusätzlicher Stabilisierung aus Kupfer). Den Abschluss der Messreihen bildete eine I_c-Messung.

Ähnliche experimentelle Untersuchungen finden sich in [APY07, DKK06] und [DLL03].

5.4 Zusammenfassung der Messungen

Die Messungen zur Ermittlung der $R(T)$-Kennlinie zeigten einen geringen Versatz der Temperatur im gekühlten Zustand. Es erfolgte daher eine Anpassung der gemessenen Temperaturwerte an den Siedepunkt von LN_2 von 77,4 K. Die Sprungtemperatur der Leiter variierte um wenige Kelvin, wie Abb. 5.3b zu entnehmen ist. Ursachen hierfür können Unterschiede in der Dotierung oder im Supraleitermaterial selbst sein [Buc94, Kom95, Cav98]. Der kritische Strom I_c sowie der n-Wert der verwendeten Leiter variierte stark. Die ermittelten Werte sind in Tab. 5.1 dargestellt.

Das Verhalten der Leiter bei Experimenten zum Aufwärmverhalten mit hohen Pulsen über geringe Pulsdauern war aufgrund der Beobachtungen der zuvor erfolgten Messung stets vorhersagbar. Bei langen Pulsdauern kam es jedoch, auch bei nur geringen Veränderungen der Pulshöhe, häufig zum unvorhergesehenen Spannungsanstieg. Die Temperatur stieg ebenfalls plötzlich an, was häufig zur thermischen Zerstörung des Leiters führte. Besonders ausgeprägt war dieses Verhalten bei Leitern ohne zusätzliche Stabilisierung.

Bei kurzen, hohen Strompulsen erwärmten sich die Leiter homogen. Bei längeren Pulsen wird vermutet, dass sich aufgrund einer inhomogenen kritischen Stromdichte einzelne Bereiche des Leiters stark erwärmen und lokal zu einer plötzlichen thermischen Zerstörung führen. Die Untersuchungen mit inhomogenen Modellen in Kapitel 6.2.1 beschäftigen sich mit dem Einfluss der Inhomogenität auf das Aufwärmverhalten.

Eine Steigerung der Pulshöhe hatte bei gut stabilisierten Leitern einen deutlichen langsameren Anstieg der Temperatur zur Folge als bei Leitern ohne zusätzliche Stabilisierung. Insbesondere Leiter 3, mit einem hohen kritischen Strom und einer geringen Stabilisierung, verhielt sich äußert kritisch [MNS11].

Bei den Experimenten zum Rückkühlverhalten konnte bei den gut stabilisierten Leitern nach dem Heizpuls eine kurze Rückkühlphase mit anschließendem erneutem Erwärmen beobachtet werden. Nach der erneuten Erwärmung folgte eine weitere Rückkühlung, teilweise bis zur vollständigen Rückkühlung. Je nach gewähltem Heizpuls und Laststrom konnte eine Oszillation des Widerstandes beobachtet werden. Ein ähnliches Verhalten wurde bereits von Martínez in [MAP10] beobachtet und beschrieben. Martínez konnte dieses Verhalten auch bei Leitern ohne zusätzliche Stabilisierung beobachten [Mar11]. Die Ursache hierfür liegt im zeitlich verzögerten, spontanen Anstieg des Wärmeübergangs an das Kühlbad. Daraus ergeben sich eine Reduktion der Temperatur und ein Übergang vom Filmsieden zum Blasensieden oder gar in den Bereich der Wärmeleitung. Durch den geringeren Wärmeübergang erwärmt sich der Leiter erneut stark, was zu einem erneuten Filmsieden führt. Ein solcher Vorgang wurde bereits in [SSH92, CU05] beschrieben.

In diesem Kapitel wurden die experimentellen Untersuchungen zur Ermittlung der charakteristischen Eigenschaften verschiedener kommerzieller Bandleiter mit unterschiedlicher Stabilisierung vorgestellt. Aus den gemessenen $R\,(T)$-Kennlinien und den I_c-Kennlinien konnten der kritische Strom I_c, der n-Wert, die kritische Temperatur T_c und die Schichtdicken der einzelnen Leiter ermittelt werden. Mit diesen Eigenschaften stehen erforderliche Parameter zur Simulation des elektrisch-thermischen Verhaltens der Leiter zur Verfügung.

Die vorgestellten Messungen mit konstanten Strompulsen charakterisieren das Aufwärm- und Rückkühlverhalten der Leiter. Daraus lassen sich spezifische Eigenschaften der Leiter, wie der maximal zulässige Transportstrom oder der maximale Rückkühlstrom als Funktion der Temperatur ermitteln.

Die Ergebnisse der experimentellen Untersuchung werden in den nächsten Kapiteln vorgestellt und mit den Ergebnissen der Simulationsmodelle verglichen.

6 Aufwärmverhalten

Die verschiedenen Verfahren zur Berechnung des Widerstandes der Supraleiterschicht aus Kapitel 4.2 wurden miteinander verglichen. Kriterien des Vergleiches waren die Qualität der Nachbildung der experimentell ermittelten Strom-Spannungs-Kennlinie, die Programmlaufzeit, die Konvergenz des Iterationsverfahren zur Ermittlung der Stromverteilung zwischen den Schichten und die Komplexität der Ermittlung der für das Verfahren benötigten Parameter.

Ziel des Vergleichs war es, ein schnelles und in der Handhabung möglichst einfaches Verfahren zu finden, dass dennoch eine gute Übereinstimmung mit den experimentell ermittelten Werten liefert. Das ausgewählte Berechnungsverfahren wurde in die verschiedenen Modelle implementiert, die für weitere Untersuchungen verwendet wurden.

In Kapitel 4 wurden verschiedene Simulationsmodelle vorgestellt, die sich durch unterschiedliche Annahmen und Randbedingungen unterscheiden. Der Vergleich der Simulationsergebnisse verschiedener Modelle ermöglicht Rückschlüsse auf den Einfluss von Parametern wie Kühlung, Inhomogenität der charakteristischen Eigenschaften und Wärmestrom zu den Stromkontakten. Die nachgebildeten Strom-Spannungs-Kennlinien wurden dazu untereinander sowie mit den experimentell ermittelten Verläufen verglichen. Weiter wurden das Temperatur- und Spannungsverhalten mit den Modellen nachgebildet und lokal untersucht.

Eine Übersicht welche Parameter untersucht und welches Modell dazu verwendet wurden gibt Tab. 6.1 und wird im Folgenden erläutert.

Der Vergleich verschiedener Berechnungsverfahren und die Untersuchungen zum Einfluss der Kühlung erfolgte mit dem Modell mit konzentrierten Widerständen. Für die Untersuchungen zum Einfluss der Kühlung war von besonderem Interesse, ab welcher Pulsdauer und Pulshöhe der Wärmestrom in das Kühlbad den Verlauf der Strom-Spannungs-Kennlinie beeinflusst. Dazu wurden Simulationsergebnisse des adiabaten und des gekühlten Modells mit experimentell ermittelten Werten verglichen.

Als Beispiel einer charakteristischen Eigenschaft wurde die kritische Stromdichte gewählt. Die Auswirkung einer inhomogenen kritischen Stromdichte über die Länge des Leiters wurde mit dem inhomogenen Modell mit eindimensionaler Widerstandverteilung untersucht. Die Entstehung von lokalen Übertemperaturen und der Einfluss einer zusätzlichen Stabilisierung auf die Temperaturverteilung war ebenfalls Bestandteil dieser Untersuchungen.

Um zu überprüfen, ob ein Einfluss der bei den Experimenten verwendeten Stromkontakte auf den gemessenen Spannungsverlauf besteht, wurde beim adiabaten, homogenen Modell mit eindimensionaler Widerstandsverteilung ein Wärmefluss in die Stromkontakte berücksichtigt.

Tab. 6.1: Untersuchte Parameter und verwendete Modelle

Parameter	Modell	Vergleich mit Messung	Abb.
Nachbildung der U-I-Kennlinie	adiabat, homogen, mit konzentrierten Widerständen	ja	6.1; 6.2
Kühlung	adiabat, homogen, mit konzentrierten Widerständen gekühlt, homogen, mit konzentrierten Widerständen	ja	6.3; 6.4
Inhomogenität	gekühlt, homogen, mit eindimensionaler Widerstandsvert. gekühlt, inhomogen, mit eindimensionaler Widerstandsvert.	ja	6.5; 6.8
Stromkontakte	gekühlt, homogen, mit eindimensionaler Widerstandsvert. mit und ohne Berücksichtigung von Kontakten	ja	6.10

Am Ende des Kapitels werden die Ergebnisse zu den Untersuchungen des Aufwärmverhaltens zusammengefasst.

Die bei den experimentellen Untersuchungen gewählten Einstellungen und Abmessungen sowie die Vorgaben der Simulationen sind in Anhang C.2 zusammengestellt.

6.1 Modell mit konzentrierten Widerständen

Das Modell mit konzentrierten Widerständen bildet die verschiedenen Schichten des Leiters durch jeweils einen Widerstand ab (vergl. Kapitel 4.4). Alle Widerstände sind parallel geschaltet. Die Implementierung des Modells ist entsprechend einfach und die Programmlaufzeit gering, insbesondere wenn die Berechnung ohne Berücksichtigung des supraleitende Zustands erfolgt. Das Modell wurde dazu verwendet, die verschiedenen Verfahren zur Berechnung des Widerstandes der Supraleiterschicht zu implementieren und deren Parameter anzupassen. Weiter wurde das Modell verwendet um den Einfluss der Kühlung auf das Aufwärmverhalten zu untersuchen.

6.1.1 Nachbilden der Strom-Spannungs-Kennlinie

Der Nachbildung der Strom-Spannungs-Kennlinie der Supraleiterschicht kommt wegen der starken Nichtlinearität eine besondere Bedeutung zu, da bereits kleine Abweichungen große Auswirkungen besitzen.

Um eine geeignete Nachbildung zu erhalten wurden die in Kapitel 4.3 vorgestellten Verfahren zur Berechnung des Widerstandes der Supraleiterschicht in Abhängigkeit von Stromdichte und Temperatur in das homogene, adiabate Modell mit konzentrierten Widerständen (Modell IIa) implementiert. Wo erforderlich wurden charakteristische Parameter an die experimentell ermittelten Verläufe der Strom-Spannungs-Kennlinie angepasst.

Im Einzelnen wurden implementiert:

- das Verfahren ohne Berücksichtigung des supraleitenden Zustandes (Gl. 4.13),

- das Potenzgesetz mit linearer Abhängigkeit der kritischen Stromdichte von der Temperatur (Gl. 4.14, 4.15), mit den Parametern I_c, E_c, n, T_c,

- zwei Potenzgesetze mit linearer Abhängigkeit der kritischen Stromdichte von der Temperatur (Gl. 4.17, 4.15) mit den Parametern I_c, $E_{c1} = E_c$, $n_1 = n$, E_{c2}, n_2, T_c,

- zwei Potenzgesetze mit nichtlinearer Abhängigkeit der kritischen Stromdichte von der Temperatur (Gl. 4.17, 4.19) mit den Parametern I_c, $E_{c1} = E_c$, $n_1 = n$, E_{c2}, n_2, T_c, α,

- eine analytische Funktion mit nichtlinearer Abhängigkeit der kritischen Stromdichte von der Temperatur (Gl. 4.20, 4.19) mit den Parametern I_c, P, w, T_c, α.

Die Parameter kritischer Strom I_c, kritische Feldstärke E_c, n-Wert n und kritische Temperatur T_c konnten direkt aus der experimentell ermittelten I_c-Kennlinie bzw. aus dem experimentell ermittelten Verlauf $R(T)$ abgelesen werden. Die Parameter zweite kritische Feldstärke E_{c2}, zweiter n-Wert n_2, die Anpassungsparameter der analytischen Funktion P und w sowie der Anpassungsparameter für eine nichtlineare Abhängigkeit der kritischen Stromdichte von der Temperatur α wurden empirisch an die experimentell ermittelte Strom-Spannungs-Kennlinie angepasst.

Die mathematische Erklärung der Berechnungsverfahren befindet sich in Kapitel 4.2.1, eine Übersicht der verschiedenen Verfahren und der Berechnungsgleichungen befindet sich in Tab. 4.1.

Zum Vergleich der Berechnungsverfahren wurden folgende Kriterien angewendet:

- die Korrelation mit den experimentellen Verläufen,

- die Programmlaufzeit,

- die Konvergenz des Iterationsverfahren zur Ermittlung der Stromverteilung zwischen den Schichten und

- die Komplexität der Ermittlung der benötigten Parameter.

Darstellung der Mess- und Simulationsergebnisse der Einzelpulse

Der Vergleich der Verfahren mit den experimentellen Werten erfolgte anhand des zeitabhängigen Spannungsverlaufes U_{12} (vergl. Abb. 5.1) für verschiedene Pulshöhen. Für den Leiter 1 mit zusätzlicher Stabilisierung sind die Stromverläufe (links) und Spannungsverläufe (rechts) für Pulsdauern von 40 ms und Pulshöhen von 450 A, 750 A und 1 kA in Abb. 6.1 dargestellt. Den experimentell ermittelten Spannungsverläufen sind die mit den verschiedenen Berechnungsverfahren ermittelten Verläufe gegenübergestellt. Der Stromverlauf stellte eine Vorgabe der Simulationen dar. Weitere Vorgaben des Experiments und der Simulationen sind im Anhang C.2 zusammengefasst.

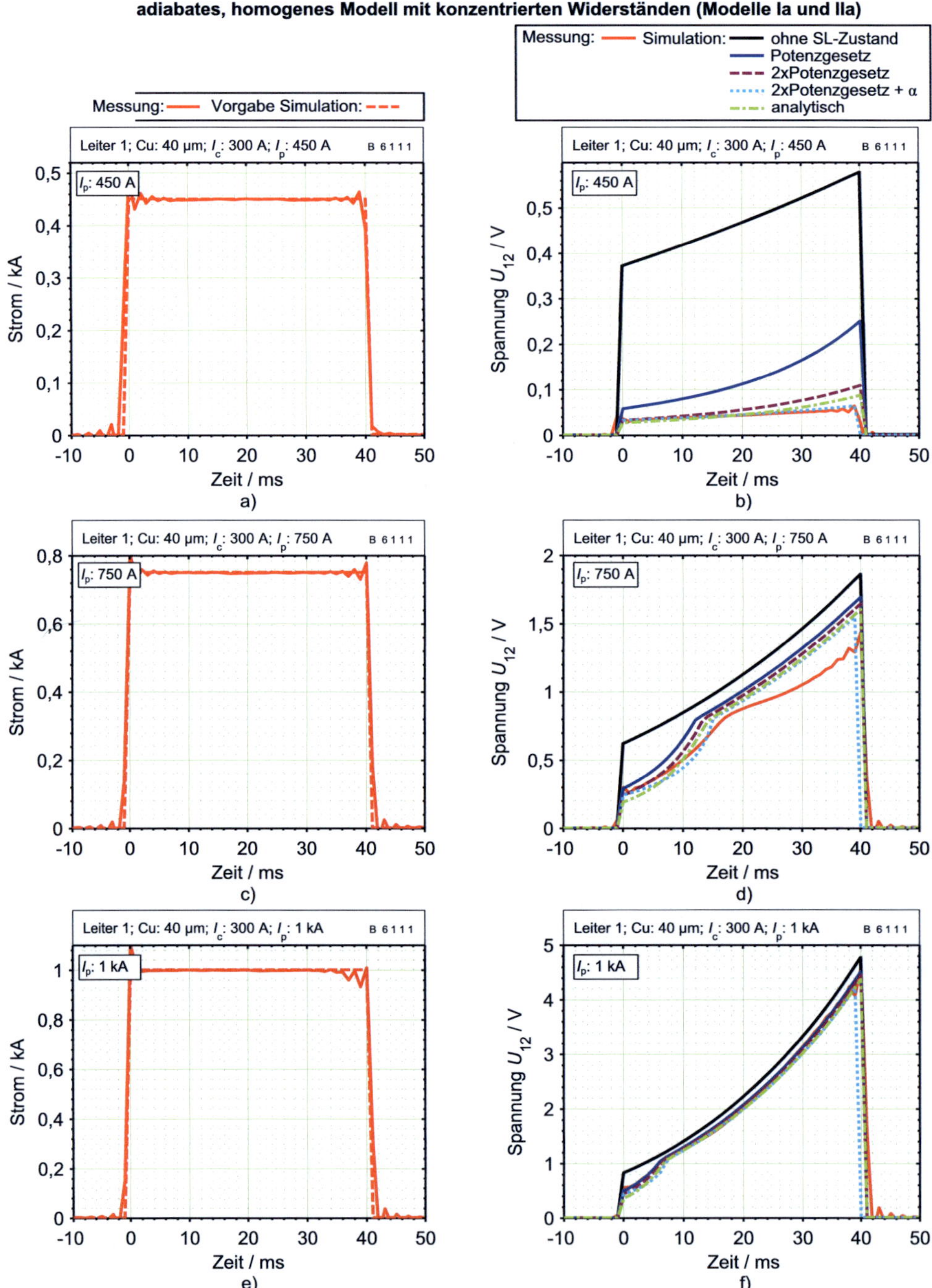

Abb. 6.1: Vergleich verschiedener Verfahren zur Berechnung des Widerstandes der Supraleiterschicht. Dargestellt ist der zeitliche Verlauf von Strom (links) und Spannung U_{12} (rechts) bei Pulshöhen I_p von 450 A, 750 A und 1 kA für eine Pulsdauer t_p von 40 ms.

Diskussion der Mess- und Simulationsergebnisse der Einzelpulse

Bei geringen Pulshöhen von $1,5 \times I_c$ (450 A), dargestellt in Abb. 6.1a und b, erwärmt sich der Leiter nur gering und geht nicht in den normalleitenden Zustand über[a]. Der Verlauf der Spannung U_{12} wird durch die Eigenschaften des supraleitenden Zustandes bestimmt. Entsprechend groß ist die Abweichung zwischen den einzelnen Verfahren zur Berechnung des Widerstands der Supraleiterschicht. Für die Annahme ohne supraleitenden Zustand ergeben sich Spannungen bis zu einer Dekade größer als die experimentell ermittelten Spannungen. Eine besonders gute Übereinstimmung mit dem experimentell ermittelten Verlauf liefert das Verfahren mit 2 Potenzgesetzen und einer nichtlinearen Temperaturabhängigkeit der kritischen Stromdichte.

Für mittlere Pulshöhen von $2,5 \times I_c$ (750 A), dargestellt in Abb. 6.1c und d, ist die Abweichung der verschiedenen Berechnungsverfahren untereinander gering, mit Ausnahme der Berechnung ohne supraleitenden Zustand. Eine Abweichung zu den experimentell ermittelten Werten ist ab dem Übergang in den normalleitenden Zustand bei $t \approx 15$ ms deutlich zu erkennen.

Bei hohen Pulsen von $3,3 \times I_c$ (1 kA) lässt sich der Spannungsverlauf des Experiments durch alle verwendeten Verfahren mit einer guten Übereinstimmung nachbilden, wie in Abb. 6.1e und f dargestellt. Der Leiter geht bereits nach 5 ms in den normalleitenden Zustand über. Der Spannungsverlauf wird maßgeblich von den normalleitenden Eigenschaften des Leiters bestimmt.

Darstellung der Mess- und Simulationsergebnisse der Strom-Spannungs-Kennlinie

Die zeitabhängigen Spannungsverläufe aus Abb. 6.1 zeigen die Übereinstimmung von Experiment und Simulation im Detail. Eine übersichtlichere Darstellung für verschiedene Pulshöhen I_p ergibt sich aus dem Auftragen der Feldstärke zwischen U_{12} nach 10 ms über das I_p/I_c-Verhältnis. Die Abhängigkeit $E\left(I_p\right)$ wird auch als Strom-Spannungs-Kennlinie bezeichnet. In Abb. 6.2 sind die Strom-Spannungs-Kennlinien der verschiedenen Berechnungsverfahren dem experimentell ermitteltem Verlauf gegenübergestellt. In Abb. 6.1a und b erfolgt der Vergleich mit den Leitern 1 und 2, die eine zusätzliche Stabilisierung haben, in Abb. 6.1c und d mit den Leitern 3 und 4 ohne zusätzliche Stabilisierung.

Durch die geringe Pulsdauer t_p von 10 ms lassen sich Kühleinflüsse durch das Kühlbad praktisch ausschließen (vergl. Kap. 6.1.2). Für ein geringes I_p/I_c-Verhältnis bis zu ca. 1,25 stammen die experimentellen Werte aus I_c-Messungen, für ein I_p/I_c-Verhältnis $> 1,25$ aus den Pulsmessungen mit eingeprägtem Strom.

Für die Leiter 1 und 2 mit zusätzlicher Stabilisierung aus Kupfer konnte das I_p/I_c-Verhältnis über einen großen Bereich gemessen werden. Die Leiter 3 und 4 ohne zusätzliche Stabilisierung haben einen um den Faktor 10 höheren Widerstand im normalleitenden Zustand. Das I_p/I_c-Verhältnis wurde durch die maximale Ausgangsspannung der Stromquelle begrenzt, wodurch für I_p/I_c im Experiment lediglich Werte bis zu 1,5 bzw. 2 eingestellt werden konnten.

---

[a]Bei einer Pulshöhe von 450 A und einem Abstand ℓ_{12} von 19,6 cm beträgt die Spannung U_{12} bei T_c ca. 0,5 V

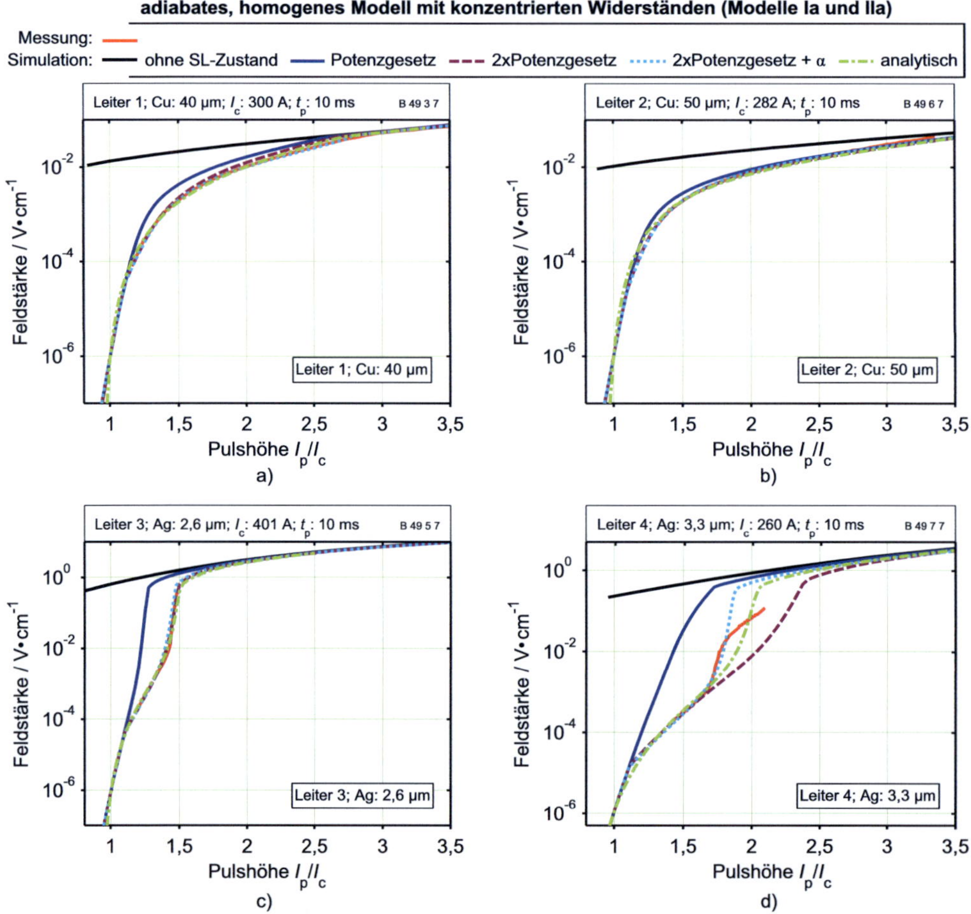

Abb. 6.2: Vergleich der Verfahren zur Berechnung des Widerstandes der Supraleiterschicht anhand der Feldstärke nach einer Dauer t_p von 10 ms in Abhängigkeit des Stroms durch den Leiter. Die Darstellungen in a) und b) zeigen den Vergleich gut stabilisierter Leiter, in den Darstellungen c) und d) werden Leiter ohne zusätzliche Stabilisierung verglichen.

Diskussion der Mess- und Simulationsergebnisse der Strom-Spannungs-Kennlinie

Die Berechnung ohne Berücksichtigung des supraleitenden Zustands liefert für den gut stabilisierten Leiter 1 ab einem I_p/I_c-Verhältnis von 2,5 eine gute Übereinstimmung mit den experimentell ermittelten Werten. Für den sehr gut stabilisierten Leiter 2 nähert sich der Verlauf ab $I_p/I_c > 3,5$ den experimentellen Werten an. Die Werte des Verfahrens ohne supraleitenden Zustand entsprechen bei den Leitern 3 und 4 ab einem I_p/I_c-Verhältnis von 1,5, bzw. 1,7 den Werten der Berechnungsverfahren mit supraleitendem Zustand.

Das Potenzgesetz zeigt bei mittlerem $I_\mathrm{p}/I_\mathrm{c}$-Verhältnis eine relativ hohe Abweichung zu den experimentellen Werten. Besonders deutlich ist dies im zeitlichen Spannungsverlauf in Abb. 6.1b und d und bei Leitern ohne zusätzliche Stabilisierung in Abb. 6.2c und d zu erkennen.

Die Verwendung eines zweiten Potenzgesetzes ermöglicht eine zweite Steigung ab mittlerem $I_\mathrm{p}/I_\mathrm{c}$-Verhältnis. Die Nachbildung in diesem Bereich kann durch ein zweites Potenzgesetz wesentlich verbessert werden.

Insbesondere bei Leiter 4 ohne zusätzliche Stabilisierung und im zeitlichen Verlauf bei geringem $I_\mathrm{p}/I_\mathrm{c}$-Verhältnis aus Abb. 6.1b kann durch die Verwendung einer nichtlinearen Funktion $j_\mathrm{c}(T,\alpha)$ eine weitere Verbesserung erreicht werden.

Die analytische Lösung bietet den mathematischen Vorteil einer stetigen Funktion, liefert jedoch für ein $I_\mathrm{p}/I_\mathrm{c}$-Verhältnis um 1 eine geringe Übereinstimmung mit den experimentellen Werten. Die Funktion strebt für ein kleines $I_\mathrm{p}/I_\mathrm{c}$-Verhältnis sehr viel stärker gegen Null als andere Verfahren.

Die zur Berechnung des Widerstands der Supraleiterschicht erforderlichen Parameter kritischer Strom I_c, kritische Feldstärke E_c, n-Wert n und kritische Temperatur T_c wurden direkt aus der experimentell ermittelten $R(T)$-Kennlinie und der Strom-Spannungs-Kennlinie entnommen. Die Parameter zweite kritische Feldstärke $E_{\mathrm{c}2}$, zweiter n-Wert n_2, die Anpassungsparameter der analytischen Funktion P und w sowie der Anpassungsparameter für eine nichtlineare Abhängigkeit der kritischen Stromdichte von der Temperatur α wurden durch empirische Anpassung der mit dem Simulationsmodell ermittelten Strom-Spannungs-Kennlinie an die experimentell ermittelte Strom-Spannungs-Kennlinie gewonnen (vergl. Abb. 6.2). Eine Übersicht der ermittelten Parameter für die Leiter 1 bis 4 wird in Tab. 6.2 gegeben.

Tab. 6.2: Anpassungsparameter der Berechnungsverfahren für verschiedenen Leiter (vergl. Tab 5.1)

Leiter	Potenzgesetz		2×Potenzgesetz			2×Potenzgesetz+α				analytisch		
	E / $\mu\mathrm{V}\cdot\mathrm{cm}^{-1\,a)}$	n / $^{-a)}$	n_1 / $^{-a)}$	E_2 / $\mu\mathrm{V}\cdot\mathrm{cm}^{-1}$	n_2 / $-$	n_1 / $^{-a)}$	E_2 / $\mu\mathrm{V}\cdot\mathrm{cm}^{-1}$	n_2 / $-$	α / $-$	P / $-$	w / $-$	r / $-$
Nr. 1, Cu: 40 µm, I_c: 300 A	0,1	34	34	5	18,5	34	5	18,5	0,6	0,055	0,29	1,3
Nr. 2, Cu: 50 µm, I_c: 282 A	0,1	34	34	3	22,5	34	3	22	1,5	0,055	0,26	1,3
Nr. 3, Ag: 2,6 µm, I_c: 401 A	0,1	40	40	7,5	18	40	7,5	18	1,2	0,07	0,25	2,5
Nr. 4, Ag: 3,3 µm, I_c: 260 A	0,1	25	25	5	10	25	5	9,5	11	0,2	0,22	6

E bzw. E_1 für alle Verfahren 1 µV/cm; $^{a)}$aus experimentell ermittelter I_c-Kennlinie

Bewertung und Zusammenfassung der Ergebnisse

Das Verfahren ohne supraleitenden Zustand benötigt kein Iterationsverfahren und ist besonders leicht zu implementieren. Die Parameter lassen sich durch eine einfache $R(T)$-Kennlinie bestimmen. Entsprechend gering ist die Programmlaufzeit. Dieses Verfahren sollte jedoch nur angewendet werden, wenn der supraleitende Zustand relativ schnell durchschritten wird, z.B. bei Abschätzungen zu resistiven Strombegrenzern [Sch09a, KEMG10].

Für das Potenzgesetz ist keine empirische Anpassung der Parameter notwendig. Die Parameter können durch Messung der I_c-Kennlinie bestimmt oder in den meisten Fällen dem Datenblatt des Herstellers entnommen werden. Das Verfahren ist sehr robust und zeichnet sich durch geringe Programmlaufzeiten aus.

Die Verwendung eines zweiten Potenzgesetzes liefert bei mittlerem I_p/I_c-Verhältnis eine bessere Nachbildung der experimentellen Werte. Das Verfahren erfordert eine empirische Anpassung der Parameter, die auf experimentellen Werten basieren. Bei gering stabilisierten Leitern sind besonders aufwendige Messaufbauten erforderlich. Die Laufzeit des Programms ist geringfügig länger als bei der Verwendung eines Potenzgesetzes.

Eine nichtlineare Temperaturabhängigkeit der I_c-Kennlinie liefert einen Freiheitsgrad mehr und ermöglicht eine bessere Anpassung an experimentelle Verläufe. Der Aufwand ist dabei nur geringfügig höher als bei der Verwendung von zwei Potenzgesetzen, die Laufzeit bleibt etwa gleich.

Die analytische Funktion bietet insbesondere bei Implementierung mit FEM-Programmen Vorteile, da sie keine Unstetigkeiten enthält. Die Anpassung der Parameter ist sehr aufwendig. Das gewählte Iterationsverfahren musste in vielen Fällen neu abgestimmt werden, da keine Konvergenz erreicht wurde. Entsprechend hoch waren die Programmlaufzeiten und der Aufwand der Simulationen mit der analytischen Funktion.

Eine Zusammenfassung der Eigenschaften der Berechnungsverfahren wird in Tab. 6.3 gegeben.

Tab. 6.3: Bewertung der verschiedenen Verfahren zur Nachbildung des Widerstandes der Supraleiterschicht mit experimentell ermittelten Verläufen

Verfahren	Korrelation mit Messung			Parameter-anpassung	Konvergenz	Laufzeit
	$I_p/I_c<1{,}25$	$1{,}25<I_p/I_c<2$	$I_p/I_c>2$			
ohne SL-Zustand	keine	keine	sehr gut	keine	-	gering
Potenzgesetz	sehr gut	gering bis keine	sehr gut	einfach	sehr gut	gering
$2\times$Potenzgesetz	sehr gut	mittel	sehr gut	mittel	gut	mittel
$2\times$Potenzgesetz $+ \alpha$	sehr gut	sehr gut	sehr gut	mittel	mittel	mittel
analytisch	gering	sehr gut	sehr gut	schwer	mittel	lang

Aufgrund der guten Nachbildung wird das Verfahren mit zwei Potenzgesetzen nach Gl. 4.17 und nichtlinearer Temperaturabhängigkeit von j_c nach Gl. 4.19 ($2\times$Pg, $I_c\,(T,\alpha)$) für die iterative Berechnung des supraleitenden Zustandes der Modelle im weiteren Verlauf der Arbeit verwendet. Ein zentraler Bestandteil des Simulationsprogramms zur Nachbildung des elektrisch-thermischen Verhaltens von REBCO-Bandleitern ist dadurch optimiert und festgelegt worden.

6.1.2 Einfluss der Kühlung

Der Vergleich verschiedener Berechnungsverfahren im vorangegangenem Abschnitt erfolgte bei sehr kurzen Pulsdauern von 10 ms. Für solch geringe Pulsdauern wird angenommen, dass sich lediglich ein geringer Wärmestrom in das Kühlmedium eingestellt hat, der sehr viel kleiner ist als die dissipierte Leistung im Band. In diesem Abschnitt wird untersucht, ab welcher Pulsdauer und Pulshöhe der Wärmestrom in das Kühlbad einen signifikanter Einfluss auf das elektrisch-thermische Verhalten des Leiters hat. Weiter wird untersucht, ob für lange Pulszeiten unter Annahme der angepassten Wärmeübergangskurve aus Abb. 4.4 das Aufwärmverhalten nachgebildet werden kann.

Darstellung der Mess- und Simulationsergebnisse der Einzelpulse

In Abb. 6.3 ist der zeitliche Spannungsverlauf U_{12} des gut stabilisierten Leiters 1 für verschiedene Pulshöhen I_p aus Experiment und Simulation mit dem homogenen Modell mit konzentrierten Widerständen (Modell II) dargestellt. In Abb. 6.3a erfolgte die Simulation unter Annahme adiabater Bedingungen, in Abb. 6.3b wurde ein Wärmeübergang an das Kühlbad gemäß der angepassten Wärmeübergangskurve aus Kapitel 4.2.3 berücksichtigt. Die Eigenschaften der verwendeten Modelle sind in Tab. 6.4, die Einstellungen des Experiments und die Vorgaben der Simulation sind im Anhang C.2 zusammengefasst.

Tab. 6.4: Berücksichtigte Terme der Wärmeleitungsgleichung und Randbedingungen des Modells mit konzentrierten Widerständen

Modell	$C''(T)\frac{\partial T}{\partial t}$	$\dot{Q}''_{Joule}$	$\dot{Q}''_{ext}$	$\dot{Q}''_{\lambda}$	$\dot{Q}''_{B}$	Stromkontakte
homogen, adiabat mit konzentrierten Widerständen (IIa)	$\checkmark$	$2\times$Pg, α	0	0	0	0
homogen, gekühlt mit konzentrierten Widerständen (IIb)	$\checkmark$	$2\times$Pg, α	0	0	$\checkmark$	0

Diskussion der Mess- und Simulationsergebnisse der Einzelpulse

Die Gegenüberstellung der Spannungsverläufe des adiabaten Modells mit Verläufen aus experimentellen Untersuchungen in Abb. 6.3a zeigt, dass der Zeitpunkt des Einsatzes einer signifikanten Kühlung vom Aufwärmverhalten des Leiters abhängt. Der Knick im Kennlinienverlauf zeigt den Übergang in den normalleitenden Zustand.

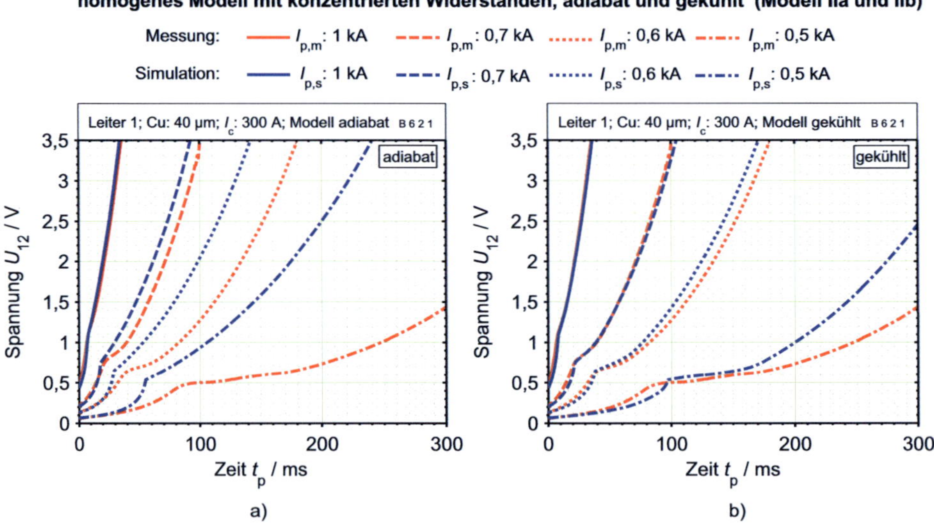

Abb. 6.3: Spannung an den Messkontakten U_{12} in Abhängigkeit der Pulsdauer t_p für verschiedene Pulshöhen I_p bei a) Annahme adiabater Bedingungen und b) einem Wärmeübergang in das Kühlbad gemäß der angepassten Wärmeübergangskurve aus Abb. 4.4

Für ein hohes I_p/I_c-Verhältnis von 3,33 (1 kA) ergeben sich für den betrachteten Zeitraum von ca. 50 ms nur geringe Unterschiede zwischen dem Experiment und der Simulation mit dem adiabaten und gekühltem Modell. Die hohe dissipierte Leistung führt zu einem schnellen Anstieg der Temperatur, wodurch der Einfluss des hohen Wärmeübergangs durch Blasensieden bezogen auf die gesamte Betrachtungsdauer gering ist. Die dissipierte Leistung ist sehr viel höher als die an das Kühlbad abgeführte Leistung, wodurch sich nur minimale Unterschiede zwischen dem adiabaten und dem gekühlten Modell ergeben.

Wird die Pulshöhe verringert, so reduziert sich auch die dissipierte Leistung und die an das Kühlbad abgegeben Leistung wirkt sich stärker auf den Verlauf der Spannung aus. Besonders deutlich wird dies bei einem I_p/I_c-Verhältnis von 1,67 (0,5 kA). Der mit dem adiabaten Modell ermittelte Spannungsverlauf weicht ab ca. 50 ms stark vom experimentell ermittelten Verlauf ab. Das gekühlte Modell kann den experimentellen Verlauf bis zu einer Dauer von ca. 150 ms sehr gut nachbilden. Entscheidend für die Übereinstimmung zwischen Experiment und Modell ist jedoch nicht die Betrachtungsdauer selbst, sondern die Dauer in der sich der Leiter im Bereich des Wärmeübergangs durch Blasensieden befindet. In diesem Bereich sind die größten Abweichungen zwischen dem angenommenen Wärmeübergang des Modells und dem tatsächlichen Wärmeübergang während der Experimente zu erwarten (vergl. 4.2.3).

Darstellung der Mess- und Simulationsergebnisse der Strom-Spannungs-Kennlinie

Die Qualität der Simulation des Aufwärmverhaltens wird durch Auftragen der nach verschiedenen Zeiten erreichte Spannung U_{12} über das Verhältnis von $I_\mathrm{p}/I_\mathrm{c}$ besser ersichtlich. In Abb. 6.4 wurde die Strom-Spannungs-Kennlinie des gut stabilisierten Leiters 1 für die Zeiten 20 ms, 60 ms und 140 ms dargestellt. Die Simulation erfolgte mit dem homogenen, gekühlten Modell mit konzentrierten Widerständen (Modell IIb).

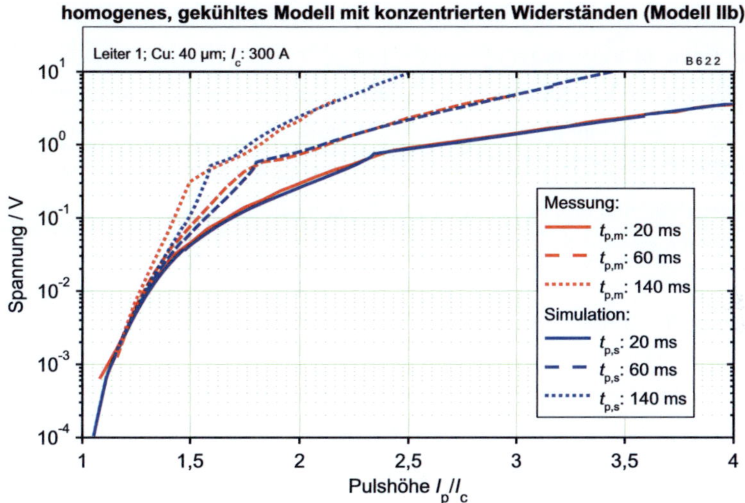

Abb. 6.4: Spannung U_{12} zu verschiedenen Zeitpunkten t_p in Abhängigkeiten der Pulshöhe I_p. Die Nachbildung erfolgte mit dem homogenen, gekühlten Modell mit konzentrierten Widerständen (Modell IIb).

Diskussion der Mess- und Simulationsergebnisse der Strom-Spannungs-Kennlinie

Für Pulsdauern von 20 ms, 60 ms und 140 ms wird das experimentell ermittelte Verhalten sehr gut mit dem homogenen, gekühlten Modell mit konzentrierten Widerständen (Modell IIb) simuliert. Bei mittlere Pulshöhen im Bereich von $1{,}3$-$1{,}7 \times I_\mathrm{c}$ ergeben sich für Pulsdauern von 60 ms und 140 ms geringe Abweichungen zum Experiment. Auch in dieser Darstellung entsteht beim Übergang in den normalleitenden Zustand ein Knick im Verlauf der Kennlinie.

Bewertung und Zusammenfassung der Ergebnisse

Die Untersuchungen zum Einfluss der Kühlung ergaben, dass sich ein Wärmestrom in das Kühlbad bereits für geringe Pulsdauer ab 30 ms auf den Verlauf der Strom-Spannungs-Kennlinie auswirken kann. Die Auswirkung ist abhängig vom $I_\mathrm{p}/I_\mathrm{c}$-Verhältnis, bzw. von dem Verhältnis aus dissipierter Leistung und an das Kühlbad abgegebener Leistung.

Eine Kühlung gemäß der angepassten Wärmeübergangskurve liefert für die betrachteten transienten Bedingungen eine sehr gute Übereinstimmung mit den experimentellen Spannungsverläufen während der Aufwärmphase. Für die weiteren Untersuchungen zum Aufwärmverhalten werden ausschließlich gekühlte Modelle verwendet.

6.2 Modell mit eindimensionaler Widerstandsverteilung

Bei diesen Modellen muss, im Gegensatz zu den Modellen mit konzentrierten Widerständen, keine homogene Feldstärke über der Länge des Leiters angenommen werden. Der Einfluss einer inhomogenen kritischen Stromdichte über der Länge des Leiters und der Einfluss der Stromkontakte an den Enden des Leiters auf das Aufwärmverhalten wurde mit den gekühlten Modellen mit eindimensionaler Widerstandsverteilung (Modell IIIb und Modell IVb) untersucht (vergl. Kapitel 4.4). Um die Spannung U_{12} aus den Modellen zu erhalten, werden die Teilspannungen der Elemente m zwischen den Punkten U_1 und U_2 summiert.

6.2.1 Einfluss der Inhomogenität

Um den Einfluss der Inhomogenität des Leiters auf das Aufwärmverhalten zu untersuchen, wird jedem Element m eine kritische Stromdichte zugewiesen. Die Verteilung erfolgt nach der in Kapitel 4.2.5 beschriebenen Exponentialverteilung.

Ziel ist es, durch die Berücksichtigung der Inhomogenität eine bessere Übereinstimmung zwischen Experiment und Simulation zu erhalten. Des Weiteren wird die Auswirkung der Inhomogenität auf die Temperaturverteilung über dem Band betrachtet. Hierbei wird besonders die Entstehung lokaler Wärmezentren untersucht und ob diese durch eine zusätzliche Stabilisierung verhindert werden können.

Darstellung der Mess- und Simulationsergebnisse der Einzelpulse

Der zeitliche Verlauf der Spannung über den Kontakten U_{12} des gut stabilisierten Leiters 1 ist für Pulse von 40 ms Dauer und einer Höhe von $1,5 \times I_c$ (450 A) in Abb. 6.5a und für $3,33 \times I_c$ (1 kA) in Abb. 6.5b dargestellt. Die Werte aus experimentellen Untersuchungen und der Simulation mit dem gekühlten, inhomogenen Modell mit eindimensionaler Widerstandsverteilung (Modell IVb) sind einander gegenübergestellt. Die Stärke der Inhomogenität wurde durch den Parameter σ verändert (vergl. Gl. 4.42). Der Parameter σ wurde variiert zwischen ∞ (homogene kritische Stromdichte), 20 (inhomogen, geringster $I_c : \sim 0,65 \times I_{c,\text{ideal}}$) und 10 (sehr inhomogen, geringster $I_c : \sim 0,39 \times I_{c,\text{ideal}}$). In Tab. 6.5 sind die Eigenschaften des Modells, in Anhang C.2 sind die Vorgaben aus Simulation und Experiment zusammengefasst.

Die im Experiment und in der Simulation verwendeten Stromverläufe entsprechen den in Abb. 6.11 dargestellten Verläufen.

Tab. 6.5: Berücksichtigte Terme der Wärmeleitungsgleichung und Randbedingungen des inhomogenen Modells

Modell	$C''(T)\frac{\partial T}{\partial t}$	$\dot{Q}''_{Joule}$	$\dot{Q}''_{ext}$	$\dot{Q}''_{\lambda}$	$\dot{Q}''_{B}$	Stromkontakte
inhomogen, gekühlt mit eindimensionaler Widerstandsverteilung (Modell IVb)	$\checkmark$	$2\times$Pg, α	0	$\checkmark$	$\checkmark$	0

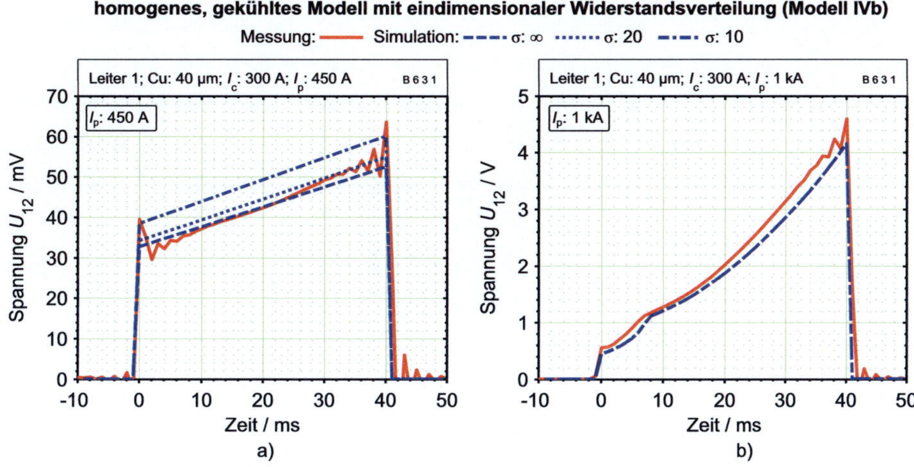

Abb. 6.5: Zeitlicher Verlauf der Spannung U_{12} für eine Pulshöhe I_p von a) $1,5 \times I_c$ (450 A) und b) $3,33 \times I_c$ (1 kA) unter Annahme eines homogenen Leiters ($\sigma = \infty$), eines inhomogenen Leiters ($\sigma = 20$) und eines sehr inhomogenen Leiters ($\sigma = 10$). Der Stromverlauf entspricht den in Abb. 6.1 dargestellten Verläufen.

Diskussion der Mess- und Simulationsergebnisse der Einzelpulse

Für geringe Pulshöhen von $1,5 \times I_c$ (450 A) in Abb. 6.5a ergeben sich kleine Abweichungen zwischen dem homogenen und inhomogenen Modell. Die Simulation mit dem inhomogenen Modell liefert höhere Spannungen als das homogene Modell. Mit steigender Inhomogenität erhöht sich die Abweichung gegenüber dem homogenen Modell.

Dies erklärt sich durch die Bildung der inhomogenen Verteilung der kritischen Stromdichte nach der in Kapitel 4.2.5 vorgestellten Exponentialverteilung. Der arithmetische Mittelwert der kritischen Stromdichte ist bei dem homogenen und inhomogenen Modell gleich. Die Abweichungen der kritischen Stromstärke vom Mittelwert beim inhomogenen Modell wirken sich jedoch durch die Berechnung des Widerstandes der Supraleiterschicht mit den Potenzgesetzen nicht linear aus. Eine lokal reduzierte kritische Stromdichte bewirkt eine höhere Spannung über dem Element, als eine um den gleichen Betrag erhöhte lokale kritische Stromdichte eine Reduktion der Spannung über dem Element bewirkt. Dies führt zu einer höheren Spannung U_{12} über den Kontakten, die aus der Summe der einzelnen Spannungen der Elemente gebildet wird.

Bei hohen Strompulsen ist kein Einfluss der Inhomogenität des kritischen Stromes auf die Spannung U_{12} über den Leiter zu erkennen, wie Abb. 6.5b zeigt. Ursache ist das schnelle Durchlaufen des supraleitenden Zustands. Die supraleitenden Eigenschaften wirken sich daher nur sehr gering auf den Gesamtverlauf aus.

Darstellung der Ergebnisse ortsaufgelöster Werte

Um die Auswirkungen einer inhomogenen kritischen Stromdichte auf die lokalen Größen zu untersuchen, sind in Abb. 6.6 die simulierten Verläufe der elektrischen Feldstärke und der Temperatur zu verschiedenen Zeiten über die Länge des Leiters aufgetragen. Die dazugehörigen Verläufe der Spannung U_{12} sind in Abb. 6.5 dargestellt. Neben den Verläufen unter Annahme eines homogenen und eines inhomogenen Leiters sind die Positionen der Spannungsabgriffe U_1 und U_2 eingezeichnet. Die lokale Feldstärke bezeichnet die Feldstärke über ein diskretes Längenelement m bezogen auf die Elementlänge. Die Länge Δx eines Elementes m betrug in dieser Simulation 1 mm.

Um die Entstehung lokaler Wärmezentren zu untersuchen ist in Abb. 6.6c und d, analog zur Feldstärke in Abb. 6.6a und b, die Temperaturverteilung über die Länge des Bandleiters dargestellt.

Diskussion der Ergebnisse ortsaufgelöster Werte

Für geringe Pulshöhen bewirkt eine inhomogene kritische Stromdichte eine starke Variation der lokalen Feldstärke, wie in Abb. 6.6a am Beispiel von Pulshöhen von $1,5 \times I_c$ (450 A) zu sehen ist. Durch Wärmeleitung längs des Leiters werden Temperaturdifferenzen benachbarter Elemente ausgeglichen. Die Variation der Temperatur ist daher sehr viel geringer, wie Abb. 6.6c zeigt.

Hohe Strompulse bewirken einen schnellen Übergang in den normalleitenden Zustand. Die supraleitenden Eigenschaften beeinflussen das elektrisch-thermische Verhalten nicht maßgeblich. Eine inhomogene kritische Stromdichte hat daher keine Auswirkung auf die Verteilung der lokalen Feldstärke und Temperatur. Dies zeigt sich für Pulshöhen von $3,33 \times I_c$ (1 kA) in Abb. 6.6b und Abb. 6.6d. Der Übergang in den normalleitenden Zustand erfolgt hier nach ca. 7 ms wie der Knick des zeitlichen Spannungsverlaufs in Abb. 6.5b zeigt.

Die Entstehung von lokalen Hitzezentren (hot-spots) konnte wegen der guten Stabilisierung des Leiters weder bei der Simulation hoher Pulse noch bei der Simulation von Pulsen geringer Höhe beobachtet werden. Eine gesonderte Betrachtung lokaler Störungen erfolgt in Kapitel 8.

Darstellung der Mess- und Simulationsergebnisse gering stabilisierter Leiter

Hatte die Inhomogenität der kritischen Stromdichte auf das Aufwärmverhalten eines gut stabilisierten Leiters kaum einen Einfluss, stellt sich dies bei Betrachtung gering stabilisierter Leiter anders dar. Mit Abb. 6.7 wird ein Überblick verschiedener Verläufe des Leiters 3 ohne zusätzliche Stabilisierung gegeben. In Abb. 6.7a ist der zeitabhängige Spannungsverlauf U_{12} aus experimentellen Untersuchungen dem mit dem inhomogenen, gekühlten Modell mit ein-

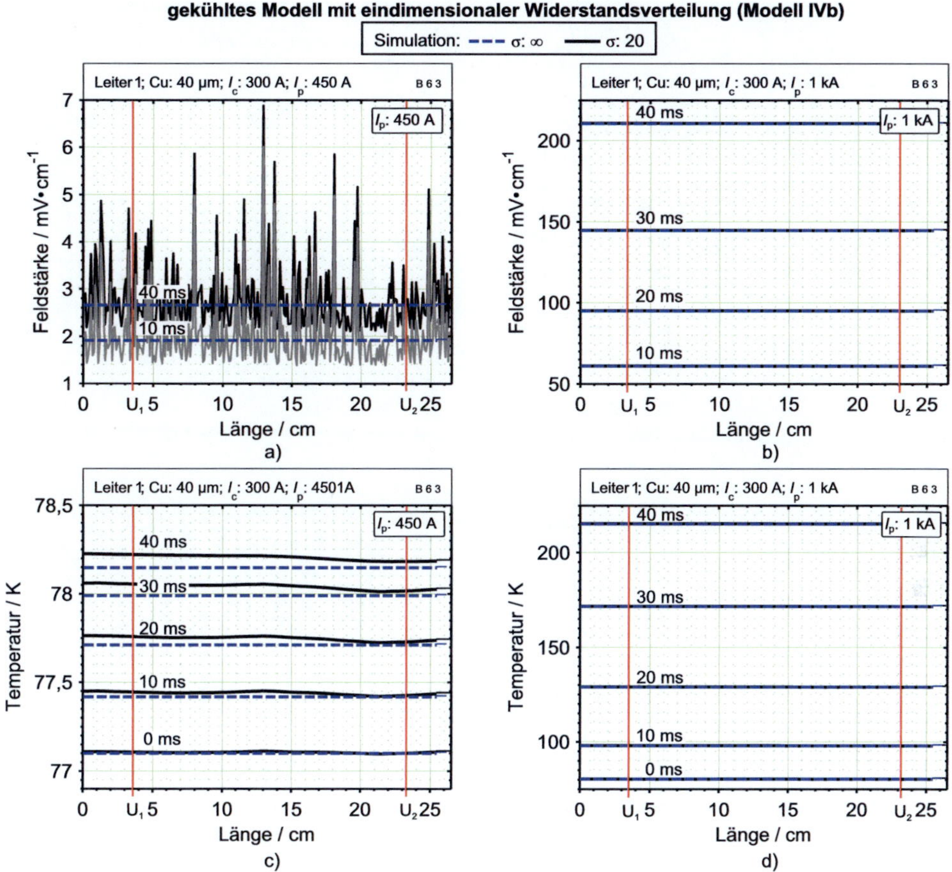

Abb. 6.6: Feldstärke- und Temperaturverteilung über die Leiterlänge zu verschiedenen Zeiten. Für eine Pulshöhe I_p in a) und c) von $1{,}5 \times I_c$ (450 A) sowie für $3{,}33 \times I_c$ (1 kA) in b) und d). In der Simulation wurde eine homogenen kritische Stromdichte ($\sigma = \infty$) sowie eine inhomogene kritische Stromdichte ($\sigma = 20$) angenommen. Die Simulation erfolgte mit dem gekühlten Modell mit eindimensionaler Widerstandsverteilung (Modell IVb). Die Spannungsabgriffe U_1 und U_2 sind eingezeichnet.

dimensionaler Widerstandsverteilung (Modell IVb) ermittelten Verlauf gegenübergestellt. In Abb. 6.7b und c ist die mit dem inhomogenen Modell nachgebildete lokale Feldstärke bzw. Temperatur zu verschiedenen Zeiten dargestellt. Die im inhomogenen Modell angenommene Verteilung der kritischen Stromdichte über die Leiterlänge zum Startzeitpunkt bei $T = T_B$ ist in Abb. 6.7d abgebildet. Zur besseren Darstellung sind die Spannungsverläufe in Abb. 6.7a und die Feldstärkeverläufe in Abb. 6.7b logarithmisch aufgetragen.

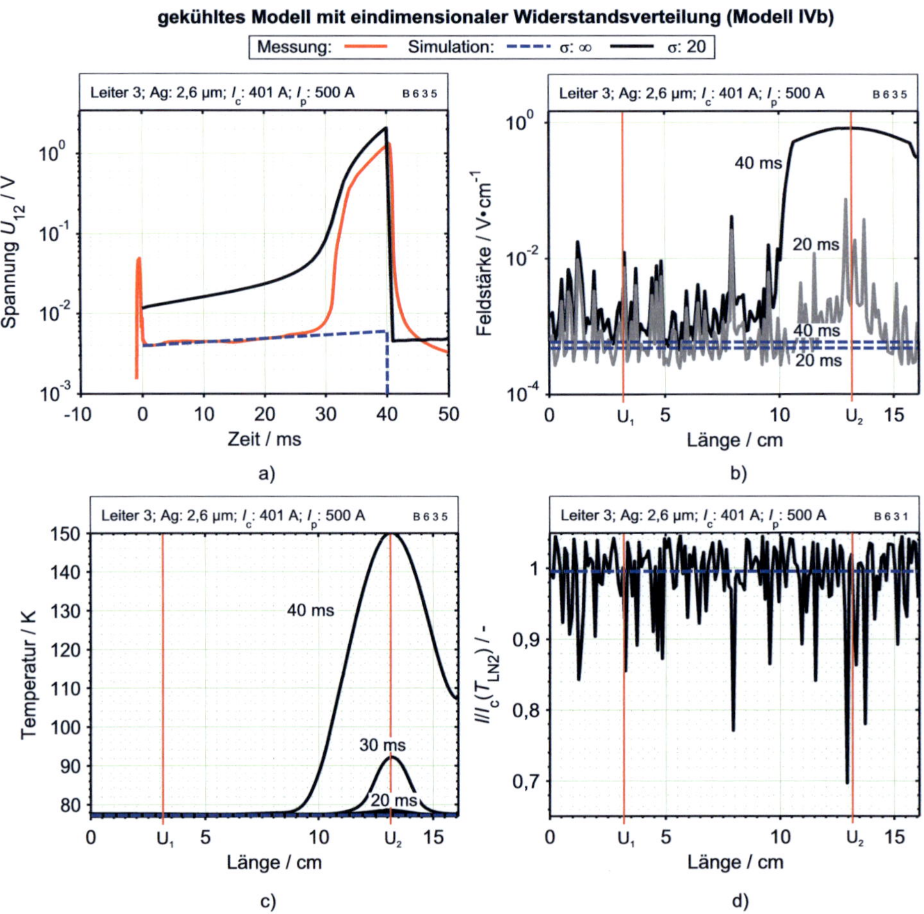

Abb. 6.7: Spannungsverlauf, in a), Feldstärkeverteilung über der Leiterlänge in b), Temperaturverteilung über Leiterlänge in c) und I_c-Verteilung über der Leiterlänge in d) des Leiters 3 ohne zusätzliche Stabilisierung. Die Simulation erfolgte mit dem adiabaten Modell mit eindimensionaler Widerstandsverteilung (Modell IVa) unter Annahme eines homogenen Leiters ($\sigma = \infty$) und eines inhomogenen Leiters (σ=20).

Diskussion der Mess- und Simulationsergebnisse gering stabilisierter Leiter

Der Verlauf der Spannung U_{12} des Leiters 3 bei einem Puls von $1,25 \times I_c$ (500 A) in Abb. 6.7a zeigt eine sehr gute Übereinstimmung mit dem homogenen Modell bis zu einer Dauer von ca. 30 ms. Danach steigt der experimentell ermittelte Spannungsverlauf sehr steil an. Ursache ist die Inhomogenität des Leiters. Wird für den Leiter eine inhomogene kritische Stromdichte über der Länge des Leiters angenommen, so entspricht dessen Spannungsverlauf ab ca. 30 ms dem des experimentellen Verlaufs. Für Zeiten kleiner 30 ms besteht eine Abweichung zu höheren Spannungen.

Diese Abweichung erklärt sich durch die Berechnung der kritischen Stromdichte des inhomogenen Leiters als arithmetisches Mittel der einzelnen kritischen Stromdichten. Wie schon für den gut stabilisierten Leiter ausgeführt, bewirkt die Berechnung des Widerstandes der Supraleiterschicht durch ein Potenzgesetz eine ungleichmäßige Gewichtung von reduzierter und erhöhter kritischer Stromdichte. Elemente mit reduzierter kritischer Stromdichte haben größeren Einfluss auf die Gesamtspannung als Elemente mit höherer kritischer Stromdichte.

Der Verlauf der Feldstärke über der Länge des Leiters zu verschiedenen Zeitpunkten in Abb. 6.7b zeigt, dass die Feldstärke in der rechten Hälfte des Leiters nach 40 ms deutlich höher ist und kein Einfluss der lokalen kritischen Stromdichte mehr besteht.

Der Darstellung der Temperatur über die Länge des Leiters in Abb. 6.7c ist zu entnehmen, dass zwischen einer Dauer von 30-40 ms die Temperatur der rechten Hälfte des Leiters sehr schnell von Werten unterhalb der Sprungtemperatur auf ca. 150 K ansteigt. Ursache hierfür ist, dass der gering stabilisierte Leiter ab dem Überschreiten eines temperaturabhängigen Grenzstroms sich sehr schnell erwärmt.

Die lokale kritische Stromdichte ist in Abb. 6.7d dargestellt. Die hohen Feldstärke und Temperaturwerte der rechten Leiterseite werden durch die starke Reduktion der kritischen Stromdichte an mehreren Stellen zwischen 12 cm und 14 cm verursacht.

Der spontane Temperaturanstieg aufgrund der Inhomogenität der kritischen Stromdichte konnte hier sehr gut mit einem Modell nachgebildet werden.

Darstellung der Mess- und Simulationsergebnisse der Strom-Spannungs-Kennlinien

Nach der detaillierten Betrachtung ausgewählter Einzelpulse eines Leiters mit zusätzlicher Stabilisierung und eines Leiters ohne zusätzliche Stabilisierung, gibt Abb. 6.8 eine übersichtliche Darstellung der Spannung U_{12} nach 40 ms für verschiedene Pulshöhen I_p der beiden Leiter. Die Simulation erfolgte mit dem gekühlten Modell mit eindimensionaler Widerstandsverteilung (Modell IVb) unter Annahme eines homogenen ($\sigma = \infty$), eines inhomogenen ($\sigma = 20$) und eines sehr inhomogenen ($\sigma = 10$) Leiters.

Diskussion der Mess- und Simulationsergebnisse der Strom-Spannungs-Kennlinien

Aus den Untersuchungen der Einzelpulse ging bereits hervor, dass die Berechnung der kritischen Stromstärke durch arithmetischen Mittelwert der Exponentialverteilung einen Versatz zu höheren Spannungen bewirkt. Wie die Darstellung für den gut stabilisierten Leiter in Abb. 6.8a zeigt, besteht dieser Einfluss bis zu einem I_L/I_c-Verhältnis von ca. 1,25. Für ein I_L/I_c-Verhältnis größer 1,25 stimmen die Spannungen von inhomogenen Leiter, homogenen Leiter und experimentelle Werte sehr gut überein.

Auf den Leiter 3 ohne zusätzliche Stabilisierung in Abb. 6.8b wirkt sich die inhomogene kritische Stromdichte auch durch die Bildung lokaler Hitzezentren aus. Das inhomogene Modell

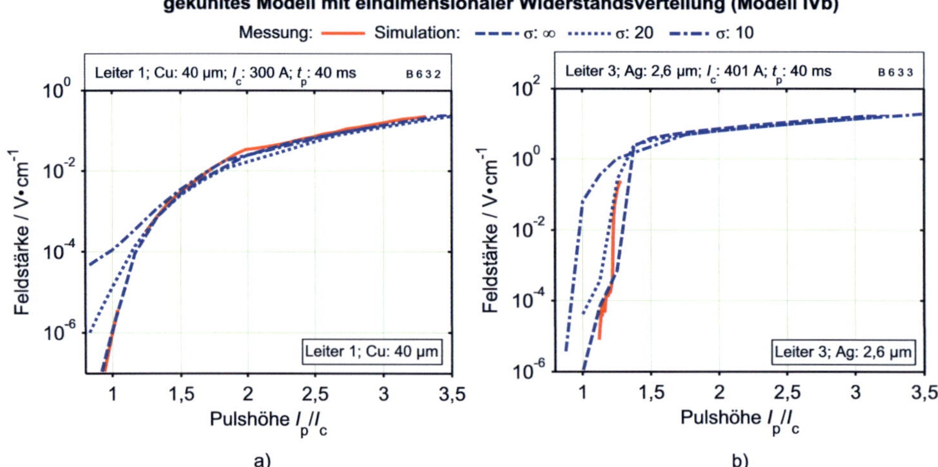

Abb. 6.8: Mittlere Feldstärke zwischen den Messkontakten ($U_1 - U_2$) nach 10 ms in Abhängigkeit der Pulshöhe I_p. Die Simulation erfolgte mit dem gekühlten Modell mit eindimensionaler Widerstandsverteilung (Modell IVb), für eine homogen I_c-Verteilung ($\sigma = \infty$), eine inhomogene I_c-Verteilung ($\sigma = 20$) und eine sehr inhomogene I_c-Verteilung ($\sigma = 10$).

mit $\sigma = 20$ liefert die beste Nachbildung der Strom-Spannungs-Kennlinie nach 40 ms Pulsdauer. Der Unterschied zwischen dem homogenen Modell, und den inhomogenen Modellen wird für ein I_L/I_c-Verhältnis von 1 bis 1,5 besonders deutlich. Im Unterschied zur Kennlinie des gut stabilisierten Leiters 1 aus Abb. 6.8a wird der Versatz zwischen den Modellen durch lokale Wärmezentren (hot-spots) hervorgerufen und nicht durch die Bildung des arithmetischen Mittelwert der Exponentialverteilung. Bei hohen Strömen erfolgt eine schnelle Erwärmung des Leiters ohne lokale Wärmezentren. Für ein I_L/I_c-Verhältnis größer 1,5 ist kein Unterschied zwischen den Strom-Spannungs-Kennlinien des homogenen Modells und der inhomogenen Modelle zu erkennen.

Die Strom-Spannungs-Kennlinie nach 40 ms eines Leiters ohne zusätzliche Stabilisierung wird durch das inhomogene, gekühlte Modell mit eindimensionaler Widerstandsverteilung wesentlich besser nachgebildet. Für Strom-Spannungs-Kennlinien nach z.B. 10 ms liefert das homogene Modell bessere Ergebnisse, da sich hier die Inhomogenität des Leiters noch nicht auswirkt, wie die Darstellung in Abb. 6.7a zeigt.

Bewertung und Zusammenfassung der Ergebnisse

Das Verhalten gut stabilisierter Leiter und gering stabilisierter Leiter zeigte deutliche Unterschiede. Leiter mit zusätzlicher Stabilisierung zeigten eine lokale Abhängigkeit der Feldstärke von der kritischen Stromdichte, die Temperaturverteilung war jedoch annähernd homogen. Die lokale Feldstärke des gering stabilisierten Leiters folgte zunächst auch der kritischen Stromdichte. Die Temperaturverteilung ist jedoch deutlich inhomogener als bei gut stabilisierten Leitern. Bei längeren Pulsen (beim gezeigten Beispiel ab 30 ms) geht der Leiter lokal in den normalleitenden Zustand. Es entsteht ein lokaler Quench.

Die Nachbildung des gut stabilisierten Leiters mit dem inhomogenen Modell zeigte für geringe Pulshöhen von $1,25 \times I_c$, bei denen die Eigenschaften im supraleitenden Zustand den Verlauf dominieren, eine Abweichung zu höheren Spannungen. Die Ursache hierfür liegt überwiegend in der mathematischen Modellierung der Verteilung der Inhomogenität mit einer Exponentialverteilung. Ursache für die Abweichung ist nicht die inhomogene Verteilung der kritischen Stromdichte, sondern die Bildung des Mittelwerts der Verteilung. Für größere Pulshöhen bestand keine Abweichung zwischen inhomogenen Modell, homogenen Modell und Experiment.

Bei gering stabilisierten Leitern konnte durch die Berücksichtigung der Inhomogenität ein spontaner, lokaler Temperaturanstieg bei geringen Pulshöhen nachgebildet werden. Für höhere Pulse erfolgt ein schneller Übergang in den normalleitenden Zustand und die inhomogene Verteilung der kritischen Stromdichte wirkt sich nur sehr gering aus.

Durch Berücksichtigung der Inhomogenität konnte das entscheidende Verhalten eines spontanen Temperaturanstiegs bei geringen Pulshöhen sehr gut nachgebildet werden.

6.2.2 Einfluss der Kontakte

In diesem Kapitel wird der Einfluss der Stromkontakte an den Enden des Leiters auf das Aufwärmverhalten durch Strompulse untersucht. Ziel der Untersuchung ist es durch Berücksichtigung der Stromkontakte eine bessere Nachbildung der experimentell ermittelten Verläufe zu erhalten. Weiter wird untersucht, ob die Stromkontakte das Ergebnis der Experimente beeinflussten.

Dazu werden die Simulationsergebnisse des gekühlten, homogenen Modells mit eindimensionaler Widerstandsverteilung und Annahme eines Wärmestroms in die Stromkontakte (Modell IIIb) mit Ergebnissen aus experimentellen Untersuchungen verglichen.

Die Nachbildung der Stromkontakte durch einen elektrischen und einen thermischen Ersatzwiderstand wird in Kapitel 4.2.4 beschrieben. Die Annahmen der in diesem Kapitel verwendeten Modelle sind in Tab. 6.6, die Vorgaben aus Experimente und Simulationen sind in Anhang C.2 zusammengefasst.

Tab. 6.6: Berücksichtigte Terme der Wärmeleitungsgleichung und Randbedingungen

Modell	$C''(T)\frac{\partial T}{\partial t}$	$\dot{Q}''_{Joule}$	$\dot{Q}''_{ext}$	$\dot{Q}''_\lambda$	$\dot{Q}''_B$	Stromkontakte
homogen, gekühlt mit eindimensionaler Widerstandsverteilung und Kontakten (Modell IIIb)	$\sqrt{}$	$2\times\mathrm{Pg}\,,\alpha$	0	$\sqrt{}$	$\sqrt{}$	$\sqrt{}$

Bei homogener I_c-Verteilung ist die Spannung- und Temperaturverteilung symmetrisch zur Mitte des Leiters, wie in Abb. 6.9 schematisch dargestellt ist. Zur besseren Übersicht werden

Diagramme, die Parameter über die Länge homogener Leiter zeigen, nur bis zur Symmetrieachse dargestellt.

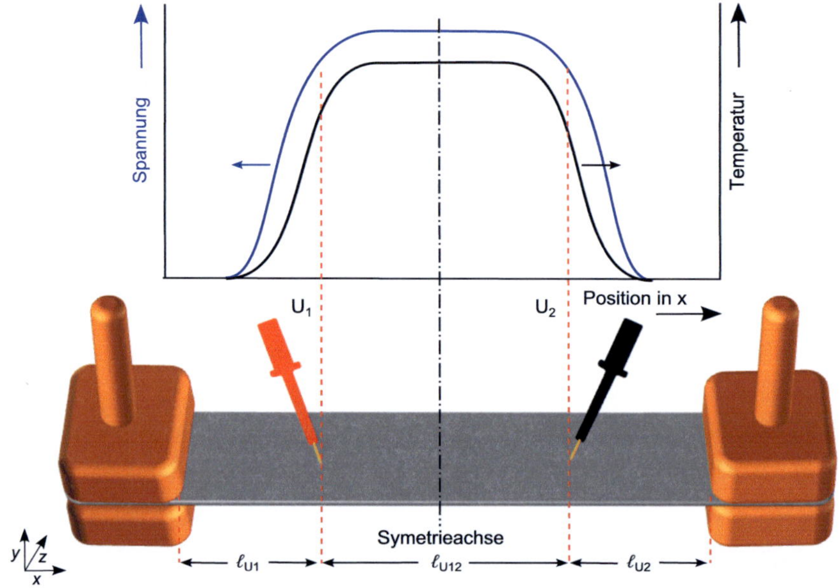

Abb. 6.9: Schematische Darstellung des Messaufbaus mit Symmetrieachse

Darstellung der Mess- und Simulationsergebnisse der Einzelpulse

Zunächst wird der zeitabhängige Verlauf der Spannung U_{12} am Leiter 1 mit zusätzlicher Stabilisierung in Abb. 6.10 betrachtet. Dargestellt sind der experimentell ermittelte Verlauf sowie der nachgebildete Verlauf ohne und mit Berücksichtigung der Stromkontakte. In Abb. 6.10a betrug die Pulshöhe I_p $1,5 \times I_\mathrm{c}$ (450 A), in Abb. 6.10b $3,33 \times I_\mathrm{c}$ (1 kA).

Die entsprechende lokale Verteilung von Feldstärke und Temperatur zu verschiedenen Zeiten ist mit dem Modell simuliert worden und in Abb. 6.11 dargestellt.

Diskussion der Mess- und Simulationsergebnisse der Einzelpulse

Die Berücksichtigung der Kontakte beinhaltet neben der Kühlwirkung durch die Wärmeleitung auch eine Erwärmung durch den elektrischen Übergangswiderstand (vergl. Kapitel 4.2.4). Bei einer Pulshöhe von $1,5 \times I_\mathrm{c}$ (450 A) überwiegt die Erwärmung durch den elektrischen Wiederstand die Kühlwirkung durch Wärmeleitung, wie Abb. 6.10a zeigt. Für eine Pulshöhe von $3,33 \times I_\mathrm{c}$ (1 kA) in Abb. 6.10b überwiegt die Wärmeabfuhr durch die Kontakte.

In der Darstellung der lokalen Feldstärke und Temperatur in Abb. 6.11 ist der Einfluss der Stromkontakte auf die Feldstärke- und Temperaturverteilung deutlich zu erkennen. Der

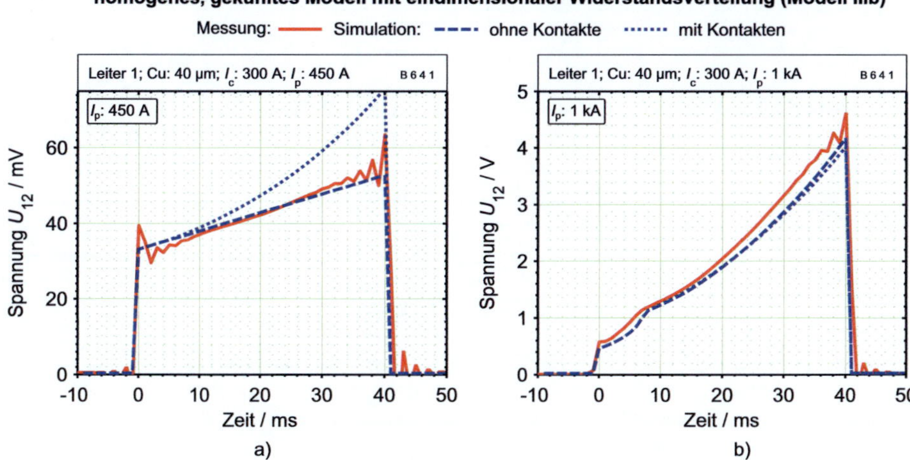

Abb. 6.10: Spannungsverlauf U_{12} für eine Pulshöhe von a) I_p: 1,5×I_c (450 A) und b) I_p: 3,33×I_c (1 kA). Die Simulation erfolgte mit dem homogenen gekühlten Modell mit eindimensionaler Widerstandsverteilung, mit und ohne Berücksichtigung der Stromkontakte an den Leiterenden (Modell IIIb).

Wärmestrom zwischen Leiter und Kontakt wirkt sich erst verzögert auf die Feldstärke und Temperatur in der Mitte des Leiters aus. Bei einer Pulshöhe von $1,5 \times I_c$ (450 A) ist bereits nach 20 ms ein Einfluss auf die Leitermitte festzustellen, bei einer Pulshöhen von $3,33 \times I_c$ (1 kA) ist nach 40 ms noch kein Einfluss festzustellen.

Die Stromkontakte haben auf den Verlauf der Spannung U_{12} bei einer Pulshöhe von $3,33 \times I_c$ (1 kA) kaum eine auswirken, wie die Darstellungen in Abb. 6.10b und Abb. 6.11 zeigen. Für eine Pulshöhen von $1,5 \times I_c$ (450 A) ergeben sich jedoch deutliche Abweichungen im Verlauf der Spannung U_{12} zwischen Experiment und dem homogenen, gekühlten Modell mit eindimensionaler Widerstandsverteilung und Stromkontakte. Für diese Pulshöhen hat die Wahl der Position der Spannungskontakte U_1 und U_2 Einfluss auf das Messergebnis und die Differenz zum Modell ohne Kontakte. Ein möglichst langer Leiter und die Erfassung der Spannung U_{12} in ausreichendem Abstand zu den Stromkontakten verringert deren Einfluss auf das Messergebnis.

Darstellung der Mess- und Simulationsergebnisse der Strom-Spannungs-Kennlinien

Eine übersichtliche Darstellung der gemittelten Feldstärke zwischen den Spannungsabgriffen U_{12} nach 40 ms in Abhängigkeit des I_p/I_c-Verhältnis zeigt Abb. 6.12. Eingezeichnet sind Verläufe des homogenen, gekühlten Modells mit eindimensionaler Widerstandsverteilung, mit und ohne Berücksichtigung der Stromkontakte an den Leiterenden (Modell IIIb).

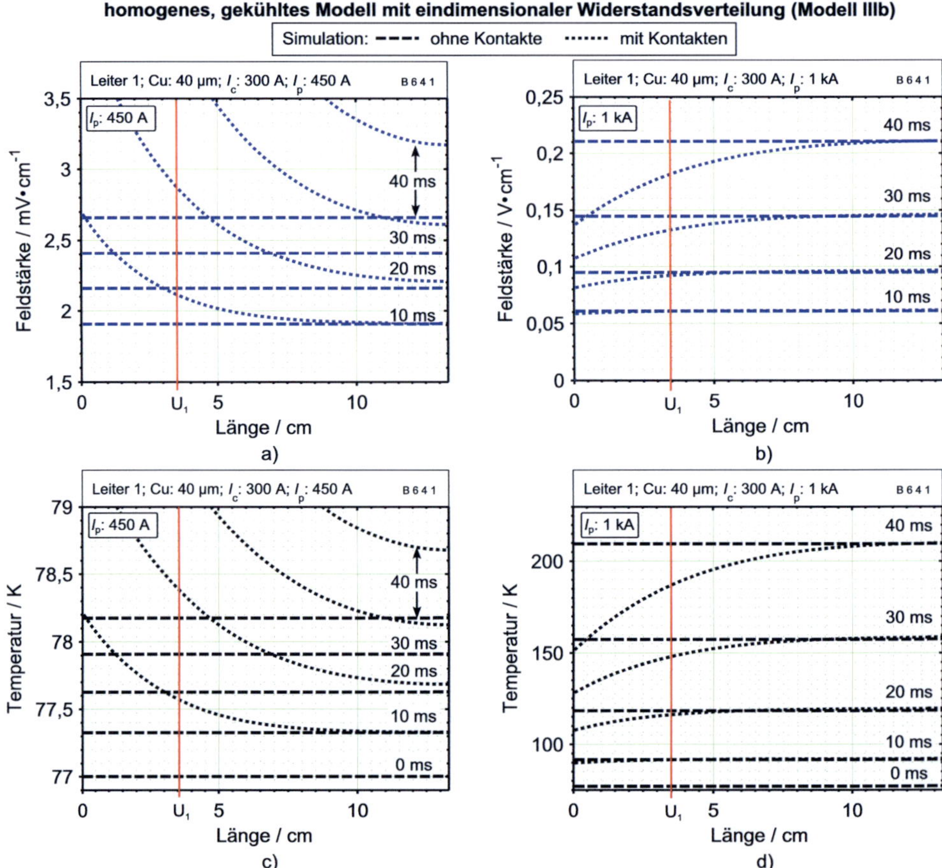

Abb. 6.11: Feldstärkeverlauf, Temperaturverteilung und kritischer Strom über die Länge des Leiters aufgetragen. Links für Pulshöhen von $1{,}5 \times I_c$ (450 A) und rechts für $3{,}33 \times I_c$ (1 kA). Zur besseren Übersicht ist lediglich die Seite links der Symmetrieachse (vergl. Abb. 6.9) dargestellt. Die Position des Spannungsabgriffs U_1 ist eingezeichnet.

Diskussion der Mess- und Simulationsergebnisse der Strom-Spannungs-Kennlinien

Der Einfluss der Stromkontakte auf die Feldstärke zwischen den Spannungsabgriffen U_{12} ist abhängig von der Pulshöhe I_p. Bei geringem I_p/I_c-Verhältnis bis zu ca. 2 ist die Spannung U_{12} höher als beim Experiment und dem Modell ohne Berücksichtigung der Stromkontakte.

Zusammenfassung und Bewertung der Ergebnisse

Die Einzelpulse und ortsaufgelöste Darstellungen zeigen, dass durch den Wärmestrom im Bereich der Stromkontakte die Temperatur des Leiters beeinflusst wird. Ob durch die Kontakte eine Erwärmung oder Kühlung des Leiters erreicht wird hängt im betrachteten Beispiel von der Pulshöhe ab. Die Parameter zur Modellierung des Kontakts, der elektrische Ersatzwiderstand und der thermische Ersatzwiderstand können entsprechend angepasst werden (vergl. Kapitel 4.2.4).

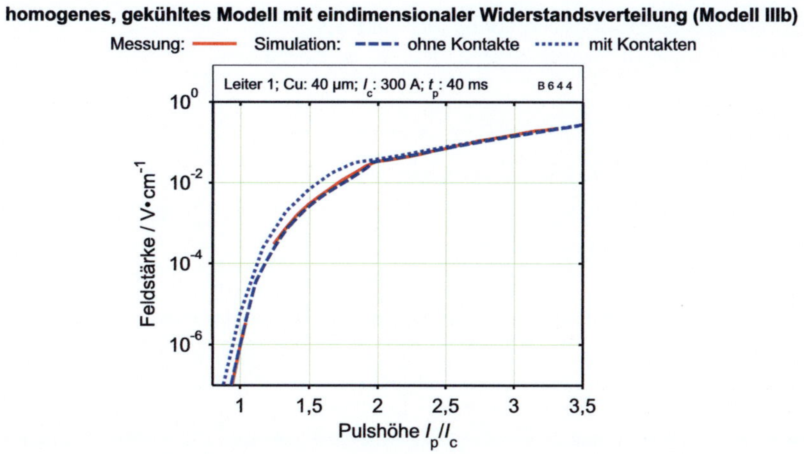

homogenes, gekühltes Modell mit eindimensionaler Widerstandsverteilung (Modell IIIb)

Messung: ——— Simulation: ▬ ▬ ▬ ohne Kontakte ········ mit Kontakten

Abb. 6.12: Mittlere Feldstärke zwischen den Messkontakten ($U_1 - U_2$) nach 40 ms in Abhängigkeit der Pulshöhe I_p. Die Simulation erfolgte mit homogenen, gekühlten Modell mit eindimensionaler Widerstandsverteilung, mit und ohne Berücksichtigung der Stromkontakte an den Leiterenden (Modell IIIb).

In welchem Maße die Spannung U_{12} über den Messkontakten durch die Stromkontakte beeinflusst wird ist abhängig von:

- dem elektrischen Ersatzwiderstand des Kontakts ($R_{\mathrm{el,Kontakt}}$),

- dem thermischen Ersatzwiderstand des Kontakts ($R_{\mathrm{th,Kontakt}}$),

- der Position der Spannungsabgriffe U_1 und U_2,

- der Temperaturleitfähigkeit des Leiters und

- dem Betrachtungszeitraum.

6.3 Zusammenfassung

In diesem Kapitel wurden die Verfahren zur Berechnung des Widerstandes der Supraleiterschicht verglichen. Das Verfahren mit zwei Potenzgesetzen und einer nichtlinearen Abhängigkeit der kritischen Stromdichte von der Temperatur lieferte sehr gute Übereinstimmungen mit experimentellen Werten bei vertretbarem Aufwand. Dieses Verfahren wurde in die Modelle implementiert und für die weiteren Untersuchungen verwendet.

Mit den verschiedenen Modellen konnte der Einfluss

- der Badkühlung,

- einer inhomogenen kritischen Stromdichte und

- der Stromkontakten an den Enden

auf Leitern mit und ohne zusätzlicher Stabilisierung untersucht werden.
Einfluss der Badkühlung:

- Betrachtungen über längere Pulsdauern bei verschiedenen Pulshöhen bestätigten, dass der Einfluss der Kühlung von der Temperaturdifferenz zwischen Leiter und Kühlbad und dem Verhältnis aus dissipierter Leistung und an das Kühlbad abgeführter Leistung abhängt.

- Für Pulsdauern kleiner 30 ms und sehr hohe Ströme kann der Einfluss der Kühlung vernachlässigt werden. Für längere Pulsdauern muss die Kühlung berücksichtigt werden.

- Der transiente Wärmeübergang an das Kühlbad während der Aufwärmphase lässt sich mit der angepassten Wärmeübergangskurve sehr gut nachbilden.

Um den Einfluss der Inhomogenität der kritischen Stromdichte und der Stromkontakte an den Enden des Leiters zu untersuchen wurde das Modell diskretisiert.
Einfluss der Inhomogenität:

- Bei einem hohen $I_\mathrm{p}/I_\mathrm{c}$-Verhältnis wirkt sich eine inhomogene kritische Stromdichte durch den schnellen Übergang in den normalleitenden Zustand nicht aus.

- Bei Leitern mit zusätzlicher Stabilisierung führen geringere Pulshöhen zu einer sehr inhomogenen Verteilung der kritischen Feldstärke, die Temperaturverteilung ist jedoch homogen.

- Bei Leitern ohne zusätzliche Stabilisierung führen geringere Pulshöhen zu einer sehr inhomogenen Verteilung der kritischen Feldstärke, die sich auch auf die Temperaturverteilung auswirkt. Es entstehen lokale Hitzezentren, die den spontanen Spannungs- und Temperaturanstieg während den experimentellen Untersuchungen erklären. Es konnte so sehr gut die bei zahlreichen Experimenten beobachtete spontane Erwärmung durch ein Modell nachgebildet werden. Dieses Verhalten führte während den experimentellen Untersuchungen zur thermischen Zerstörung zahlreicher Proben.

Einfluss der Kontakte:

- Der Wärmestrom durch die Kontakte beeinflusst die Temperatur des Leiters in der Nähe der Kontakte.

- Bei dem gewählten Parametern ergeben sich für ein I_p/I_c-Verhältnis bis zu 2 durch den elektrischen Widerstand der Kontakte höhere Temperaturen an den Enden des Leiters.

- Für ein I_p/I_c-Verhältnis größer 2 reduziert sich die Temperatur im Bereich der Kontakte geringfügig.

- Die Temperatur in der Mitte des Leiters wird erst nach einer zeitlichen Verzögerung beeinflusst.

- Der Einfluss der Kontakte auf das Aufwärmverhalten ist abhängig von den Eigenschaften des Leiters, der Kontakte, der Messanordnung sowie der Pulshöhe und der Pulsdauer.

- Die Berücksichtigung der Stromkontakte wirkt sich auf die in dieser Arbeit vorgestellten Messergebnisse nur gering aus.

Welches Modell sich für welche Pulshöhe eignet wird in Tab. 6.7 übersichtlich dargestellt. Die Zusammenstellung wurde aus den Übersichten der mittleren Feldstärke zwischen den Spannungskontakten U_{12} nach 40 ms erstellt.

Sollen keine speziellen Einflüsse (z.B. Entstehung von Hitzezentren, Einfluss von Kontakten auf das Messergebnis) untersucht werden, so können mit dem homogenen, gekühlten Modell mit konzentrierten Widerständen (Modell IIb) bereits sehr gute Ergebnisse erzielt werden. Dies gilt insbesondere für übersichtliche Darstellungen wie die Strom-Spannungs-Kennlinie, die das Aufwärmverhalten eines Leiters charakterisieren.

Tab. 6.7: Übersicht zur Übereinstimmung des Aufwärmverhaltens zwischen Experiment und den verschiedenen Modellen für kurze Pulsdauern

Modell		$I_p<1{,}5\times I_c$	$1{,}5\times I_c<I_p$
homogen, adiabat ohne SL-Zustand (Modell Ia)		sehr schlecht	sehr gut[a]
homogen, konzentrierte	a) adiabat	sehr gut für Pulsdauern < 30 ms	
Widerstände (Modell II)	b) Badkühlung	sehr gut	sehr gut
inhomogen, gekühlt, eindimensionale Widerstandsverteilung (Modell IVb)		schlecht / sehr gut[b]	sehr gut
homogen, gekühlt, eindimensionale Widerstandsverteilung mit Kontakten (Modell IIIb)		gut	sehr gut

[a] ab $1{,}5\times I_c$ für gering stabilisierte, ab $2{,}5\times I_c$ für gut stabilisierte Leiter; [b] gut stabilisierte Leiter / gering stabilisierte Leiter

7 Rückkühlverhalten

Das Rückkühlverhalten unter Last beschreibt unter welchen Bedingungen ein Leiter nach einer Erwärmung bei eingeprägtem Laststrom I_L noch zurückkühlt. Wichtige Größen sind dabei:

- der Grenzstrom der Rückkühlung $I_{r,g}$, bei dem ein Gleichgewicht aus dissipierter und an das Kühlmedium abgeführter Leistung besteht,

- die Rückkühldauer t_r und

- die Starttemperatur T_{Start} zum Ende des Heizpulses, bzw. zu Beginn der Rückkühlung.

In diesem Kapitel wird das experimentell ermittelte Rückkühlverhalten mit dem Rückkühlverhalten der Modelle verglichen. Zunächst wird der Einfluss der Wärmeübergangskurve und der Stabilisierung auf das Rückkühlverhalten untersucht.

Die Entstehung von Hitzezentren (hot-spots) durch eine inhomogene Verteilung der kritischen Stromdichte über die Länge des Leiters wird untersucht. Die Auswirkungen von Hitzezentren auf die Rückkühldauer und den Grenzstrom der Rückkühlung ist ebenfalls Bestandteil der Untersuchungen.

Den Abschluss dieses Kapitels bilden die Untersuchungen zum Einfluss der Stromkontakte an den Enden des Leiters auf die Rückkühldauer und den Grenzstrom der Rückkühlung.

Eine Übersicht der verglichenen Parameter und der dazu verwendeten Modelle gibt Tab. 7.1

Tab. 7.1: Untersuchte Parameter und verwendete Modelle

Parameter	Modell	Messung	Abb.
Wärmeübergangskurve	gekühlt, homogen, mit konzentrierten Widerständen	$\checkmark$	7.2
Stabilisierung	gekühlt, homogen, mit konzentrierten Widerständen	-	7.3
Einfluss der Inhomogenität	gekühlt, homogen, mit eindimensionaler Widerstandsvert. gekühlt, inhomogen, mit eindimensionaler Widerstandsvert.	$\checkmark$/-	7.4; 7.5; 7.7
Einfluss der Stromkontakte	gekühlt, homogen, mit eindimensionaler Widerstandsvert. mit und ohne Berücksichtigung von Kontakten	$\checkmark$	7.8; 7.9

Den Grenzstroms der Rückkühlung experimentell exakt zu bestimmen ist nahezu unmöglich, da sich kein exakter Gleichgewichtszustand einstellt. Üblich ist daher den höchsten Strom zu verwenden, bei dem noch eine Rückkühlung des Leiters zu beobachten ist [BNK11a].

Die Differenz zwischen höchsten Rückkühlstrom und geringstem Strom ohne Rückkühlung betrug bei den Nachbildungen mit den Modellen 1 A (konzentrierte Widerstände) und 5 A (eindimensionale Widerstandsverteilung).

Um die Rückkühldauer der experimentellen Untersuchungen mit denen der Modelle vergleichen zu können, musste der Rückkühlzeitpunkt definiert werden. Bei hohen Lastströmen stellt sich ein statischer Zustand ein, bei dem über dem Leiter eine vom Laststrom abhängige Spannung abfällt und sich eine Temperatur größer der Kühlbadtemperatur einstellt. Die Definition des Rückkühlzeitpunkts mittels Schwellwert der Spannung oder Temperatur ist daher ungünstig. Gute Resultate ergab die Verwendung eines Schwellwerts zur zeitlichen Änderung der elektrischen Feldstärke von 10 µV pro ms. Zusätzliche Bedingung war eine Temperatur des Leiters geringer der Sprungtemperatur. Der Zeitpunkt der Rückkühlung ist demnach der erste Zeitschritt, bei dem die Bedingungen

$$\frac{\mathrm{d}E}{\mathrm{d}t} < 10\,\mu\mathrm{V/cm} \wedge T < T_{\mathrm{c}} \qquad\qquad [7.1]$$

erfüllt sind.

Im Folgenden wird der Ablauf der Experimente und der Modelle sowie die Annahmen und Randbedingungen beschrieben. In den experimentellen Untersuchungen und bei den Nachbildungen mit den Modellen wurde der Leiter mit Heizpulsen auf die Starttemperatur T_{Start} erwärmt. Als Heizpuls wird ein konstanter Strom der Pulshöhe I_{p} und der Pulsdauer t_{p} bezeichnet. Anschließend wurde ein konstanter Laststrom I_{L} eingeprägt. Eine Übersicht über den Messablauf gibt Abb. 5.5 in Kapitel 5.3.2. Aufgrund der guten Erfahrungen mit der Simulation des Aufwärmverhaltens in Kapitel 6 werden für die Heizphase und die Rückkühlphase gekühlte Modelle verwendet. Die Zeitachse ist so verschoben, dass zum Ende des Heizpulses bzw. Anfang der Rückkühlung $t = 0$ ist. Durch Anpassen der Heizpulsdauer des Modells wurde für das Modell die gleiche Starttemperatur wie für das Experiment eingestellt. Bei Modellen mit eindimensionaler Widerstandsverteilung wurde der Mittelwert der Temperatur zwischen den Spannungsabgriffen U_1 und U_2 gebildet, um die Starttemperatur zu erhalten.

Die Starttemperatur der Experimente wurde für höhere Temperaturen als die Sprungtemperatur aus der $R(T)$-Kennlinie des Leiters ermittelt. Bei Temperaturen unterhalb der Sprungtemperatur wurde die Starttemperatur mit dem jeweiligen Modell ermittelt. Bei konstantem Strom wurde die Pulsdauer des Modells dazu so angepasst, dass die Feldstärke des Experiments und des Modells am Ende des Heizpulses übereinstimmten.

7.1 Modell mit konzentrierten Widerständen

Zunächst wird der zeitliche Strom- und Spannungsverlauf mehrerer Einzelpulse im Detail betrachtet und der experimentell ermittelte Verlauf mit dem nachgebildeten Verlauf verglichen.

Zur Nachbildung wurde das gekühlte, homogene Modell mit konzentrierten Widerständen (Modell IIb) aus Kapitel 4.3 verwendet.

Im Anschluss wird der Einfluss der Wärmeübergangskurve auf das Rückkühlverhalten untersucht. Von besonderem Interesse ist die Auswirkung der unterschiedlichen Wärmeübergangsmechanismen der Wärmeübergangskurve auf die Rückkühldauer und den Grenzstrom der Rückkühlung.

Die Eigenschaften des Modells sind in Tab 7.2, die bei den Experimenten verwendeten Einstellungen und die Vorgaben der Simulationen sind in Anhang C.2 zusammengestellt.

Tab. 7.2: Berücksichtigte Terme der Wärmeleitungsgleichung und Randbedingungen

Modell	$C''(T)\frac{\partial T}{\partial t}$	$\dot{Q}''_{Joule}$	$\dot{Q}''_{ext}$	$\dot{Q}''_{\lambda}$	$\dot{Q}''_{B}$	Stromkontakte
homogen, gekühlt mit konzentrierten Widerständen (Modell IIb)	$\checkmark$	$2\times$Pg, α	0	0	$\checkmark$	0

Darstellung der Mess- und Simulationsergebnisse der Einzelpulse

Den Ablauf der experimentellen Untersuchungen und der Modelle zeigt der Stromverlauf in Abb. 7.1a und c anhand des Leiters 1[a] mit zusätzlicher Stabilisierung. Die Starttemperatur betrug in Abb. 7.1a ca. 97 K und in Abb. 7.1c ca. 180 K. Für beide Darstellungen wurden zwei Lastströme eingezeichnet. Im negativen Zeitbereich ist der Heizpuls, im positiven Zeitbereich ist der anschließende Laststrom zu sehen.

In Abb. 7.1b und d ist der zeitliche Verlauf der Spannung U_{12} aus Experiment und Simulation dargestellt. Zusätzlich sind die Zeitpunkte der Rückkühlung des Experiments $t_{r,m}$ und der Simulation $t_{r,s}$ eingezeichnet. Die Skalierung der Zeitachse wurde angepasst, so dass das wesentliche Verhalten zu erkennen ist.

Diskussion der Mess- und Simulationsergebnisse der Einzelpulse

Im Experiment kühlt der Leiter nach Erwärmung auf eine Starttemperatur von 97 K bei einem Laststrom I_L von $0,34 \times I_c$ (100 A) nach ca. 90 ms zurück. Ein Laststrom von $1,21 \times I_c$ (350 A) führt zur weiteren Erwärmung des Leiters und es erfolgt keine Rückkühlung. Die Simulation mit dem homogenen, gekühlten Modell mit konzentrierten Widerständen (Modell IIb) zeigt ein ähnliches Verhalten. Bei einen geringen Laststrom von $0,34 \times I_c$ (100 A) erfolgt bereits nach ca. 50 ms eine Rückkühlung, ein Laststrom von $1,21 \times I_c$ (350 A) lässt den Leiter nicht mehr zurückkühlen. Die Spannungsverläufe von Experiment und Modell unterschieden sich nur gering.

Experimentelle Untersuchungen bei Starttemperaturen von ca. 180 K zeigen eine weitere Erwärmung des Leiters bei Lastströmen von $0,52 \times I_c$ (150 A) und eine Rückkühlung für

---

[a]Die Probe des Leiters 1 in diesem Kapitel hat einen von der Probe in Kapitel 6 abweichenden I_c von 290 A.

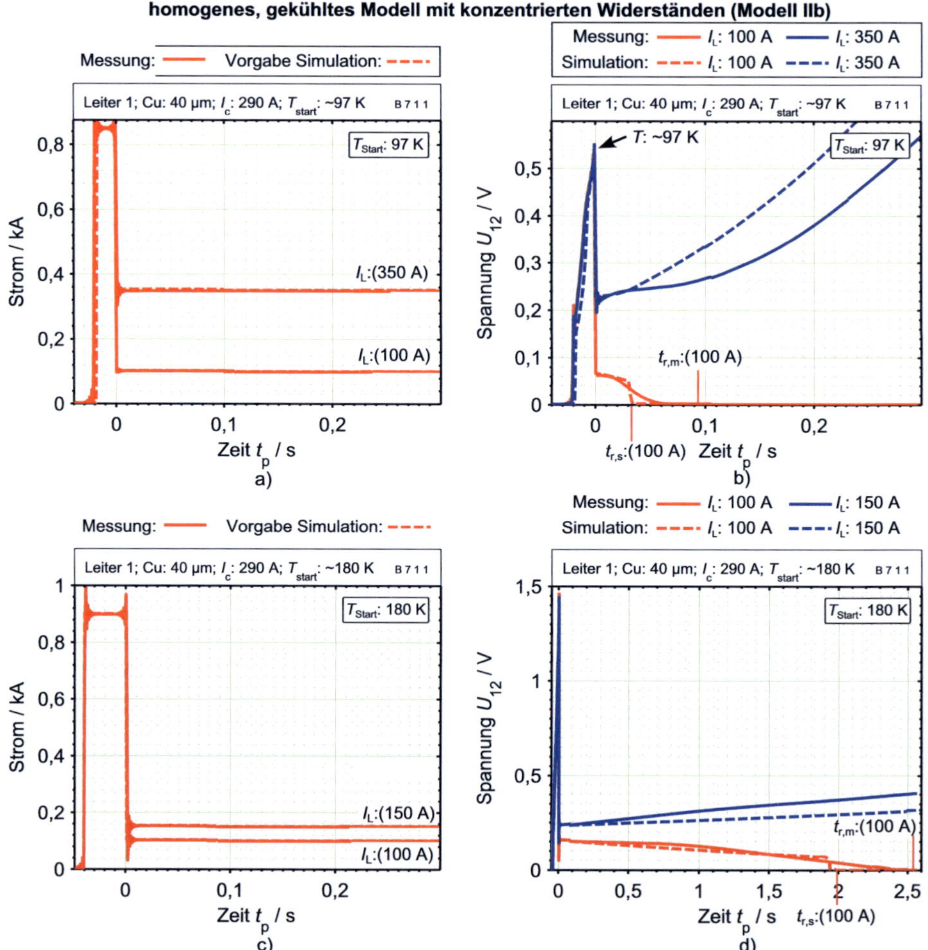

Abb. 7.1: Zeitlicher Verlauf von Strom und Spannung U_{12} während der Heizphase (t<0 s) und der Rückkühlphase (t>0 s), oben nach Erwärmung auf 97 K und unten nach Erwärmung auf 180 K. Für jede Starttemperatur sind zwei Lastströme dargestellt. Die Stromverläufe wurden als Vorgabe der Simulationen verwenden.

Lastströme von $0{,}34 \times I_c$ (100 A). Die Simulation mit dem Modell bildet das experimentelle Verhalten auch hier für beide Lastströme sehr gut nach. Die Rückkühldauer des Experiments betrug ca. 2,5 s, die des Modells ca. 1,9 s.

7.1.1 Einfluss der Wärmeübergangskurve

Neben den Eigenschaften des Leiters bestimmt im Wesentlichen der Wärmestrom an das Kühlbad das Rückkühlverhalten des Leiters. Der Einfluss des im Modell angenommen Wärmestroms an das Kühlbad gemäß der angepassten Wärmeübergangskurve aus Kapitel 4.2.3 wird über einen breiten Temperaturbereich, der alle Wärmeübergangsmechanismen umfasst untersucht. Im Rahmen dieser Arbeit wurden dazu Starttemperaturen von 77 K bis ca. 180 K betrachtet.

Darstellung des Grenzstromes der Rückkühlung und der Rückkühldauer

Die Darstellungen in Abb. 7.2 zeigen den Grenzstrom der Rückkühlung und die Rückkühldauer in Abhängigkeit der Starttemperatur für den Leiter 1 mit zusätzlicher Stabilisierung aus Kupfer. Den experimentell ermittelten Werten sind Werte des homogenen, gekühlten Modells mit konzentrierten Widerständen (Modell IIb) gegenübergestellt.

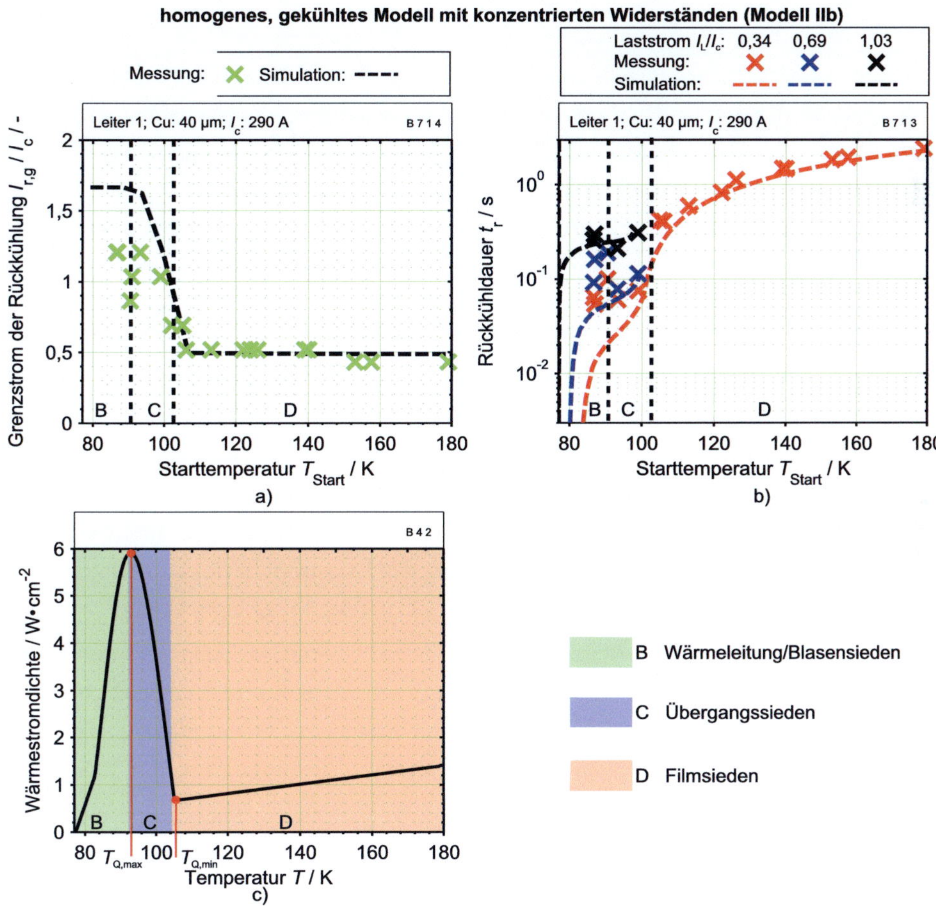

Abb. 7.2: Grenzstrom der Rückkühlung in Abhängigkeit der Starttemperatur in a), Rückkühldauer in Abhängigkeit der Starttemperatur für verschiedene Lastströme in b) und angepasste Wärmeübergangskurve in c). Die dargestellten Verläufe wurden mit dem Leiter 1 mit zusätzlicher Stabilisierung ermittelt. Die wichtigen Punkte der maximalen Wärmeabfuhr $\dot{Q}_{B,max}$ bei $T_{Q,max}$ und der Tiefpunkt $\dot{Q}_{B,min}$ bei $T_{Q,min}$ sind in der Wärmeübergangskurve markiert.

Zunächst wird die Darstellung des Grenzstromes der Rückkühlung in Abhängigkeit der Starttemperatur T_{Start} in Abb. 7.2a beschrieben. Eingezeichnet ist der letzte gemessene bzw. simulierte Strom, bei dem der Leiter noch zurückkühlt. In den experimentellen Untersuchungen variierte die Schrittweite bis zum nächst höheren Strom. In der Simulation betrug die Schrittweite des Stroms 1 A.

Die Dauer, die ein Leiter benötigt um von einer Starttemperatur bei gegebenem Laststrom zurückzukühlen, ist insbesondere für energietechnische Anwendungen im Bereich der Strombegrenzung von Bedeutung [MAP10, BNK11a, RDGS08]. In Abb. 7.2b ist die Rückkühldauer für ein I_{L}/I_{c}-Verhältnis von 0,34 (100 A), 0,69 (200 A) und 1,03 (300 A) über die Starttemperatur aufgetragen.

Der Grenzstrom der Rückkühlung und die Rückkühldauer werden stark von dem an das Kühlmedium abgeführten Wärmestrom beeinflusst. In Abb. 7.2c ist die angepasste Wärmeübergangskurve dargestellt. Die verschiedenen Wärmeübergangsmechanismen sind farblich hervorgehoben. Die Bereiche der verschiedenen Wärmeübergangsmechanismen sind in die Darstellung des Grenzstromes der Rückkühlung und der Rückkühldauer eingezeichnet. Eine Erläuterung der angepassten Wärmeübergangskurve und eine Beschreibung deren Modellierung findet sich in Kapitel 4.2.3.

Diskussion und Erklärung zum Grenzstrom der Rückkühlung und zur Rückkühldauer

Für die experimentellen Werte und die mit dem Modell ermittelten Werte liegt der Grenzstrom der Rückkühlung für Starttemperaturen über 104 K bei einem I_{L}/I_{c}-Verhältnis von $0,5 \times I_{c}$. Diese Grenze ergibt sich aus dem negativen Scheitelpunkt der Wärmeübergangskurve bei $T_{Q,min}$, dargestellt in Abb. 7.2c. Ab dieser Temperatur ändert sich der Wärmeübergangsmechanismus vom Übergangssieden im Bereich C zum Filmsieden im Bereich D. Wird der Leiter über diesen Punkt erwärmt, muss die dissipierte Leistung durch den Laststrom bei $T_{Q,min}$ geringer sein als die an das Kühlbad abgeführte Leistung $\dot{Q}_{B}\left(T_{Q,min}\right)$ damit der Leiter zurückkühlt.

Der gute Wärmeübergang im Bereich des Blasen- und Übergangssiedens (Bereich B und C in Abb. 7.2b) lässt den Leiter ab erreichen von $T_{Q,min}$ sehr schnell zurückkühlen. Die schnelle Rückkühlung ist in Abb. 7.1d für einen Laststrom von $0,34 \times I_{c}$ (100 A) zum Zeitpunkt $t = 1,9$ s zu erkennen. Eine einfache Abschätzung des Grenzstromes der Rückkühlung für Temperaturen im Bereich des Filmsiedens ($T > 104$ K) ergibt sich aus dem Belag[b] der abgeführten Leistung $\dot{Q}'_{B}\left(T_{Q,min}\right)$ und dem Widerstandbelag des Leiters $R'_{L}\left(T_{Q,min}\right)$:

$$I_{r,g} = \sqrt{\frac{\dot{Q}'_{B}\left(T_{Q,min}\right)}{R'_{L}\left(T_{Q,min}\right)}}. \qquad [7.2]$$

---

[b]Als Belag wird eine auf die Leiterlänge bezogene Größe bezeichnet. Für die Kühlleistung wird dabei die Ober- und Unterseite des Leiters berücksichtigt.

Für den verwendeten Leiter 1 mit zusätzlicher Stabilisierung ergibt sich mit einem an das Kühlbad abgeführten Leistungbelag $\dot{Q}'_B\,(T_{Q,min})$ von 1,62 W/cm und einem Widerstandbelag des Leiters R'_L von ca. 80 µΩ/cm ein Grenzstrom der Rückkühlung von ca. 142 A bzw. ein I_L/I_c-Verhältnis von 0,49 (vergl. [Ber11, S.38]).

Am Übergang vom Blasensieden zum Übergangssieden hat die Wärmeübergangskurve einen Scheitelpunkt bei der Temperatur $T_{Q,max}$. Hier erfolgt die höchste Wärmeabfuhr an das Kühlmedium. Wird der Leiter auf Starttemperaturen kleiner $T_{Q,max}$ erwärmt (Bereich B), kann sich theoretisch ein stabiler Zustand bis zu einer dissipierte Leistung des Laststromes von $\dot{Q}_B\,(T_{Q,max})$ einstellen[c]. Die Definition des Rückkühlzeitpunkts als Erreichen eines statischen Zustandes unter der Bedingung $T < T_c$ erlaubt im Bereich B eine Erwärmung bis zu T_c für $T_c < T_{Q,max}$. Die Temperatur $T_{Q,max}$ beträgt mit LN_2 bei Normaldruck als Kühlmittel für die angenommene Wärmeübergangskurve nach [MC62] ca. 93 K, die Sprungtemperatur T_c des Leiters 1 mit zusätzlicher Stabilisierung beträgt ca. 87 K.

Bei Starttemperaturen im Bereich C zwischen $T_{Q,max}$ und $T_{Q,min}$ ist der maximale Rückkühlstrom gerade dann erreicht, wenn dessen dissipierte Leistung noch kleiner ist als die abgeführte Leistung an das Kühlmedium bei der Starttemperatur. Der Leiter kühlt dann vom Übergangssieden in den Bereich des Blasensiedens zurück. Um einen statischen Zustand bei $T_c < T < T_{Q,max}$ auszuschließen muss die dissipierte Leistung des Laststroms auch geringer als $\dot{Q}_B\,(T_c)$ sein.

Der Grenzstrom der Rückkühlung wird für Temperaturen größer $T_{Q,min}$ sehr gut mit dem Modell nachgebildet. Auch der Übergang der Bereiche C-D stimmt sehr gut mit den experimentellen Untersuchungen überein. Der Bereich um $T_{Q,max}$ ist experimentell schwierig zu erfassen. Die geringen Zeitkonstanten in diesem Bereich führen zu transienten Vorgängen, die schwierig zu messen sind und bei denen der Wärmeübergang an das Kühlbad stark von den Annahmen der statischen Wärmeübergangskurve abweicht. Die Anpassung der Wärmeübergangskurve durch Verringerung des Wärmeübergangs im Bereich des Blasen- und Übergangssiedens um den Faktor 2/3, reduziert die Differenz zwischen Experiment und Simulation, reicht aber für eine gute Nachbildung in diesem Bereich nicht aus.

Aus der Darstellung in Abb. 7.2b geht hervor, dass auch die Rückkühldauer sehr stark von der Form der Wärmeübergangskurve abhängt. Für eine I_L/I_c-Verhältnis von 0,34 (100 A) ist die Rückkühldauer ab einer Starttemperatur größer $T_{Q,min}$ sehr viel höher. Die geringe Wärmeabfuhr an das Kühlmedium im Bereich des Filmsiedens hat eine wesentlich längere Rückkühldauer zur Folge. Eine Änderung der Starttemperatur von wenigen Kelvin kann in der Simulation eine Erhöhung der Rückkühldauer um eine Dekade bewirken. Da ein I_L/I_c-Verhältnis von 0,34 (100 A) geringer ist als der maximale Grenzstrom der Rückkühlung, kühlt der Leiter für alle dargestellten Starttemperaturen zurück. Ein hohes I_L/I_c-Verhältnis von 0,69 (200 A) oder 1,01 (300 A) liegt über dem Grenzstrom der Rückkühlung für Temperaturen größer der Einsatztemperatur des

---

[c]Für einen stabilen Zustand sind in der Praxis noch andere Bedingungen zu erfüllen. Eine detaillierte Ausführung findet sich in Kapitel 8.1.

Filmsiedens. Für höhere Starttemperaturen kühlt der Leiter bei diesen Lastströmen daher nicht mehr zurück (vergl. Abb. 7.2a).

Für Lastströme von 0,34 und $0,69 \times I_c$ ergeben sich aufgrund der Unterschiede zwischen der angepassten Wärmeübergangskurve und dem transienten Wärmeübergang hohe Abweichungen des Aufwärmverhaltens zwischen Modell und Experiment bei geringen Starttemperaturen bis ca. 104 K. Für Starttemperaturen über 104 K (Bereich des Filmsiedens) kann der transiente Wärmeübergang sehr gut durch die angepasste Wärmeübergangskurve nachgebildet werden. Hier bildet das Modell das Verhalten des Leiters während dem Experiment wesentlich besser nach.

In den Arbeiten von Berger [Ber11, BNK11a] wurden der Grenzstrom der Rückkühlung und die Rückkühldauer für verschiedene Leiter bereits untersucht. Im Gegensatz zu den hier vorgestellten Untersuchungen wurden von Berger Kurzschlussversuche unter Wechselspannung gemacht. Die Starttemperaturen waren dabei fast ausschließlich im Bereich D des Filmsiedens. Hier zeigte sich jedoch bereits, dass der Grenzstrom der Rückkühlung unter Annahme der statischen Wärmeübergangskurve näherungsweise berechnet werden kann [Ber11, S. 39].

Darstellung des Rückkühlverhalten von Leitern unterschiedlicher Stabilisierung

Um den Einfluss der Stabilisierung auf das Rückkühlverhalten zu untersuchen sind in Abb. 7.3 die mit dem gekühlten, homogenen Modell mit konzentrierten Widerständen (Modell IIb) ermittelten Werte für Leiter unterschiedlicher Stabilisierung dargestellt. Für die Simulation wurde die Stabilisierung des Leiters 1 mit 80 μm Kupfer, 40 μm Kupfer (original) und ohne Kupfer angenommen. Der Leiter ohne Kupfer besitzt lediglich die 2,6 μm starke Silberschicht, die sich bei den Leitern der Variante A und B unter der zusätzlichen Kupferstabilisierung befindet.

Durch das kritische Verhalten der Leiter ohne zusätzliche Stabilisierung stehen nur wenige Messdaten zur Verfügung, so dass sich die Untersuchungen auf die mit dem Modell nachgebildeten Verläufe beschränken.

Erklärung und Diskussion des Rückkühlverhalten von Leitern unterschiedlicher Stabilisierung

Der geringere elektrische Widerstand einer höheren Stabilisierung führt zu einer Reduktion der dissipierten Leistung. Dadurch erhöht sich der maximale Rückkühlstrom, wie in Abb. 7.3a zu sehen ist.

Die Unterschiede zwischen den maximalen Rückkühlströmen des Leiters mit 80 μm Kupfer und des Leiters mit 40 μm Kupfer sind im Bereich des Wärmeübergangs durch Wärmeleitung und Blasensiedens höher als im Bereich des Filmsiedens. Eine bessere Stabilisierung reduziert die dissipierte Leistung. Bei geringen Starttemperaturen wirkt sich das auch auf die temperaturabhängige kritische Stromdichte aus. Der Einfluss der zusätzlichen Stabilisierung auf den Grenzstrom der Rückkühlung wird dadurch für geringe Starttemperaturen im Bereich der Stromaufteilung noch verstärkt.

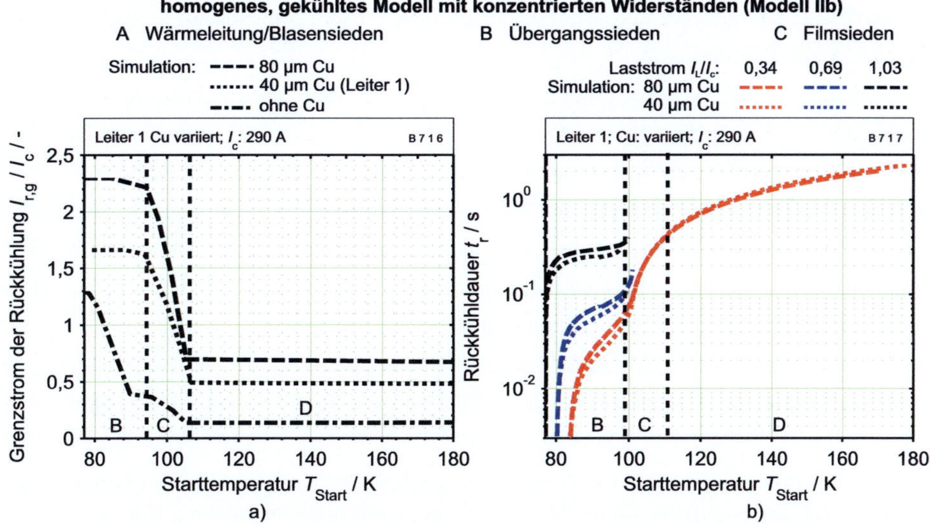

Abb. 7.3: Simulation des Grenzstroms der Rückkühlung in a) und der Rückkühldauer für verschiedenen Lastströme in b) des Leiters 1 bei Variation der zusätzlichen Stabilisierung mit 80 µm, 40 µm (original) und ohne zusätzliche Stabilisierung

Der Bereich der Stromaufteilung eines Leiters ohne zusätzliche Stabilisierung wird aufgrund der stärkeren Erwärmung wesentlich schneller durchschritten. Für den Leiter ohne zusätzliche Stabilisierung ergibt sich daher im Bereich geringer Starttemperaturen ein Verlauf des Grenzstromes der Rückkühlung, der stärker von der Form der Wärmeübergangskennlinie geprägt ist.

Der geringere Grenzstrom der Rückkühlung lässt den Leiter ohne zusätzliche Stabilisierung für ein $I_\mathrm{L}/I_\mathrm{c}$-Verhältnis von 0,34 bei Starttemperaturen im Bereich des Filmsiedens nicht mehr zurückkühlen, wie auch in Abb. 7.3b zu sehen ist.

Die Rückkühldauer steigt mit stärkerer Stabilisierung geringfügig an, wie der Vergleich zwischen dem mit 80 µm Kupfer und dem mit 40 µm Kupfer stabilisierten Leiter zeigt.

Ursache ist die größere Wärmekapazität des Leiters bei höherer Stabilisierung. Bei gleicher Erwärmung ist in dem mit 80 µm Kupfer stabilisierten Leiter mehr Energie gespeichert. Bei der Rückkühlung von der gleichen Starttemperatur muss daher auch mehr Energie abgeführt werden. So kann es sein, dass die Rückkühldauer des geringer stabilisierten Leiters kürzer ist als beim gleichen Leiter mit höherer Stabilisierung.

Bewertung und Zusammenfassung der Ergebnisse

Mit dem homogenen, gekühlten Modell mit konzentrierten Widerständen (Modell IIb) konnte der Grenzstrom der Rückkühlung nach einer Erwärmung des Leiters auf Temperaturen über der Einsatztemperatur des Filmsiedens sehr gut nachgebildet werden.

Für geringere Starttemperaturen ergab die Simulation mit dem Modell wesentlich höhere Grenzströme der Rückkühlung.

Die Rückkühldauer in Abhängigkeit des Laststromes und der Starttemperatur konnte für Temperaturen über der Einsatztemperatur des Filmsiedens mit dem homogenen, gekühlten Modell mit konzentrierten Widerständen (Modell IIb) ebenfalls gut nachgebildet werden. In diesem Bereich kann der Grenzstrom der Rückkühlung mittels der abgeführten Leistung $\dot{Q}_{B,min}$ und dem Widerstand des Leiters bei der Temperatur $T_{Q,min}$ einfach abgeschätzt werden (Gl. 7.2). Für geringe Starttemperaturen konnten nur bei hohen Lastströmen gute Übereinstimmungen mit experimentell ermittelten Werten erzielt werden.

Die Übereinstimmung der Rückkühldauer aus Experiment und Simulation in Abhängigkeit von Starttemperatur und Laststrom ist in einer Übersicht in Tab. 7.3 zusammengefasst.

Tab. 7.3: Übereinstimmung der mit dem homogenen, gekühlten Modell mit konzentrierten Widerständen (Modell IIb) ermittelten Rückkühldauer mit den experimentell ermittelten Werten

Laststrom	Starttemperatur	
	$T_{Start} < T_{Q,max}$	$T_{Start} > T_{Q,max}$
$I_L < 0,7 \times I_c$	gering	gut
$I_L > 0,7 \times I_c$	gut	keine Rückkühlung

Ursache für die Abweichungen des Grenzstroms der Rückkühlung und der Rückkühldauer zwischen Experiment und Simulation in einigen Bereichen ist die geringe Übereinstimmung der angenommenen Wärmeübergangskurve mit dem Wärmeübergang unter transienten Bedingungen wie kurzen Heizpulsen und schneller Rückkühlung des Leiters.

Der Einfluss der Stabilisierung auf das Rückkühlverhalten wurde untersucht. Durch eine bessere Stabilisierung erhöht sich der maximale Rückkühlstrom des Leiters. Der Einfluss der Stabilisierung auf den maximalen Rückkühlstrom ist für Starttemperaturen unterhalb der Sprungtemperatur des Leiters besonders hoch.

Eine höhere Stabilisierung kann durch die damit verbunden Erhöhung der Wärmekapazität längere Rückkühldauern zur Folge haben.

7.2 Modell mit eindimensionaler Widerstandsverteilung

Die Untersuchungen in diesem Abschnitt erfolgen mit den gekühlten Modellen mit eindimensionaler Widerstandsverteilung, vorgestellt in Kapitel 4.4. Mit diesen Modellen ist es möglich eine inhomogene, kritische Stromdichte über die Länge des Leiters und einen Wärmestrom zu den Stromkontakten an den Enden des Leiters nachzubilden. Es wird untersucht, ob die Annahmen einer inhomogenen kritischen Stromdichte und von Stromkontakten an den Enden des Leiters zu einer besseren Nachbildung des Rückkühlverhaltens führen.

Die Spannung U_{12} der Simulation wurde durch die Summe der Teilspannungen der Elemente m zwischen den Positionen der Spannungsabgriffe U_1 und U_2 gebildet. Die Starttemperatur des Modells wurde aus dem Mittelwert der einzelnen Temperaturen der Elemente zwischen den Spannungsabgriffen U_1 und U_2 gebildet. Die Dauer des Heizpulses in der Simulation wurde angepasst um die Starttemperatur des Experiments zu erreichen. Die Elementlänge betrug 2 mm.

7.2.1 Einfluss der Inhomogenität

In diesem Abschnitt wird untersucht, wie sich eine inhomogene, kritische Stromdichte über die Länge des Leiters auf das Rückkühlverhalten des Leiters auswirkt. Ziel ist es durch die Berücksichtigung der Inhomogenität den Grenzstrom der Rückkühlung und die maximale Rückkühldauer besser nachbilden zu können.

Zur Simulation wurde das inhomogene, gekühlte Modell mit eindimensionaler Widerstandsverteilung (Modell IVb) verwendet. Die Annahmen des Modells sind in Tab. 7.4, die Einstellungen des Experiments und die bei der Simulation verwendeten Vorgaben sind in Anhang C.2 zusammengefasst.

Tab. 7.4: Berücksichtigte Terme der Wärmeleitungsgleichung und Randbedingungen

Modell	$C''(T)\frac{\partial T}{\partial t}$	$\dot{Q}''_{Joule}$	$\dot{Q}''_{ext}$	$\dot{Q}''_{\lambda}$	$\dot{Q}''_{B}$	Stromkontakte
inhomogen, gekühlt mit eindimensionaler Widerstandsverteilung (Modell IVb)	$\checkmark$	2×Pg, α	0	$\checkmark$	$\checkmark$	0

Darstellung der Mess- und Simulationsergebnisse der Einzelpulse

In Abb. 7.4 ist der zeitliche Verlauf der Spannung U_{12} während der Heiz- und Rückkühlphase für den Leiter 1 mit zusätzlicher Stabilisierung dargestellt. Der Leiter wurde durch den Heizpuls auf eine Starttemperatur von 97 K erwärmt und anschließend ein Laststrom I_L eingeprägt. Eingezeichnet sind Lastströme von $0{,}34 \times I_\mathrm{c}$ (100 A) und $1{,}21 \times I_\mathrm{c}$ (350 A). Der zeitliche Stromverlauf entspricht der Darstellung in Abb. 7.1a.

Dem experimentell ermittelten Verlauf sind in Abb. 7.4 die mit dem inhomogenen, gekühlten Modell mit eindimensionaler Widerstandsverteilung (Modell IVb) nachgebildeten Verläufe gegenübergestellt. Die Verteilung der kritischen Stromdichte über die Länge des Leiters wurde im Modell zwischen homogen ($\sigma = \infty$) und inhomogen ($\sigma = 20$) variiert .

Die entsprechende Verteilung der elektrischen Feldstärke und Temperatur über die Leiterlänge zu verschiedenen Zeitpunkten der Rückkühlung ist für einen Laststrom von $1{,}21 \times I_\mathrm{c}$ (350 A) in Abb. 7.5a und b dargestellt. Die Position der Spannungsabgriffe U_1 und U_2 ist eingezeichnet.

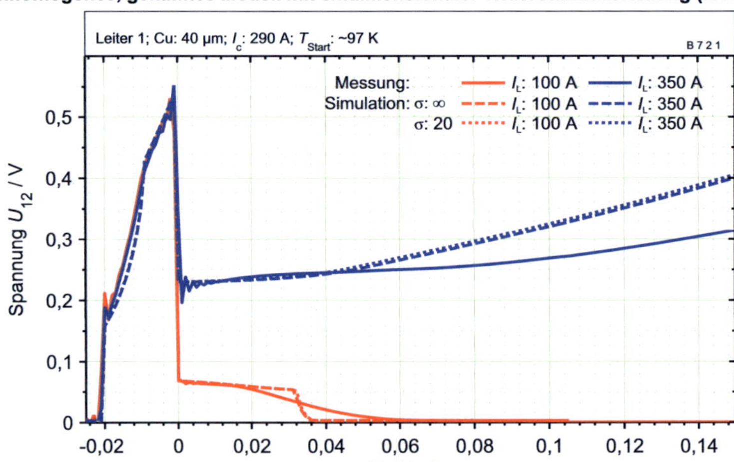

Abb. 7.4: Zeitlicher Verlauf der Spannung U_{12} während dem Heizpuls und der Rückkühlphase des Leiters 1 mit zusätzlicher Stabilisierung. Der Leiter wurde auf eine Starttemperatur von 97 K erwärmt. Dargestellt ist ein anschließender Laststrom von $0,34 \times I_c$ (100 A) und $1,21 \times I_c$ (350 A). Die Simulation erfolgte mit dem inhomogenen, gekühlten Modell mit eindimensionaler Widerstandsverteilung (Modell IVb) unter Annahme einer homogenen ($\sigma = \infty$) und einer inhomogenen ($\sigma = 20$) Verteilung der kritischen Stromdichte über die Länge des Leiters.

Diskussion der Mess- und Simulationsergebnisse der Einzelpulse

Im zeitlichen Spannungsverlauf U_{12} in Abb. 7.4 ist kein Einfluss durch die inhomogene Verteilung der kritischen Stromdichte zu erkennen. Die Rückkühlzeiten des homogenen und des inhomogenen Modells sind in dieser Darstellung identisch. Im Gegensatz dazu zeigt sich die Inhomogenität des Leiters deutlich in der Darstellung der Feldstärke über die Leiterlänge aus Abb. 7.5a. Zu Beginn der Rückkühlung ist die Feldstärke über dem Leiter homogen. Ab dem Erreichen der Sprungtemperatur von 87 K wirkt sich die inhomogene kritische Stromdichte auf die Feldverteilung aus und es entstehen lokale Feldüberhöhungen. Eine inhomogene Feldverteilung bewirkt eine inhomogene dissipierte Leistung. Die Wärmeleitfähigkeit längs des Leiters gleicht die Temperaturdifferenzen benachbarter Elemente aus und erzeugt eine gleichmäßige Temperaturverteilung, wie Abb. 7.5b zeigt.

Der Leiter gilt nach dem vorgestellten Kriterium als zurückgekühlt wenn sich in keinem Element die Feldstärke um mehr als 10 µV/cm und ms ändert. Die Rückkühldauer des inhomogenen Leiters ist durch die lokale Überhöhungen der Feldstärke daher länger als bei Annahme eines homogenen Leiters. Dies wird auch bei der Darstellung des Grenzstromes der Rückkühlung und der Rückkühldauer im folgenden Abschnitt deutlich.

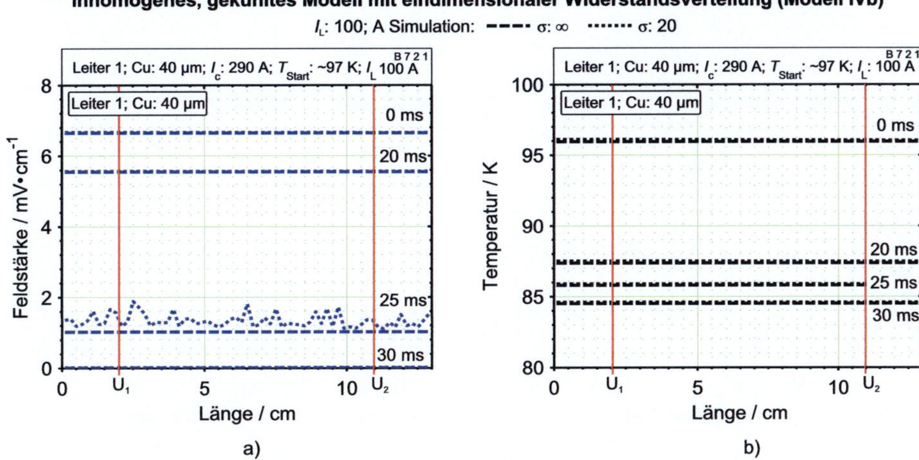

Abb. 7.5: Verteilung der elektrischen Feldstärke und Temperatur über die Länge des Leiters 1 mit zusätzlicher Stabilisierung zu verschiedenen Zeitpunkte nach Erwärmung auf 97 K für einen Laststrom von $1,21 \times I_c$ (350 A). Die Verteilung der kritischen Stromdichte über die Länge des Leiters wurde als homogen ($\sigma = \infty$) und inhomogen ($\sigma = 20$) angenommen.

Darstellung der Feldstärke- und Temperaturverteilung eines gering stabilisierten Leiters

Bereits bei den Untersuchungen zum Aufwärmverhalten in Kapitel 6.2.1 zeigte sich der starke Einfluss einer inhomogenen kritischen Stromdichte über der Länge des Leiters auf die Temperaturverteilung gering stabilisierter Leiter. Die Verteilung der Feldstärke und Temperatur über die Länge des Leiters 3 ohne zusätzliche Stabilisierung während der Rückkühlung ist in Abb. 7.6 dargestellt. Der Leiter wurde mit einem Heizpuls von $1,375 \times I_c$ (575 A) über eine Dauer von 10 ms erwärmt. Der anschließende Laststrom I_L betrug $0,125 \times I_c$ (50 A).

Diskussion der Feldstärke- und Temperaturverteilung eines gering stabilisierten Leiters

Bereits zu Beginn der Rückkühlung ($t = 0$) weißt der gering stabilisierte Leiter eine sehr inhomogenen Verteilung der Feldstärke und Temperatur auf. Während einige Bereich des Leiters Temperaturen über 100 K haben, befinden sich andere Bereiche im supraleitenden Zustand, wie in Abb. 7.6b zu sehen ist. Nach einer Rückkühldauer von 50 ms sind lediglich noch zwei Bereiche im normalleitenden Zustand. Nach 100 ms befinden sich alle Bereiche im supraleitenden Zustand.

Die inhomogene Temperaturverteilung zu Beginn der Rückkühlung kann bei zu hohen Rückkühlströmen dazu führen, dass der Leiter nicht in allen Bereichen zurückkühlt. Lokale Hitzezentren können sich ausbilden und zur thermischen Zerstörung des Leiters führen.

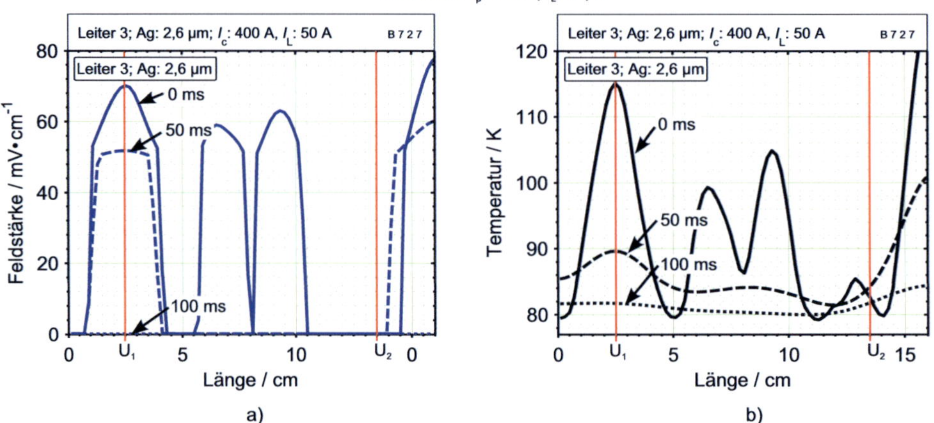

Abb. 7.6: Verteilung der elektrischen Feldstärke und Temperatur über die Länge des Leiters 3 ohne zusätzliche Stabilisierung zu verschiedenen Zeitpunkte für einen Laststrom von $0,125 \times I_c$ (50 A). Dargestellt sind die simulierten Ergebnisse unter Annahme einer inhomogenen Verteilung der kritischen Stromdichte über der Länge des Leiters ($\sigma = 20$).

Darstellung der Mess- und Simulationsergebnisse des Grenzstromes der Rückkühlung und der Rückkühldauer

In Abb. 7.7 sind der Grenzstrom der Rückkühlung und die Rückkühldauer in Abhängigkeit der Starttemperatur für den Leiter 1 mit zusätzlicher Stabilisierung dargestellt. Eingezeichnet sind experimentelle Werte und die mit dem inhomogenen, gekühlten Modell mit eindimensionaler Widerstandsverteilung (Modell IVb) ermittelten Werte. Die Inhomogenität der kritischen Feldstärke wurde zwischen homogen ($\sigma = \infty$) und inhomogen ($\sigma = 20$) variiert.

Um die Rückkühldauer des Modells zu ermitteln wurde das Kriterium einer Spannungsänderung von weniger als 10 µV/ms auf jedes Element angewendet. Die in der Simulation verwendete Schrittweite zur Ermittlung des Grenzstromes der Rückkühlung betrug für den homogenen Leiter 1 A, für den inhomogenen Leiter 5 A.

Die Rückkühldauer in Abhängigkeit der Starttemperatur in Abb. 7.7b ist für ein I_L/I_c-Verhältnis von 0,34 (100 A), 0,69 (200 A) und 1,03 (300 A) eingezeichnet.

Diskussion der Mess- und Simulationsergebnisse des Grenzstromes der Rückkühlung und der Rückkühldauer

Der Grenzstrom der Rückkühlung des homogenen und des inhomogenen Leiters mit zusätzlicher Stabilisierung ist nahezu identisch, wie aus Abb. 7.7a hervorgeht. Die Rückkühldauer des inhomogenen Leiters ist für Starttemperaturen unter der Einsatztemperatur des Filmsiedens von ca. 104 K deutlich höher als die des homogenen Leiters, wie Abb. 7.7b zeigt. Für Starttemperaturen über der Einsatztemperatur des Filmsiedens sind die Werte identisch.

Die Differenz der Rückkühlzeiten beruht auf den lokalen Erhöhungen der Feldstärke aufgrund der inhomogenen kritischen Stromdichte (vergl. Abb. 7.5a). Die lokalen Erhöhungen der Feldstärke beeinflussen die Rückkühldauer mitunter erheblich; wirken sich auf den Grenzstrom der Rückkühlung jedoch nicht aus.

Für hohe Starttemperaturen beeinflussen die supraleitenden Eigenschaften den Gesamtverlauf nur gering. Der Leiter durchläuft auch hier den Temperaturbereich <104 K, die Rückkühldauer wird jedoch durch die lange Phase der Rückkühlung des Temperaturbereiches >104 K bestimmt. Eine Inhomogenität der supraleitenden Eigenschaften des gut stabilisierten Leiters wirkt sich für Starttemperaturen über 104 K daher nur unwesentlich aus.

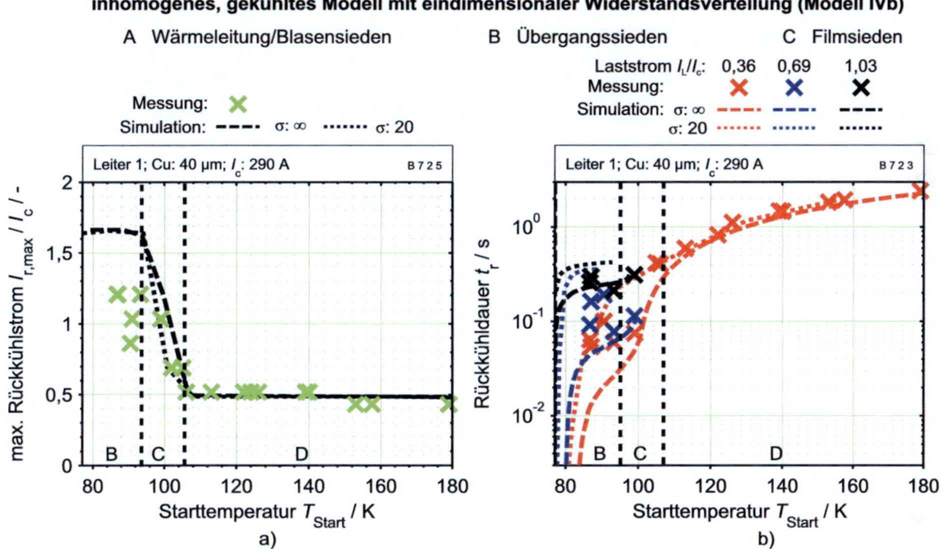

Abb. 7.7: Grenzstrom der Rückkühlung in Abhängigkeit der Starttemperatur in a) und Rückkühldauer in Abhängigkeit der Starttemperatur für verschiedene Lastströme in b). Die Simulation erfolgte mit dem inhomogenen, gekühlten Modell mit eindimensionaler Widerstandsverteilung (Modell IVb). Die unterschiedlichen Bereiche der statischen Wärmeübergangskurve aus Abb. 7.2 sind farblich hervorgehoben.

Bewertung und Zusammenfassung der Ergebnisse

Auf den Grenzstrom der Rückkühlung konnte kein Einfluss der inhomogenen kritischen Stromdichte bei dem untersuchten, gut stabilisierten Leiter festgestellt werden, da die Leistung zu einem wesentlichen Teil in der zusätzlichen Stabilisierung dissipiert wird wirken sich die supraleitenden Eigenschaften hier nur gering aus.

Für Starttemperaturen unterhalb der Einsatztemperatur des Filmsiedens erhöht sich die Rückkühldauer bei Annahme einer inhomogenen kritischen Stromdichte wesentlich.

Für Starttemperaturen im Bereich des Filmsiedens ab 104 K bestimmen die normalleitenden Eigenschaften die Rückkühldauer. Hier zeigt sich kein Unterschied zwischen homogener und inhomogener kritischer Stromdichte.

Der untersuchte, gut stabilisierte Leiter zeigte bei zu hohen Rückkühlströmen eine homogene Erwärmung. Für gering stabilisierte Leiter konnten hingegen ausgeprägte Wärmezentren beim Rückkühlen beobachtet werden. Bei zu hohen Rückkühlströmen kann der Leiter daher auch lokal thermisch zerstört werden.

7.2.2 Einfluss der Kontakte

Der Einfluss der Kontakte auf das Rückkühlverhalten wurde mit dem homogenen, gekühlten Modell mit eindimensionaler Widerstandsverteilung und Stromkontakten an den Enden des Leiters (Modell IIIb) untersucht. Die Annahmen des Modells sind in Tab. 7.5, die Einstellungen des Experiments und die Vorgaben der Simulation in Anhang C.2 zusammengefasst.

Tab. 7.5: Berücksichtigte Terme der Wärmeleitungsgleichung und Randbedingungen

Modell	$C''(T)\frac{\partial T}{\partial t}$	$\dot{Q}''_{Joule}$	$\dot{Q}''_{ext}$	$\dot{Q}''_{\lambda}$	$\dot{Q}''_{B}$	Stromkontakte
homogen, gekühlt mit eindimensionaler Widerstandsvert. und Kontakten (Modell IIIb)	$\checkmark$	$2\times$Pg, α	0	$\checkmark$	$\checkmark$	$\checkmark$

Ziel ist es, den Einfluss der Kontakte auf den zeitlichen Verlauf der elektrischen Feldstärke und die Rückkühldauer zu untersuchen. Hierbei ist insbesondere von Interesse ob dadurch eine bessere Übereinstimmung zwischen Experiment und Simulation erreicht wird.

Darstellung der Mess- und Simulationsergebnisse der Einzelpulse

In Abb. 7.8 ist ein Ausschnitt des zeitlichen Verlaufs der Spannung U_{12} während dem Heizpuls und der anschließenden Rückkühlphase des Leiters 1 mit zusätzlicher Stabilisierung dargestellt. Der Heizpuls erwärmt den Leiter auf ca. 180 K. Das Rückkühlverhalten ist für ein I_L/I_c-Verhältnis von 0,34 (100 A) und von 0,52 (150 A) eingezeichnet. Den experimentell ermittelten Verläufen sind die mit dem homogenen, gekühlten Modell mit eindimensionaler Widerstandsverteilung (Modell IIIb) mit und ohne Berücksichtigung der Stromkontakte an den Enden des Leiters ermittelten Verläufe gegenübergestellt. Der entsprechende Stromverlauf ist in Abb. 7.1c dargestellt.

Die zum zeitlichen Verlauf der Spannung U_{12} aus Abb. 7.8 gehörende Verteilung der elektrischen Feldstärke und Temperatur über die Leiterlänge ist für ein I_L/I_c-Verhältnis von 0,52 (100 A) zu verschiedenen Zeiten in Abb. 7.9a und b dargestellt. Gezeigt wird lediglich die linke Seite bis zur Symmetrieachse des Leiters (vergl. Abb. 6.9). Die Position des Spannungsabgriffs U_1 ist eingezeichnet.

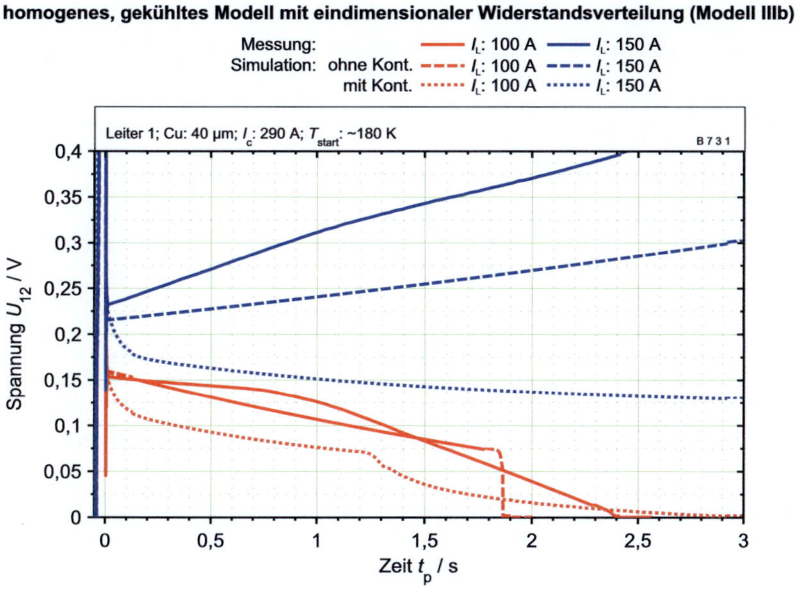

homogenes, gekühltes Modell mit eindimensionaler Widerstandsverteilung (Modell IIIb)

Abb. 7.8: Zeitlicher Spannungsverlauf U_{12} der Rückkühlung unter Last des Leiters 1 mit zusätzlicher Stabilisierung. Dargestellt sind die experimentell ermittelten Verläufe und die mit dem homogenen, gekühlten Modell mit eindimensionaler Widerstandsverteilung mit und ohne Berücksichtigung der Stromkontakte an den Enden des Leiters (Modell IIIb) ermittelten Verläufe.

Diskussion der Mess- und Simulationsergebnisse der Einzelpulse

Durch Berücksichtigung der Kontakte kühlt der Leiter auch bei einem Laststrom von $0,52 \times I_c$ (150 A) zurück. Ohne Berücksichtigung der Kontakte erwärmt sich der Leiter weiter und kühlt nicht zurück, dies entspricht dem experimentell ermittelten Verhalten. Für einen Laststrom von $0,34 \times I_c$ (100 A) erhöht sich bei Berücksichtigung der Kontakte die Rückkühldauer, wie in Abb. 7.8 zu erkennen ist.

Dieses gegensätzliche Verhalten erklärt sich bei Betrachtung der lokalen Feldstärke und Temperatur in Abb. 7.9. Zu Beginn der Rückkühlung ($t=0$ s) führt die Temperaturdifferenz zwischen Leitermitte und Kontakten zu einem Wärmestrom zu den Kontakten. Nach ca. 1,5 s wird eine annähernd homogene Temperatur über die Länge des Leiters erreicht. Ab diesem Zeitpunkt stellt sich ein Wärmestrom vom Kontakt zum Leiter ein. Der Leiter kühlt in diesem Beispiel von der Leitermitte zu den Kontakten zurück. Wie die Darstellung nach 2 s zeigt, geht der Leiter zunächst in der Mitte in den supraleitenden Zustand über.

Erklärung und Zusammenfassung der Ergebnisse

Bei Beginn der Rückkühlung ist die Temperatur in der Mitte des Leiters deutlich höher als an den Kontakten. Die Temperaturdifferenz zwischen Bandleiter und Stromkontakt bewirkt einen Wärmefluss in die Stromkontakte. Im Laufe der Rückkühlung gleicht sich die Temperatur

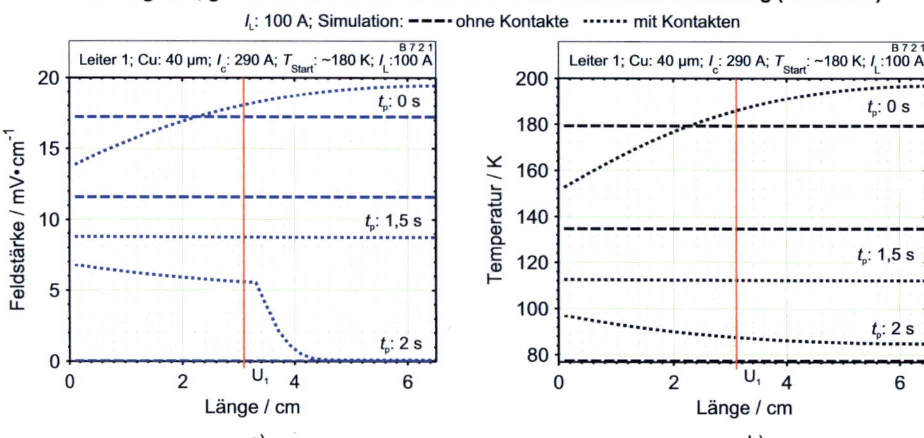

Abb. 7.9: Mit dem homogenen, gekühlten Modell mit eindimensionaler Widerstandsverteilung mit und ohne Berücksichtigung der Stromkontakte an den Enden des Leiters (Modell IIIb) ermittelte Verteilung der elektrischen Feldstärke und der Temperatur über die Länge des Leiters zu verschiedenen Zeiten.

über dem Band an. Zum Ende der Rückkühlung überwiegt daher die im Kontakt dissipierte Leistung gegenüber dem Wärmefluss in den Kontakt durch Wärmeleitung. Die Temperatur an den Kontakten ist daher zum Ende der Rückkühlung höher als in der Leitermitte. Das Feldstärke und Temperaturprofil während dem Rückkühlen bei Berücksichtigung der Kontakte entspricht zunächst den in [BNK11a] vorgestellten experimentellen Ergebnissen nahe dem maximalen Rückkühlstrom.

Ursache für den Temperaturverlauf ist das Verhältnis aus elektrischem Widerstand und thermischen Widerstand der Kontakte. Die dissipierte Leistung im Kontakt ist lediglich vom Laststrom abhängig und über die Rückkühldauer konstant. Der Wärmestrom durch Wärmeleitung ist von der Temperaturdifferenz zwischen Leiter und Kontakt abhängig. Bei geringen Temperaturen kann daher die dissipierte Leistung im Kontakt der durch Wärmeleitung abgeführten Leistung überwiegen.

7.3 Zusammenfassung

Das experimentell ermittelte Rückkühlverhalten von *REBCO* Bandleitern in einem Kühlbad aus flüssigem Stickstoff unter Normaldruck wurde mit verschiedenen Modellen nachgebildet.

Zunächst wurde das Rückkühlverhalten zwischen Experiment und dem homogenen, gekühlten Modell mit konzentrierten Widerständen verglichen. Dabei konnte auch der Einfluss der verschiedenen Wärmeübergangsmechanismen der Wärmeübergangskurve und der Einfluss der Stabilisierung des Leiters untersucht werden. Durch unterschiedliche Annahmen der Modelle mit eindimensionaler Widerstandsverteilung konnte der Einfluss einer inhomogenen Verteilung der kritischen Stromdichte und von Stromkontakten an den Enden des Leiters untersucht werden.

Das Rückkühlverhalten lässt sich in die Bereiche der Starttemperatur unter und über der Einsatztemperatur des Filmsiedens von ca. 104 K einteilen. Die Ergebnisse werden im Folgenden zusammengefasst.

Starttemperaturen oberhalb der Einsatztemperatur des Filmsiedens:

- Eine Abschätzung des Grenzstromes der Rückkühlung für Starttemperaturen oberhalb der Einsatztemperatur des Filmsiedens ist bereits mit einer einfachen analytischen Gleichung (Gl. 7.7) möglich. Benötigte Parameter sind die abgeführte Leistung beim Einsetzen des Filmsiedens und der Widerstand des Leiters bei dieser Temperatur.

- Der Grenzstrom der Rückkühlung und die Rückkühldauer konnten mit dem homogenen, gekühlten Modell mit konzentrierten Elementen (Modell IIb) sehr gut nachgebildet werden.

- Durch Modifikation der statischen Wärmeübergangskennlinie konnte die Übereinstimmung zwischen experimentell ermitteltem und simuliertem Rückkühlverhalten verbessert werden.

- Eine gute zusätzliche Stabilisierung mit Kupfer führt durch die geringere dissipierte Leistung zu höheren maximalen Grenzströmen der Rückkühlung. Gleichzeitig steigt jedoch die Wärmekapazität des Leiters, wodurch sich die Rückkühldauer bei gleicher Starttemperatur verlängern kann.

- Untersuchungen mit dem inhomogenen, gekühlten Modell mit eindimensionaler Widerstandsverteilung (Modell IVb) an einem Leiter mit zusätzlicher Stabilisierung zeigten, dass eine inhomogene Verteilung der kritischen Stromdichte über der Länge des Leiters bei diesen Starttemperaturen keinen Einfluss auf den Grenzstrom der Rückkühlung und die Rückkühldauer hat.

Starttemperaturen unterhalb der Einsatztemperatur des Filmsiedens:

- Die Simulation mit dem homogenen, gekühlten Modell mit konzentrierten Widerständen (Modell IIb) lieferte höhere Grenzströme der Rückkühlung und eine geringere Rückkühldauer als im Experiment ermittelt. Ursache sind die Abweichungen des Wärmestroms an das Kühlbad zwischen der im Modell angenommen abgepassten Wärmeübergangskurve und dem transienten Wärmeübergang im Experiment.

- Befindet sich der Leiter im Bereich der Stromaufteilung zwischen Supraleiterschicht und normalleitenden Schichten (engl. current sharing) reduziert eine bessere Stabilisierung nicht nur die dissipierte Leistung in der normalleitenden Schicht. Durch die geringere Temperatur erhöht sich zusätzlich die kritische Stromdichte der supraleitenden Schicht. Eine bessere zusätzliche Stabilisierung führt in diesem Temperaturbereich zu einem deutlich höheren maximalen Grenzstrom der Rückkühlung.

- Ohne zusätzliche Stabilisierung ist der maximale Rückkühlstrom fast ausschließlich von den supraleitenden Eigenschaften des Leiters abhängig. Bereits ein geringer Strom in den normalleitenden Schichten dissipiert dort eine hohe Leistung und führt zu einer starken Erwärmung. Ein Betrieb des Leiters im Stromaufteilungsbereich ist daher nicht möglich. Dadurch wird der maximale Rückkühlstrom stark verringert und sehr temperaturabhängig.

- Die Berücksichtigung einer inhomogenen Stromverteilung über die Leiterlänge beeinflusste auch für Starttemperaturen geringer der Einsatztemperatur des Filmsiedens den Verlauf des Grenzstromes der Rückkühlung nicht.

- Bei geringen Starttemperaturen wirkt sich eine inhomogene kritische Stromdichte durch längere Rückkühldauern aus. Eine inhomogene kritische Stromdichte wirkt sich besonders deutlich aus, wenn die supraleitenden Eigenschaften des Leiters das Verhalten maßgeblich beeinflussen. Dies ist insbesondere für Starttemperaturen unterhalb der Einsatztemperatur des Filmsiedens der Fall. Eine inhomogene kritische Stromdichte verlängert für diese Starttemperaturen die Rückkühldauer.

Für Leiter ohne zusätzliche Stabilisierung ergab sich bei Annahme einer inhomogenen kritischen Stromdichte eine inhomogene Temperatur- und Feldstärkeverteilung über der Länge des Leiters. Dadurch können sich bei der Rückkühlung lokale Wärmezentren bilden und den Leiter thermisch zerstören.

Die Berücksichtigung der Stromkontakte an den Enden des Leiters verdeutlicht den Zusammenhang zwischen elektrischen und thermischen Widerstand des Kontakts und der Temperaturverteilung über dem Band während der Rückkühlung. Dabei zeigt sich, dass schon für den geringen Kontaktwiderstand von 60 $\mu\Omega$ ein deutlicher Einfluss auf die Temperaturverteilung und das Rückkühlverhalten besteht.

Die größten Übereinstimmungen zwischen dem Rückkühlverhalten aus Experiment und Simulation konnte über eine breiten Bereich der Starttemperatur und des Laststroms mit dem homogenen, gekühlten Modell mit konzentrierten Elementen (Modell IIb) erreicht werden. Für Untersuchungen des Rückkühlverhaltens bei Lastströmen nahe dem Grenzstrom der Rückkühlung können durch die Berücksichtigung einer inhomogenen kritischen Stromdichte und / oder Stromkontakten an den Enden des Leiters im Detail bessere Ergebnisse erzielt werden.

8 Stabilität

Die Untersuchungen zur Stabilität von $REBCO$-Bandleitern in diesem Kapitel betreffen

- den maximalen (Dauer-) Transportstrom,

- die Dauer die der Leiter benötigt um bei Überströmen in den normalleitenden Zustandes überzugehen und

- den Einfluss der lokalen Reduktion des kritischen Stromes auf die Stabilität des Leiters.

Berücksichtigt werden experimentelle Ergebnisse, Berechnungen auf Basis der klassischen Modelle zur Stabilität und den in dieser Arbeit entwickelten Simulationsmodellen.

Die Einstellungen der Experimente und die Vorgaben der Simulationen sind in Anhang C.2 zusammengestellt.

8.1 Maximaler Transportstrom

In den Untersuchungen zum maximalen Transportstrom wird der maximal mögliche Strom ermittelt, den der Leiter dauerhaft tragen kann. Dazu stehen Ergebnisse aus experimentellen Untersuchungen, eines analytischen Berechnungsverfahrens und der Simulationsmodelle zur Verfügung. Die Ergebnisse werden gegenübergestellt und verglichen.

Das Feldstärkekriterium $1\,\mu V/cm$ zur Bestimmung des kritischen Stromes beruht nicht auf einem physikalischen Phänomen, hat sich aber zum Vergleich der Stromtragfähigkeit von Supraleitern bewährt. Die kritische Stromdichte j_c bzw. der kritische Strom I_c gibt keine Auskunft darüber, welchen Strom ein Leiter dauerhaft transportieren kann. Der Strom, der gerade noch dauerhaft fließen kann wird als maximaler Transportstrom $I_{t,max}$ bezeichnet. Fließt der maximale Transportstrom entspricht die dissipierte Leistung gerade der abgeführten Leistung, so dass sich ein statischer Zustand der Temperatur einstellt. In der Praxis ist der Leiter nur stabil zu betreiben, wenn auch nach einer geringen Temperaturerhöhung die dissipierte Leistung noch kleiner oder gleich der an das Kühlbad abgeführten Leistung ist, woraus sich für die Berechnung eine zusätzliche Stabilitätsbedingung ergibt [EBBV99].

Der maximale Transportstrom wurde für verschiedene Leiter experimentell bestimmt. Die experimentelle Ermittlung des maximalen Transportstromes in dieser Arbeit erfolgte analog zum Aufwärmverhalten aus Kapitel 6, jedoch mit geringeren Pulshöhen und längeren Pulsdauern bis in den Bereich weniger Sekunden.

In Abb. 8.1 sind die experimentell ermittelten Verläufe des höchsten Transportstroms, bei dem sich ein stationärer Zustand einstellt sowie der erste nicht mehr stabile Strom $I_{t,max+1}$ dargestellt. Für einen Leiter mit zusätzlicher Stabilisierung, dargestellt in Abb. 8.1a, ergab sich ein $I_{t,max}$ bei einem I_L/I_c-Verhältnis von 1,14 für den Leiter 3 ohne zusätzliche Stabilisierung, dargetsellt in Abb. 8.1b, ergab sich ein $I_{t,max}$ bei einem I_L/I_c-Verhältnis von 1,11. Der Sprung der Feldstärke auf zunächst sehr hohe Werte und dann auf Null, zu sehen in Abb. 8.1b, zeigt in diesem Fall die thermische Zerstörung des Leiters. Auch eine hohe Abtastrate von 1 kHz konnte den steilen Anstieg der Feldstärke nur unzureichend erfassen.

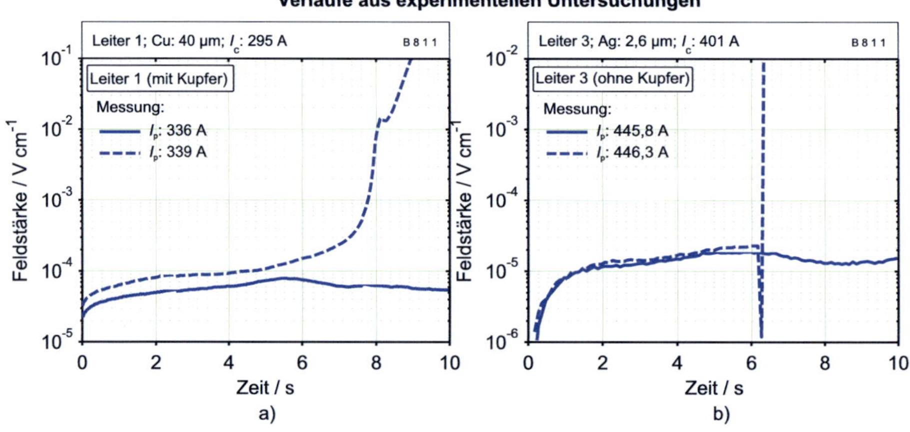

Abb. 8.1: Experimentelle Untersuchungen zum maximalen Transportstrom für a) gut stabilisierte Leiter und b) gering stabilisierte Leiter

Von Elschner et al. wurde in [EBBV99] der maximale Transportstrom für BSCCO-Leiter durch Experimente und analytische Berechnungen bestimmt. Für den untersuchten Massivleiter wurde ein maximaler Transportstrom von ca. $2{,}05 \times I_c$ experimentell und $2{,}15 \times I_c$ theoretisch ermittelt. Die analytische Bestimmung des maximalen Transportstroms nach Elschner wird im Folgenden kurz beschrieben.

Die dissipierte Leistung pro Volumenelement berechnet sich mit dem Potenzgesetz aus Kapitel 2.4 zu:

$$\dot{Q}'''_{\text{Joule}} = \frac{E_c}{j_c^n} \cdot j^{n+1}, \qquad [8.1]$$

mit dem Feldstärkekriterium E_c, der kritischen Stromdichte j_c, dem n-Wert n und der Stromdichte in der Supraleiterschicht j. Ein Gleichgewicht aus zugeführter und abgeführter Leistung stellt sich nur für geringe Übertemperaturen ein. In diesem geringen Temperaturbereich wird der Wärmestrom in das Kühlmedium $\dot{Q}''_B$ pro Oberflächenelement vereinfacht berechnet durch:

$$\dot{Q}''_B = \alpha_{B2} \cdot (T - T_B)^2, \qquad [8.2]$$

mit dem Wärmeübergangskoeffizienten α_{B2}

$$\alpha_{B2} = 0,1 \frac{W}{cm^2 \cdot K^2}. \qquad [8.3]$$

Um die Temperatur T zu erhalten, bei der sich ein Gleichgewicht aus zugeführter und abgeführter Leistung einstellt, wird Gl. 8.1 und Gl. 8.2 gleichgesetzt und nach T aufgelöst:

$$T = \sqrt{\frac{E_c \cdot \gamma \cdot j^{n+1}}{2 \cdot \alpha_{B2} \cdot j_c^n}} - T_B, \qquad [8.4]$$

mit γ als Beziehung des Volumens V zur Oberfläche S:

$$\gamma = 2 \cdot V / S. \qquad [8.5]$$

Der Leiter ist nur dann stabil zu betreiben, wenn bei einer geringen Erhöhung der Temperatur um ΔT die abgeführte Leistung mindestens um den gleichen Betrag steigt wie die dissipierte Leistung. Damit ergibt sich die Bedingung:

$$\frac{\Delta \dot{Q}'''_{Joule}}{\Delta T} \cdot V \leq \frac{\Delta \dot{Q}''_B}{\Delta T} \cdot S \qquad [8.6]$$

Wobei sich die Änderung der dissipierte Leistung durch Ableiten von Gl. 8.1 nach dT ergibt:

$$\Delta \dot{Q}'''_{Joule} = -\frac{n \cdot E_c \cdot j^{n+1}}{j_c^{n+1}} \cdot \frac{dj_c}{dT} \cdot \Delta T \qquad [8.7]$$

und sich die Änderung der Kühlleistung durch Ableiten von Gl. 8.2 nach dT ergibt:

$$\Delta \dot{Q}'''_B = 2 \cdot \alpha_{B2} \cdot (T - T_{LN2}) \cdot \Delta T \qquad [8.8]$$

Durch Einsetzen der Gleichungen 8.8, 8.7, 8.4 in Gl. 8.6 und auflösen nach j ergibt sich der Grenzstrom der Rückkühlung nach Elschner zu:

$$I_{t,max} = j_c \cdot \sqrt[n+1]{\frac{8 \cdot \alpha_{B2} \cdot j_c}{E_c \cdot n \cdot \left(\frac{dj_c}{dT}\right)^2 \cdot \gamma}} \cdot A_L. \qquad [8.9]$$

Der Aufbau und die Vorgehensweise des homogenen, gekühlten Modells mit konzentrierten Widerständen wird in Kapitel 4 vorgestellt.

Wesentliche Unterschiede zwischen der Berechnung des maximalen Transportstroms mit dem analytischen Ansatz und dem Simulationsmodell ist die Ermittlung der dissipierten Leistung und der angenommene Wärmeübergang an das Kühlbad. Im analytischen Modell wird angenommen, dass der gesamte Strom in der Supraleiterschicht fließt und der daraus resultierende Spannungsabfall mit dem Potenzgesetz berechnet. Im Simulationsmodell wird eine Stromaufteilung zwischen

Supraleiterschicht und normalleitenden Schichten berücksichtigt. Der Spannungsabfall wird durch zwei Potenzgesetze und eine nichtlineare Abhängigkeit der kritischen Stromdichte von der Temperatur angenommen. In der analytischen Berechnung wird eine quadratische Abhängigkeit des Wärmeübergangskoeffizient α_{B2} von der Temperaturdifferenz zwischen Leiter und Kühlbad angenommen. Das Simulationsmodell nimmt für den Bereich bis zum Einsetzen des Blasensiedens eine lineare Abhängigkeit auf Basis der experimentellen Werte von Merte und Clark [MC62] an.

In Tab. 8.1 sind die experimentell ermittelten maximalen Transportströme den mit dem analytischen Modell und dem homogenen, gekühlten Modell mit konzentrierten Widerständen berechneten Werten gegenübergestellt. Die für die analytische Berechnung mit Gl. 8.9 benötigten Parameter der Leiter finden sich in Tab. 5.1.

Tab. 8.1: Übersicht der maximalen Transportströme der verschiedene Leiter

Leiter	Experiment				analytisches Modell	Simulationsmodell mit konz. Widerständen, homogen, gekühlt
	$I_{t,max}$ / A	$I_{t,max+1}/I_c$ / -	$I_{t,max}/I_c$ / -	t_t / s	$I_{t,max}/I_c$ / -	$I_{t,max}/I_c$ / -
Nr. 1, Cu: 40 μm, I_c:295 A	336	339	1,14	10	1,17	1,19
Nr. 3, Ag: 2,6 μm, I_c: 401 A	445,8	446,3	1,11	10	1,16	1,42

In der Übersicht aus Tab. 8.1 sind Unterschiede von bis zu 30% zwischen dem experimentell ermittelten und mit dem Simulationsmodell berechneten maximalen Transportstrom zu erkennen. Die Berechnung mit dem analytischen Verfahren weißt Unterschiede von bis zu 5% auf. Ursache für die Abweichungen ist insbesondere die Nachbildung des Wärmestroms in das Kühlbad. Gerade für geringe Temperaturdifferenzen von wenigen Kelvin zwischen Leiter und Kühlbad ist der Wärmeübergang nur ungenau zu bestimmen. Durch die starken Nichtlinearitäten bei der Berechnung können geringe Unterschiede im Wärmeübergang große Auswirkungen auf den maximalen Transportstrom besitzen.

Die Unterschiede in der Berechnung des Transportstroms zwischen analytischem Verfahren und Simulationsmodell werden bei Variation der Dicke der Kupferschicht und des kritischen Stroms besonders deutlich, wie Abb. 8.2 zeigt. Wird die Dicke der Kupferschicht variiert, verändert sich die Beziehung γ zwischen Oberfläche und Volumen des Leiters nur minimal. Der analytisch berechnete maximale Transportstrom bleibt daher konstant. Das Simulationsmodell nimmt eine Stromaufteilung zwischen Supraleiterschicht und normalleitenden Schichten an. Dadurch wirkt sich der elektrische Widerstand der zusätzlichen Stabilisierung auf den möglichen maximalen Transportstrom aus. Für stärkere Kupferschichten nimmt der mit dem homogenen, gekühlten Modell mit konzentrierten Elementen ermittelte maximale Transportstrom daher zu, wie in Abb. 8.2a zu sehen ist.

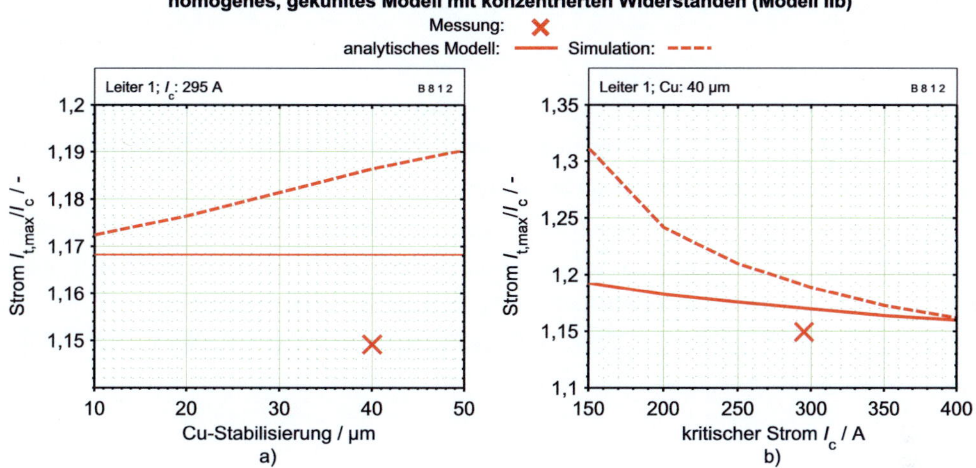

Abb. 8.2: Abhängigkeit des maximalen Transportstroms von der Höhe der Kupferstabilisierung in a) und in Abhängigkeit der kritischen Stromdichte in b).

Eine Abhängigkeit des maximalen Transportstroms von der Höhe des kritischen Stromes ist für beide Berechnungsmethoden zu erkennen, wie in Abb. 8.2b zu sehen ist. Ursache für die stärkere Abhängigkeit des Simulationsmodells ist auch hier die Berücksichtigung des Widerstandes der normalleitenden Schichten. Durch Verringern des kritischen Stromes, reduziert sich das Verhältnis von kritischem Strom zum Widerstand der normalleitenden Schichten und erhöht so den relativen maximalen Transportstrom.

8.2 Übergang in die Normalleitung

Der Übergang in die Normalleitung ist ein markanter Punkt beim Betrieb von Supraleitern, insbesondere bei Betrachtungen zu deren Stabilität, da sich die dissipierte Leistung mit dem Übergang in den normalleitenden Zustand stark erhöht. Die Dauer bis zum Erreichen der Sprungtemperatur eines Leiters in Abhängigkeit des Überstromes kann ein Gütemerkmal für die Stabilität von Supraleitern gegen Überströme sein [MNS11].

Die Übergangsdauer t_{Tc} ist die Zeit, die der Leiter bei einem konstanten Überstrom benötigt um sich von der Temperatur am Arbeitspunkt[a] T_{AP} bis zu seiner Sprungtemperatur T_c zu erwärmen.

Für die Untersuchungen der Übergangsdauer in den normalleitenden Zustand stehen Ergebnisse aus Untersuchungen durch Experimente, klassische Stabilitätsmodelle und Simulationsmodelle zur Verfügungen, die gegenübergestellt und verglichen werden.

---

[a]Die Temperatur am Arbeitspunkt entspricht im Allgemeinen der Kühlbadtemperatur T_B und betrug in dieser Arbeit 77,4 K.

Eine Möglichkeit zur Berechnung auf Basis der klassischen Modelle zur Stabilität erhält man durch die Annahme temperaturunabhängiger Parameter [MNS11]. Dann ergibt sich die Dauer t_{Tc}, nach der sich ein Leiter auf die Sprungtemperatur T_{c} erwärmt durch

$$t_{\mathrm{Tc}} = \frac{(T_{\mathrm{c}} - T_{\mathrm{AP}}) \cdot C}{R_{\mathrm{NL}} \cdot I_{\mathrm{NL}}^2}, \qquad [8.10]$$

mit der Wärmekapazität C des Leiters, dem Widerstand der normalleitenden Schichten R_{NL} und dem Strom I_{NL} in den normalleitenden Schichten.

Der Term $(T_{\mathrm{c}} - T_{\mathrm{AP}}) \cdot C$ entspricht der Energie die benötigt wird um den Leiter von der Temperatur am Arbeitspunkt T_{AP} auf die Sprungtemperatur T_{c} zu erwärmen. Das Produkt $R_{\mathrm{NL}} \cdot I_{\mathrm{NL}}^2$ entspricht der in den normalleitenden Schichten dissipierten Leistung.

Nach dem Modell des kritischen Zustandes (Bean-Modell) aus Kapitel 3.1 ist der Strom in den normalleitenden Schichten

$$I_{\mathrm{NL}} = I - I_{\mathrm{c}}. \qquad [8.11]$$

Mit Gl. 8.10 und Gl. 8.11 wurde die Dauer bis zum Übergang in die Normalleitung für den Leiter 1 mit zusätzlicher Stabilisierung und den Leiter 3 ohne zusätzliche Stabilisierung für verschiedene Überströme I berechnet.

In Abb. 8.3 ist die experimentell ermittelte, mit der analytischen Gleichung 8.10 nach dem Bean-Modell berechnete und mit den Simulationsmodellen berechnete Übergangsdauer gegenübergestellt. Als Simulationsmodelle wurden das homogene, gekühlte Modell mit konzentrierten Widerständen (Modell IIb) und das inhomogene, gekühlte Modell mit eindimensionaler Widerstandverteilung (Modell IVb) verwendet. Die Sprungtemperatur wurde mit 93,5 K höher angenommen als aus den $R(T)$-Messungen ermittelt, da hier auch bei experimentellen Untersuchungen eine zuverlässige Bestimmung der Temperatur aus der $R(T)$-Kennlinie möglich ist.

Kriterium zum Erreichen des normalleitenden Zustandes für das Modell mit eindimensionaler Widerstandsverteilung ist, dass alle Elemente über die Sprungtemperatur erwärmt sind. Im Unterschied zu der Lösung auf Basis der klassischen Modelle berücksichtigen die Simulationsmodelle die Temperaturabhängigkeit der Materialparameter und der kritischen Stromdichte. Weiter wird der Widerstand der Supraleiterschicht durch zwei Potenzfunktionen nach Gl. 4.17 und Gl. 4.19 berechnet.

Das analytische Modell liefert gegenüber dem Simulationsmodell ab einem I/I_{c}-Verhältnis von 1,5 längere Übergangsdauern, weil sich in diesem Bereich die unterschiedliche Berechnung der Stromaufteilung besonders stark auswirkt.

Bei einem gut stabilisierten Leiter sind die Unterschiede zwischen dem homogenen und dem inhomogenen Modell nur unwesentlich. Die gute Stabilisierung verringert die Erwärmung an Stellen mit reduzierter kritischer Stromdichte und leitet die Wärme besser in benachbarte

Bereiche. Bei gering stabilisierten Leitern bewirkt eine inhomogene kritische Stromdichte eine Reduzierung der Übergangsdauer bei geringem I/I_c-Verhältnis und eine Erhöhung der Übergangsdauer bei hohem I/I_c-Verhältnis.

Ursache für dieses gegensätzliche Verhalten ist die Bedingung für den Zustand der Normalleitung, dass alle Elemente die Sprungtemperatur erreicht haben müssen. Ein geringes I/I_c-Verhältnis mit entsprechend langer Übergangsdauer lässt dem Leiter Zeit, lokale Hitzezentren auszubilden. Bei einem hohen I/I_c-Verhältnis wirken sich nur die lokalen charakteristischen Eigenschaften aus. Eine inhomogene kritische Stromdichte beinhaltet neben Stellen mit verringerter kritischer Stromdichte auch Stellen mit erhöhter kritischer Stromdichte, die entsprechend später die Sprungtemperatur erreichen (vergl. Abb. 4.6).

Das Simulationsmodell liefert über einen breiten Strombereich sehr gute Übereinstimmungen mit den experimentellen Werten für beide Leiter, wie auch schon die Untersuchungen zum Aufwärmverhalten in Kapitel 6 zeigten.

Insgesamt wird die Übergangsdauer durch ein homogenes, gekühltes Modell mit konzentrierten Widerständen über einen bereiten Bereich des Stromes sehr genau ermittelt.

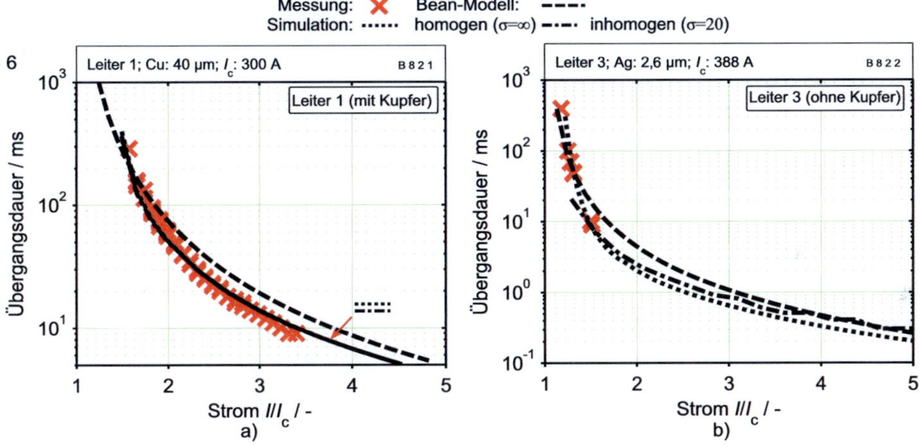

Abb. 8.3: Übergang in die Normalleitung für a) den Leiter 1 mit zusätzlicher Stabilisierung und b) den Leiter 3 ohne zusätzliche Stabilisierung

Die Darstellung der Übergangsdauer in Abb. 8.3 verdeutlicht auch das wesentlich kritischere Verhalten von gering stabilisierten Leitern. Der gut stabilisierte Leiter erreicht bei einem Überstrom von $1{,}5 \times I_c$ den normalleitenden Zustand nach mehr als 20 ms. Der gering stabilisierte Leiter geht bei einem Überstrom von $1{,}5 \times I_c$ bereits nach weniger als 1 ms in den normalleitenden Zustand über.

Soll ein Übergang in den normalleitenden Zustand verhindert werden sind die Bedingungen für die Unterbrechung der Stromzufuhr bei einem gering stabilisierten Leiter daher wesentlich anspruchsvoller.

8.3 Lokale Störungen (Hot Spots)

Ein besonders wichtiges Gebiet der Untersuchungen zur Stabilität stellt das Verhalten bei lokalen Wärmeeinträgen dar. Dies zeigt auch die Vielzahl an erschienenen Arbeiten in den letzten Jahren [LBR09, MRHL08, CMLS10, BRB00, Bot98, GSLF05]. Ursache lokaler Wärmeeinträge können Änderungen der supraleitenden Eigenschaften (z.B. ein Riss in der supraleitenden Schicht) oder ein externer Wärmeeintrag (z.B. durch ein Leck in der Kryostathülle) sein.

Durch lokale Wärmeeinträge können Störstellen mit sehr hohen Temperaturen entstehen, die eine thermische Zerstörung des Leiters zur Folge haben können. Der Anstieg des Widerstandes ist durch die geringe Länge der Störstelle sehr gering. Der Strom durch den Leiter wird durch die Störstelle daher nicht begrenzt. Eine Detektion der lokalen Störung stellt durch die langsame Ausbreitung der normalleitenden Zone (NLZ) bei $REBCO$-Bandleitern eine besondere Herausforderung dar [CMLS10].

Die Auswirkungen eines lokalen Wärmeeintrags auf das elektrisch-thermische Verhalten während eines geringen Überstromes werden im Folgenden mit dem inhomogenen Modell mit eindimensionaler Widerstandsverteilung und externen Wärmeeintrag in der Mitte des Leiters (Modell V) aus Kapitel 4.4 untersucht. Als Störstelle wird eine lokale Reduktion der kritischen Stromdichte über die Länge ℓ_{St} der Störstelle angenommen.

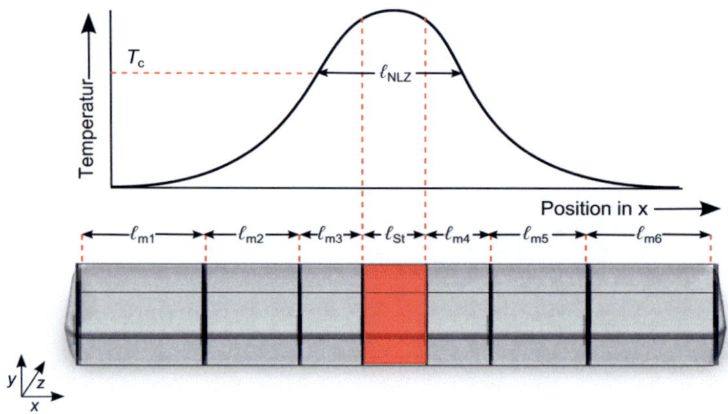

Abb. 8.4: Schematische Darstellung der Nachbildung einer lokalen Störung mit dem Simulationsmodell

Die Länge der Elemente ℓ_{mx} nimmt von der Störstelle aus nichtlinear zu. Dadurch konnte die Anzahl der Elemente verringert, die Rechenzeit reduziert und die Stabilität des Programms erhöht werden. In Abb. 8.4 sind die verschiedenen Parameter veranschaulicht.

Zunächst wurde ein adiabates Modell angenommen, dass keinen Wärmeübergang in das Kühlbad berücksichtigt. Mit diesem Modell kann das Aufwärmverhalten in den ersten Millisekunden besser nachgebildet werden, wie die Untersuchungen in Kapitel 6.1.2 zeigen. Nach ca. 30 ms wirkt sich ein Wärmestrom in das Kühlbad auf das elektrisch-thermische Verhalten aus. Wie sich die Berücksichtigung eines Wärmestroms an das Kühlbad gemäß der angepassten Wärmeübergangskurve auf das Aufwärmverhalten auswirkt, wird im Anschluss mit dem gekühlten Modell untersucht.

Der angenommene Leiter besitzt eine kritische Stromstärke I_c von 300 A. Die kritische Stromdichte wurde, mit Ausnahme der Störstelle als homogen angenommen ($\sigma = \infty$). Die Stabilisierung wurde variiert zwischen einer 1 µm starken Silberschicht und einer 3 µm starker Silberschicht. Die Gesamtlänge des Leiters betrug 1 m, der Leiter wurde in 201 Elemente unterteilt. Der kritische Strom an der Störstelle $I_{c,St}$ wurde über eine Länge ℓ_{St} von 1 cm auf 90% des kritischen Stromes I_c reduziert. Der Laststrom I_L betrug $1{,}33 \times I_c$ (400 A).

Die Darstellungen in Abb. 8.5 zeigt die Ergebnisse der Simulation mit dem adiabaten Modell. Auf der linken Seite sind der Verlauf der Gesamtspannung, die lokale Feldstärke und die lokale Temperatur des Leiters mit einer Stabilisierung aus einer 1 µm starken Silberschicht zu sehen. Auf der rechten Seite finden sich die entsprechenden Darstellungen für einen Leiter mit einer Stabilisierung durch eine 3 µm starke Silberschicht.

Für beide Leiter ist in Abb. 8.5a bzw. b ein schneller Anstieg der Gesamtspannung zu erkennen. Für den Leiter mit einer 1 µm starken Silberschicht erfolgt der Anstieg bereits nach ca. 35 ms. für den Leiter mit einer 3 µm starken Silberschicht nach ca. 45 ms. Der Spannungsanstieg des geringer stabilisierten Leiters erfolgt nicht nur früher, sondern weist auch einen wesentlich steileren Verlauf auf.

Die Feldstärke an der Störstelle erreicht nach 40 ms für den geringer stabilisierten Leiter über 200 V/cm, für den besser stabilisierten Leiter ca. 0,6 V/cm (Abb. 8.5c und d). Die Temperatur an der Störstelle des geringer stabilisierten Leiters erreicht nach 40 ms Werte über 200 K. Die Temperatur des besser stabilisierten Leiters nach 40 ms beträgt weniger als 78 K und liegt weit unter der Sprungtemperatur des Leiters (Abb. 8.5e und f) von ca. 88 K.

Die Ergebnisse bei Berücksichtigung eines Wärmestroms in das Kühlbad sind in Abb. 8.6 dargestellt. Es wurden die gleichen Parameter verwendet wie unter Annahme adiabater Bedingungen in Abb. 8.5, so dass ein Vergleich der Ergebnisse möglich ist.

Der Übergang in den normalleitenden Zustand des Leiters mit einer Stabilisierung aus einer 1 µm starken Silberschicht verzögert sich von ca. 35 ms auf ca. 65 ms. Auf den Leiter mit einer 3 µm starken Silberstabilisierung wirkt sich der Wärmeübergang weit stärker aus. Hier verzögert sich der Übergang in den normalleitenden Zustand von ca. 45 ms auf ca. 110 ms, wie den Darstellungen in Abb. 8.5a und 8.6a, bzw. Abb. 8.5b und 8.6b zu entnehmen ist.

Auch bei Berücksichtigung der Kühlung wirkt sich die Stabilisierung auf die lokale Feldstärke und Temperatur deutlich aus, wie die Abb. 8.5b und c, bzw. Abb.8.5d und e zeigen. Der geringer stabilisierte Leiter ist nach 60 ms kurz vor dem Übergang in den normalleitenden Zustand, die lokale Feldstärke an der Störstelle ist mehr als 50mal so hoch wie die des besser stabilisierten Leiters.

homogenes, adiabates Modell mit eindimensionaler Widerstandsverteilung und Störstelle (Modell Va)

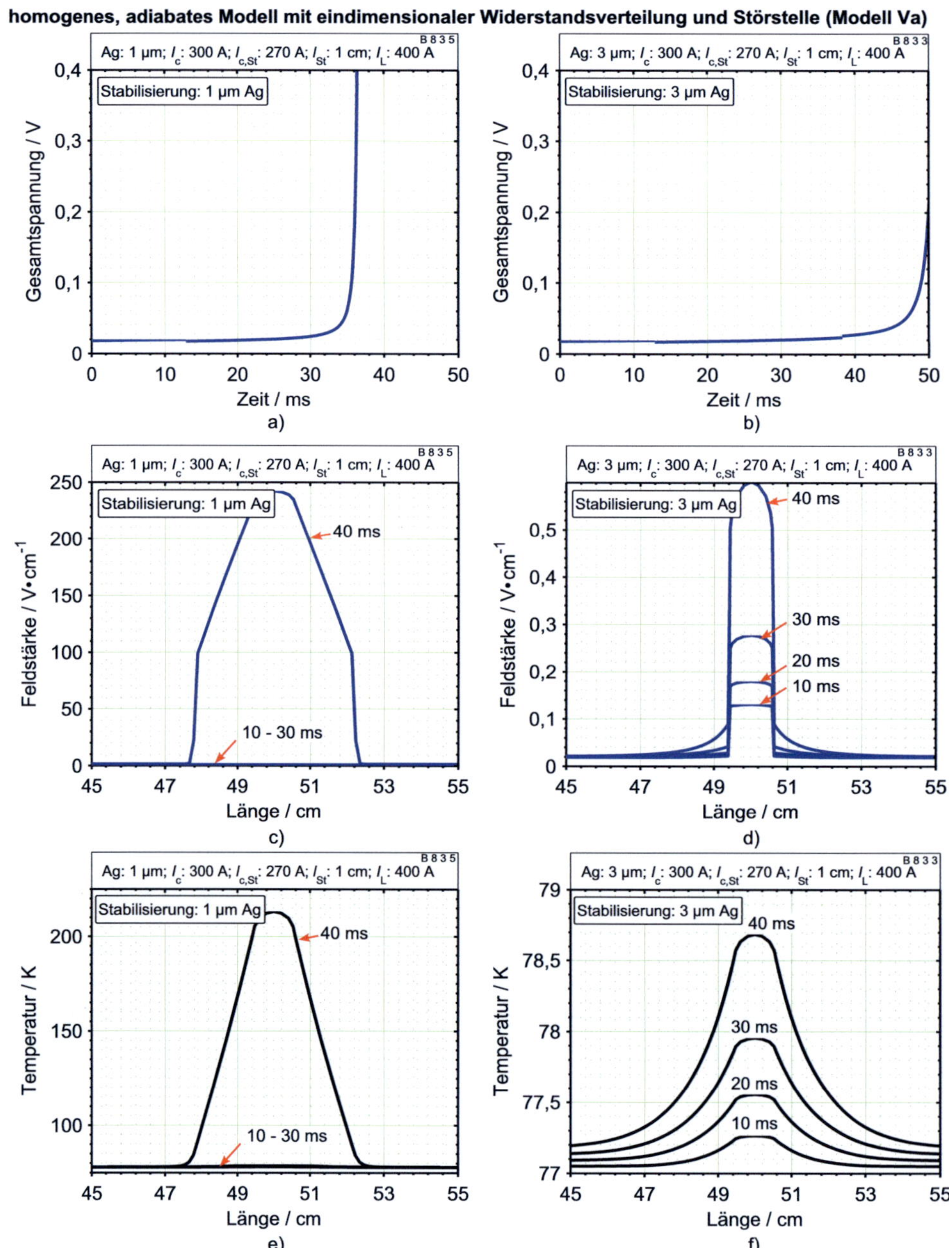

Abb. 8.5: Gesamtspannung, lokale Feldstärke und Temperatur für einen Leiter mit einer Stabilisierung aus 1 µm Silber (linke Spalte) und 3 µm Silber (rechte Spalte). Der kritische Strom des Leiters ist in einem 1 cm breiten Bereich in der Mitte des Leiters um 10% reduziert. Ein Wärmeübergang an das Kühlbad wird vom Simulationsmodell nicht berücksichtigt.

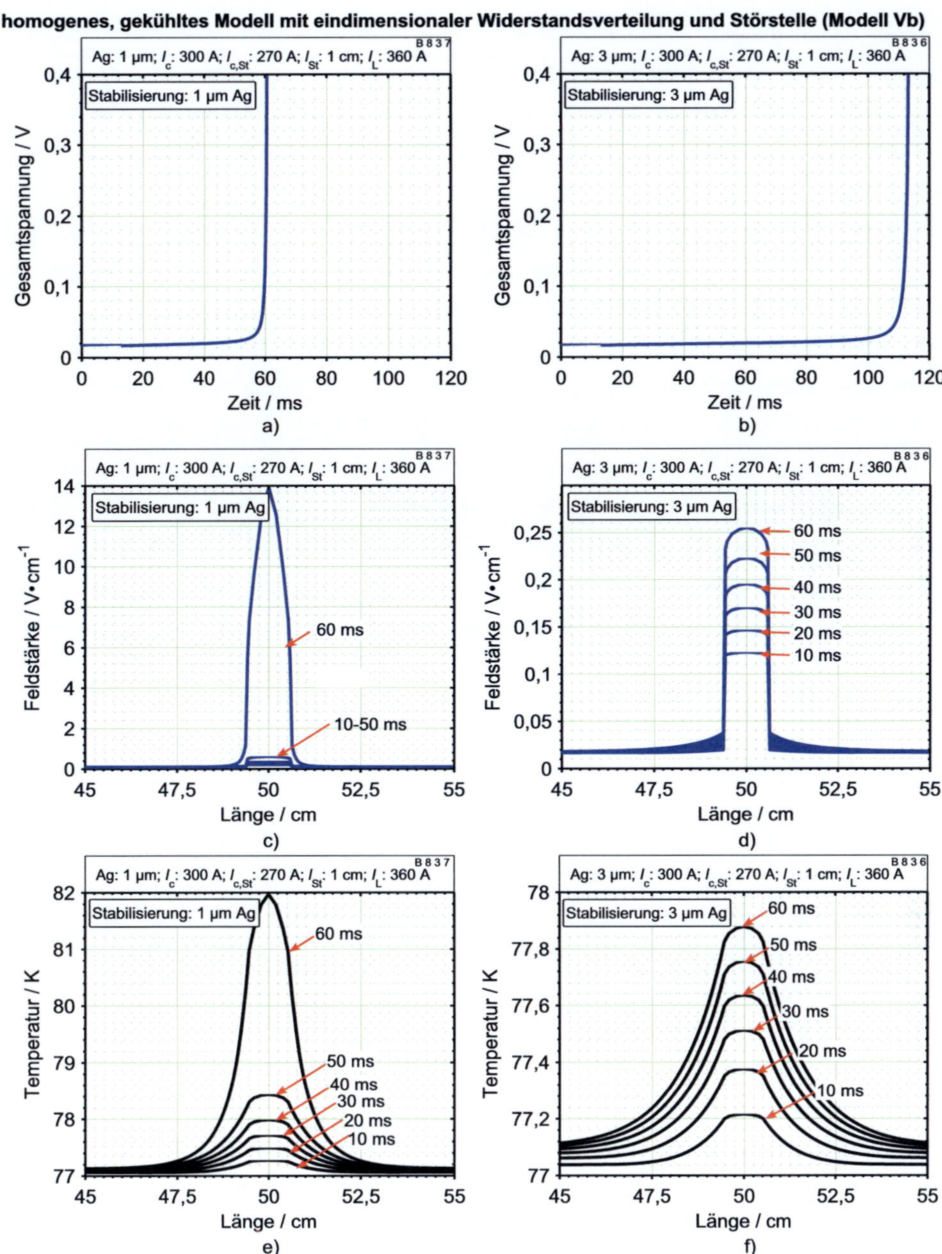

Abb. 8.6: Gesamtspannung, lokale Feldstärke und Temperatur für einen Leiter mit einer Stabilisierung aus 1 µm Silber (linke Spalte) und 3 µm Silber (rechte Spalte). Der kritische Strom des Leiters ist in einem 1 cm breiten Bereich in der Mitte des Leiters um 10% reduziert. Das Simulationsmodell berücksichtigt den Wärmeübergang an das Kühlbad gemäß der angepassten Wärmeübergangskurve.

Wie die Darstellungen in Abb. 8.5 und 8.6 zeigen, ist es von großer Bedeutung auch geringe Überströme möglichst zeitnah zu detektieren, um den Leiter vor einer thermischen Zerstörung durch lokalen Wärmeeintrag zu schützen. Der Verlauf der Gesamtspannung entspricht den Beobachtungen bei Experimenten zum Aufwärmverhalten (Abb. 6.7) und dem maximalen Transportstrom (Abb. 8.1).

Bei geringen Überströmen entsteht an den Störstellen des Leiters ein normalleitender Bereich. Der Leiter kann sich in diesem Bereich sehr schnell auf sehr hohe Temperaturen erwärmen, ohne dass sich der normalleitende Bereich wesentlich ausbreitet.

Die Kühlung durch das Stickstoffbad verzögert den lokalen Temperaturanstieg des gering stabilisierten Leiters nur unwesentlich. Für den besser stabilisierten Leiter wird die Dauer bis zur schnellen lokalen Erwärmung der Störstelle durch das Kühlbad fast verdoppelt.

Die gezeigten Beispiele verdeutlichen die Herausforderungen bei der technischen Auslegung von Supraleitern zum Einsatz in entsprechenden Anwendungen.

Die Simulation von lokalen Wärmeeinträgen kann dazu verwendet werden, technische Anforderungen an den Leiter und die Anwendung zu definieren. Mögliche Parameter sind dabei die Dicke der Stabilisierung und die Homogenität des Leiters, aber auch Anforderungen an die Anwendung, z.B. das Abschalten von geringen Überströmen nach definierten Zeiten [KEMG10].

8.4 Zusammenfassung

Der maximal mögliche Transportstrom wurde experimentell ermittelt und mit einem analytischen Berechnungsverfahren sowie mit dem homogenen, gekühlten Modell mit konzentrierten Widerständen berechnet. Die experimentellen Untersuchungen ergaben maximale Transportströme im Bereich von 1,1 bis $1.14 \times I_c$. Die Berechnung mit dem analytischem Verfahren lieferte bis zu 5% höhere Transportströme, das Simulationsmodell lieferte bis zu 30% höhere maximale Transportströme. Diese Abweichungen zwischen experimentellen Ergebnissen und berechneten Werten entstehen durch die starke Nichtlinearität bei der Berechnung und die fehlende Kenntnis des genauen Wärmeübergangs in das Kühlbad.

Die Übergangsdauer in den normalleitenden Zustand in Abhängigkeit des Überstroms wurde experimentell, auf Basis der Annahmen klassischer Modelle und mit dem in dieser Arbeit entwickeltem Simulationsmodell berechnet. Die Nachbildung mit dem gekühlten, homogenen Simulationsmodell mit konzentrierten Widerständen lieferte über den gesamten Strombereich eine gute Übereinstimmung mit den experimentellen Werten. Für gering stabilisierte Leiter führen bereits Überströme von $1,5 \times I_c$ innerhalb weniger Millisekunden zum Übergang in den normalleitenden Zustand. Für gut stabilisierte Leiter sind dazu Überströme von $3 \times I_c$ notwendig. Dabei sind neben der elektrischen Stabilisierung auch die Wärmekapazität und die Höhe des kritischen Stroms maßgebend.

Das elektrisch-thermische Verhalten an lokalen Störstellen konnte mit dem homogenen Modell mit eindimensionaler Widerstandsverteilung und Störstelle in der Mitte des Leiters nachgebildet werden und entspricht den Beobachtungen aus den experimentellen Untersuchungen (vergl. Kapitel 6.2.1). Die Stabilisierung des Leiters wurde variiert zwischen 1 μm und 3 μm Silber. Eine geringfügig stärkere Stabilisierung führte zu wesentlich geringeren Temperaturen an der Störstelle und späteren Übergang der Störstelle in den normalleitenden Zustand. Wird ein Wärmeübergang an das Kühlbad angenommen, verdoppelte sich die Dauer bis zum Übergang in den normalleitenden Zustand.

Die über dem gesamten Band gemessene Spannung ist sehr gering - verglichen mit der lokalen Feldstärke über der Störstelle. Die Detektion von Störungen wird durch die geringe Spannung erschwert. Eine höhere Stabilisierung reduziert den Einfluss von lokalen Störungen deutlich und erhöht die Dauer bis zum lokalen Anstieg der Temperatur. Wird der Wärmestrom in das Kühlbad berücksichtigt, erhöht sich die Dauer bis zum lokalen Anstieg der Temperatur des gering stabilisierten Leiter nur gering. Die Dauer für den besser stabilisierten Leiter verdoppelt sich fast.

9 Zusammenfassung

Supraleiter finden sich bereits in einer Vielzahl technischer Anwendungen, wie Magneten für die Medizin und Forschung (MRT, NMR, Beschleunigermagnete) sowie in der Messtechnik und Elektronik.

In den letzten Jahren ist die Anwendung von Hochtemperatur-Supraleitern der 2. Generation basierend auf REBCO-Bandleitern zunehmend interessant geworden. Dies beruht auf den zukünftig erwarteten niedrigen Kosten und der schnellen Verbesserung der wichtigsten Eigenschaften.

Der Modellierung und Simulation des Übergangsverhaltens des Supraleiters in den normalleitenden Zustand kommt bei den meisten Anwendungen eine besondere Bedeutung zu, da damit üblicherweise die Stabilität des Leiters verknüpft ist.

Das wesentliche Ziel dieser Arbeit ist es, die Eignung verschiedener Simulationsmodelle auf die typisch auftretenden Vorgänge im Supraleiter zu überprüfen und daraus Empfehlungen für geeignete Simulationsmodelle abzuleiten.

In Kapitel 2 werden zunächst ein Überblick über technische Parameter und den aktuellen Stand der Entwicklung von REBCO-Bandleitern gegeben. Die bestehenden analytischen und nummerischen Stabilitätsmodelle wurden in Kapitel 3 untersucht. Die im Rahmen dieser Arbeit entwickelte Simulationsmodelle mit Programmablauf und Berechnungsgleichungen wurden in Kapitel 4 vorgestellt. Eine Übersicht zum Messaufbau, der verwendeten Supraleiter und den Messablauf wurde in Kapitel 5 gegeben. Die Eignung der Simulationsmodelle zur Nachbildung des Aufwärmverhaltens wurde in Kapitel 6, die Eignung zur Nachbildung des Rückkühlverhaltens in Kapitel 7 untersucht. In Kapitel 8 wurden die Modelle auf ihre Eignung zur Ermittlung des maximalen, dauerhaft fließenden Transportstroms, zur Ermittlung der Übergangsdauer in den normalleitenden Zustand bei Überströmen und zur Nachbildung von lokalen Störungen des Leiters untersucht.

Die Ergebnisse der Arbeit werden im Folgenden zusammengefasst.

Das Aufwärmverhalten bei großen Überströmen (ab ca. 2-3$\times I/I_c$) kann bereits mit einem einfachen Modell, das den supraleitenden Zustand nicht berücksichtigt, ausreichend genau nachgebildet werden.

Für einen breiten Bereich der Überströme von ca. $1 \times I/I_c$ bis ca. $3{,}5 \times I/I_c$ konnte mit einem homogenen Modell mit konzentrierten Widerständen das Aufwärmverhalten sehr gut nachgebildet werden. Es bestätigte sich bei diesen Untersuchungen, dass für geringe Betrachtungsdauern bis zu 30 ms kein Wärmeübergang in das Kühlbad berücksichtigt werden muss. Für längere Betrachtungsdauern muss für eine exakte Berechnung der Wärmestrom in das Kühlbad durch das Modell berücksichtigt werden. Eine Nachbildung des Wärmeübergangs in das Kühlbad gemäß der statischen Wärmeübergangskurve lieferte nur eine unzureichende Übereinstimmung des Aufwärmverhaltens zwischen Experiment und Simulation.

Durch Anpassen der statischen Wärmeübergangskurve im Bereich des Blasen- und Übergangssiedens wurde eine signifikant bessere Nachbildung des Aufwärmverhaltens erzielt. Bis zu welcher Dauer eine ausreichend genaue Nachbildung des Aufwärmverhaltens möglich ist hängt von dem auf den Leiter wirkenden Wärmeübergangsmechanismus ab. Bei geringer Erwärmung des Leiters mit Wärmeübergängen durch Konvektion und Blasensieden bestehen die größten Abweichungen zwischen angenommen Wärmeübergang des Simulationsmodells und dem Wärmeübergang während der Experimente.

Bei gering stabilisierten Leitern (ohne zusätzliche Stabilisierung aus Kupfer oder Edelstahl) kann es bei geringen Überströmen und längeren Betrachtungsdauern zur Bildung von lokalen Hitzezentren (hot-spots) kommen. Die Hitzezentren haben einen großen Einfluss auf das Aufwärmverhalten und müssen bei der Nachbildung berücksichtigt werden. Im Rahmen dieser Arbeit wurde dazu ein inhomogenes Modell mit eindimensionaler Widerstandsverteilung und Berücksichtigung der Kühlung entwickelt. Zur Simulation der Inhomogenität des Leiters wurde eine exponentielle Verteilung der kritischen Stromdichte über die Länge des Leiters angenommen. Mit diesem Modell konnte das Aufwärmverhalten des Leiters auch bei ausgeprägten Hitzezentren sehr gut nachgebildet werden.

Die Rückkühldauer und der maximale Rückkühlstrom konnten mit dem homogenen Modell mit konzentrierten Widerständen und Annahme eines Wärmestroms gemäß der angepassten Wärmeübergangskurve gut nachgebildet werden.

Für die Rückkühlung von geringen Starttemperaturen (bis ca. 104 K) bei geringen Lastströmen ($<0,7 \times I_c$) ergibt sich eine gute Übereinstimmung zwischen Messung und Simulation durch die Verwendung des Modells mit inhomogener Verteilung der kritischen Stromdichte über der Länge des Leiters. Für die Rückkühlung von geringen Starttemperaturen (bis ca. 104 K) bei hohen Lastströmen ($>0,7 \times I_c$) liefert das Modell mit homogener Verteilung der kritischen Stromdichte eine gute Übereinstimmung zwischen Messung und Simulation.

Bei geringen Starttemperaturen im Bereich des Wärmeübergangs durch Konvektion und Blasensieden (bis ca. 104 K) ergeben sich mit dem homogenen und inhomogenen Simulationsmodell höhere maximaler Rückkühlströme als im Experiment. Ursache sind die Abweichungen zwischen angenommener Wärmeübergangskurve und tatsächlichen Wärmeübergang des Experiments.

Durch Berücksichtigung von Stromkontakten an den Enden des Leiters konnte deren Einfluss auf die Rückkühlung gezielt untersucht werden. Gegenüber der Nichtberücksichtigung der Kontakte ergab sich ein verändertes Temperaturprofil über der Länge des Leiters.

Der maximale Strom, den der Leiter dauerhaft tragen kann, ist sehr genau mit einem einfachen, analytischen Modell ([EBBV99]) zu bestimmen. Mit den in dieser Arbeit entwickelten Simulationsmodellen ergeben sich Abweichungen aufgrund der ungenauen Nachbildung des Wärmeübergangs in das Kühlmedium.

Die Übergangsdauer in den normalleitenden Zustand kann mit einem gekühlten, homogenen Modell mit eindimensionaler Widerstandsverteilung sehr gut nachgebildet werden. Die untersuchten Leiter ohne zusätzliche Stabilisierung aus Kupfer hatten bei gleichem relativem Überstrom eine ca. 10-mal geringe Übergangsdauer in den normalleitenden Zustand.

Die Simulation des elektrisch-thermische Verhaltens an lokalen Störstellen ermöglicht die technische Auslegung des Leiters und der benötigten Schutzeinrichtungen der Anwendung. Die Nachbildung einer lokalen Störstelle mit dem homogenen Modell mit eindimensionaler Widerstandsverteilung und Störstelle in der Mitte des Leiters entspricht den Beobachtungen aus den experimentellen Untersuchungen.

Eine Zusammenfassung des untersuchten Verhaltens mit den jeweils geeigneten Simulationsmodellen zeigt Tab. 9.1.

Die Untersuchungen in dieser Arbeit haben gezeigt, dass die Nachbildung des elektrisch-thermischen Verhaltens von Hochtemperatur-Supraleitern teilweise mit einfachen Simulationsmodellen möglich ist. Dabei wurden in dieser grundlegenden Arbeit stets Einzelleiter betrachtet. Technische Anwendungen benötigen größere Ströme als ein einzelner Leiter tragen kann, wodurch die Anordnung mehrerer Leiter erforderlich wird. Um das Verhalten der Supraleiter in technischen Anwendungen zu simulieren sind daher die Wechselwirkungen der Leiter untereinander zu berücksichtigen. Eine Erweiterung der Simulationsmodelle um die Magnetfeldabhängigkeit der Leiter ist dafür Voraussetzung.

Tab. 9.1: Zusammenfassung des untersuchten Verhaltens und der erstellten Simulationsmodelle

untersuchtes Verhalten	Modell mit konzentrierten Widerständen			Modell mit eindimensionaler Widerstandsverteilung			
	homogen, adiabat, ohne SL-Zustand (Modell I)	homogen, adiabat (Modell IIa)	homogen, gekühlt (Modell IIb)	homogen, gekühlt, Stromkontakte (Modell IIIb)	inhomogener I_c, gekühlt (Modell IVb)	inhomogen, adiabat, mit Wärmeeintrag (Modell Va)	inhomogen, gekühlt, mit Wärmeeintrag (Modell Vb)
Aufwärmverhalten hohe Überströme $(2\text{-}3\times I/I_c)$	kurze Pulsdauern ca. <30 ms						
ohne zusätzliche Stabilisierung		kurze Pulsdauern <30 ms	kurze Pulsdauern <30 ms	lange Pulsdauern >30 ms			
mit zusätzlicher Stabilisierung		kurze Pulsdauern <30 ms	lange Pulsdauern >30 ms				
Rückkühlverhalten Starttemp. unterhalb des Filmnsiedens	hohe Lastströme $(>0,7\times I_c)$			geringe Lastströme $(<0,7\times I_c)$			
Starttemp. im Bereich des Filmnsiedens	alle Lastströme						
Stabilität maximaler Transportstrom	beste Ergebnisse mit analytischer Lösung aus [EBBV99]						
Übergangsdauer in die Normalleitung	alle Lastströme						
lokale Störungen						kurze Zeiten <30 ms	alle Zeiten

A Ergänzungen zum Programmablauf

Die Vorgabegrößen und die berechneten Größen des Simulationsprogramms sind in Tab. A.1 bzw. A.2 zusammengefasst.

Tab. A.1: Vorgabegrößen des Simulationsprogramms

Vorgaben Leiter		
Indize	Größe	Einheit
b	Breite	m
d_y	Schichtdicken	m
I_{c0}	kritischer Strom bei T_{c0}	A
$E_{c1,2}$	kritische Feldstärke	$V \cdot m^{-1}$
$n_{1,2}$	n-Wert	-
α	Anpassungsexponent für $I_c\,(T)$	-
T_c	Sprungtemperatur	K
T_{c0}	Temperatur bei der I_{c0} gemessen wurde	K
ℓ	Länge des Leiters	m
$\rho_{Cu,Ag,YBCO,Sub}$	spezifischer Widerstand der Materialien	$\Omega \cdot m$
$C_{Cu,Ag,YBCO,Sub}$	spezifische Wärmekapazität der Materialien	$Ws \cdot m^{-3} \cdot K^{-1}$
$\lambda_{Cu,Ag,YBCO,Sub}$	spezifische Wärmeleitfähigkeit der Materialien	$Ws \cdot m^{-3} \cdot K^{-1}$

Vorgaben Simulation

Indize	Größe	Einheit
T_{AP}	Temperatur am Arbeitspunkt z.B. 77 K	K
T	Temperatur des Leiters	K
$i(t)$	zeitabhängiger Stromverlauf	A
t_{Ende}	Dauer der Simulation	s
Δt	Zeitintervall der Berechnung	s
β	Iterationsparameter	-
t_s	Speicherintervall	s
Δx	Größe der diskreten Längenelemente	m
nx	Anzahl der diskreten Längenelemente	-
$R_{el,Kontakt}$	elektrischer Kontaktwiderstand	Ω
$R_{th,Kontakt}$	thermischer Kontaktwiderstand	$K \cdot W^{-1}$

Vorgaben Modell

Indize	Größe	Einheit
Kühlung	Berücksichtigung der Badkühlung	ja/nein
Kontakte	Berücksichtigung der Kontakte	ja/nein
σ	Inhomogenität von I_c	-
$R_{el,Kontakt}$	Ersatzwiderstand für die elektrischen Widerstände des Kontakts	Ω
$R_{th,Kontakt}$	Ersatzwiderstand für die thermischen Widerstände des Kontakts	$K \cdot W^{-1}$
$\ell_{U1,U2}$	Abstand der Spannungsabgriffe	m

Tab. A.2: Berechnete Größen des Simulationsprogramms

Indize	Größe	Einheit
$u(x,t)$	Spannungsabfall	V
$R(x,t)$	Widerstand	Ω
$T(x,t)$	Temperatur	K
$I_{\mathrm{SL}}(x,t)$	Strom durch die Supraleiterschicht	A
$I_{\mathrm{NL}}(t)$	Strom durch die normalleitenden Schichten	A
$\dot{Q}_{\mathrm{Joule,B,C,}\lambda}(x,T)$	Wärmeflüsse	W
$u_{\mathrm{U1,U2}}$	Spannung an den Spannungsabgriffen	V
$I_{\mathrm{c}}(x,t)$	kritischer Strom	A

B Physikalische Material- und Stoffeigenschaften

B.1 Anpassungsfunktionen der Materialien

B.1.1 Spezifischer Widerstand

Lineare Ausgleichsfunktion für Kupfer mit einer RRR von 100, angepasst an Werte aus [Eck]

$$\rho_{Cu}(T) = \left[-3,06 \cdot 10^{-9} + 6,841 \cdot 10^{-11} \cdot T\right] \ \Omega\text{m}; \ (70\,\text{K}...500\,\text{K}). \qquad \text{[B.1]}$$

Ausgleichsfunktion für Silber, angepasst an die Werte von Matula [Mat79, S. 1260]

$$\rho_{Ag}(T) = \left[-2,082 \cdot 10^{-9} + 6,17 \cdot 10^{-11} \cdot T\right] \ \Omega\text{m}; \ (70\,\text{K}...600\,\text{K}). \qquad \text{[B.2]}$$

Lineare Ausgleichsfunktion für Hastelloy, angepasst an Werte aus internen Untersuchungen

$$\rho_{Hs}(T) = \left[1,103 \cdot 10^{-6} + 8,958 \cdot 10^{-11} \cdot T\right] \ \Omega\text{m}; \ (97\,\text{K}...500\,\text{K}). \qquad \text{[B.3]}$$

Exponentielle Ausgleichsfunktion für Nickel-Wolfram (Ni5%atW), angepasst an Werte aus internen Untersuchungen

$$\rho_{NiW}(T) = \left[5,493 \cdot 10^{-7} \cdot e^{\frac{T}{556,466}} + 3,023 \cdot 10^{-7}\right] \ \Omega\text{m}; \ (75\,\text{K}...300\,\text{K}). \qquad \text{[B.4]}$$

Exponentielle Ausgleichsfunktion für Edelstahl, angepasst an Werte aus [Eck]

$$\rho_{SS}(T) = \left[-7,529 \cdot 10^{-7} \cdot e^{\frac{-T}{647,113}} + 1,193 \cdot 10^{-7}\right] \ \Omega\text{m}; \ (70\,\text{K}...300\,\text{K}). \qquad \text{[B.5]}$$

Lineare Ausgleichsfunktion für YBCO, angepasst an Werte aus [ROD22]

$$\rho_{YBCO}(T) = \left[-10 \cdot 10^{-4} + 1 \cdot 10^{-4} \cdot T\right] \ \Omega\text{m}; \ (95\,\text{K}...500\,\text{K}). \qquad \text{[B.6]}$$

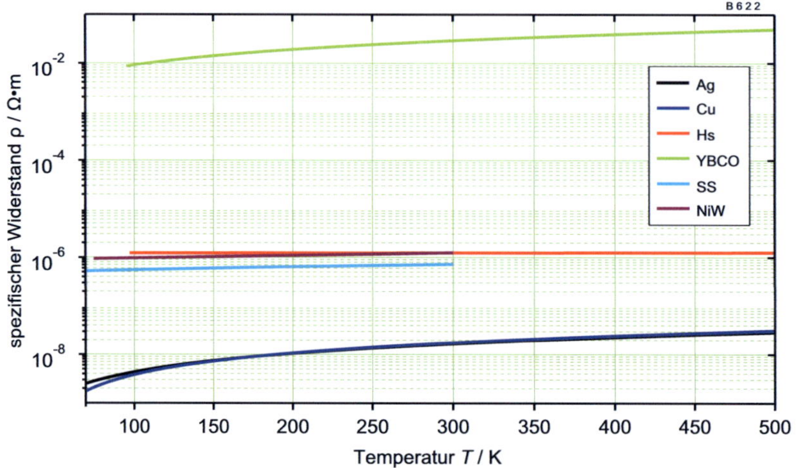

Abb. B.1: Spezifischer Widerstand ausgewählter Materialien

B.1.2 Spezifische Wärmekapazität

Ausgleichfunktion für Silber, aufgeteilt in zwei Temperaturbereiche und angepasst an Werte aus [Eck, Cen03]

$$c_{\mathrm{Ag}}(T) := \begin{cases} [220,5+0,046\cdot T]\ \mathrm{Ws\cdot kg^{-1}\cdot K^{-1}} & (77\,\mathrm{K} < T < 300\,\mathrm{K}) \\ [236,7\cdot(1-0,9846^T)]\ \mathrm{Ws\cdot kg^{-1}\cdot K^{-1}} & (300\,\mathrm{K} < T). \end{cases} \qquad \text{[B.7]}$$

Exponentielle Ausgleichsfunktion für Kupfer, angepasst an Werte aus [Eck]

$$c_{\mathrm{Cu}}(T) = \left[390,9-593,4\cdot^{(-0,014\cdot T)}\right]\ \mathrm{Ws\cdot kg^{-1}\cdot K^{-1}}\ (4\,\mathrm{K}...300\,\mathrm{K}). \qquad \text{[B.8]}$$

Exponentielle Ausgleichsfunktion für Hastelloy, angepasst an Werte aus internen Untersuchungen

$$c_{\mathrm{Hs}}(T) = \left[\left(0,19+0,1914\cdot\left(1-e^{\left(\frac{-T}{310}\right)}\right)+0,1914\cdot\left(1-e^{\left(\frac{-T}{310}\right)}\right)\right)\cdot 1\cdot 10^3\right]$$
$$\mathrm{Ws\cdot kg^{-1}\cdot K^{-1}}\ (70\,\mathrm{K}...300\,\mathrm{K}). \qquad \text{[B.9]}$$

Exponentielle Ausgleichsfunktion für Nickel-Wolfram-Legierung, angepasst an Werte aus [Eck]

$$c_{\mathrm{NiW}}(T) = \left[-687,5 \cdot e^{\frac{-T}{93,12}} + 465,1 \right] \ \mathrm{Ws \cdot kg^{-1} \cdot K^{-1}} \ (70\,\mathrm{K}...300\,\mathrm{K}).$$

[B.10]

Für YBCO wurde ein temperaturunabhängiger Wert aus [Ger88] angenommen

$$450 \ \mathrm{Ws \cdot kg^{-1} \cdot K^{-1}} \ (293\,\mathrm{K}).$$

[B.11]

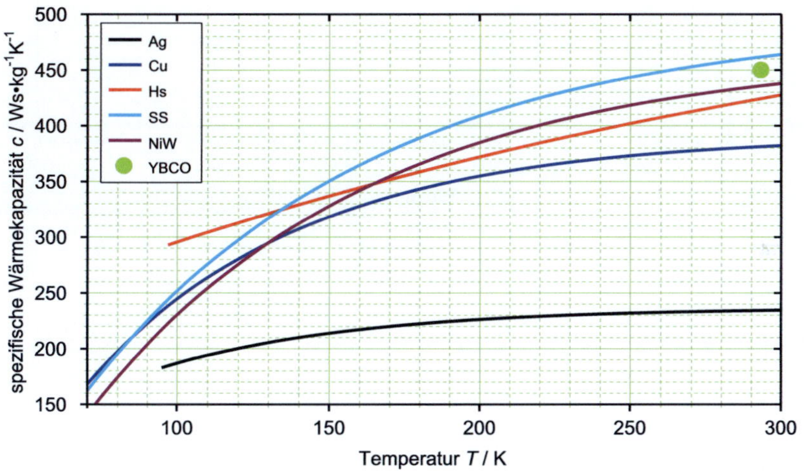

Abb. B.2: Spezifische Wärmekapazität ausgewählter Materialien

B.1.3 Spezifische Wärmeleitfähigkeit

Ausgleichfunktion für Silber, angepasst an Werte aus [Eck]

$$\lambda_{\mathrm{Ag}} = \left[420,9 + 501,8 \cdot 0,956^{T} \right] \ \mathrm{W \cdot m^{-1} \cdot K^{-1}} \ (75\,\mathrm{K}...300\,\mathrm{K}).$$

[B.12]

Ausgleichfunktion für Kupfer mit einer RRR=100, angepasst an Werte aus [Eck]

$$\lambda_{\mathrm{Cu}} = \left[402,7 + 2076 \cdot 0,965^{T} \right] \ \mathrm{W \cdot m^{-1} \cdot K^{-1}} \ (75\,\mathrm{K}...300\,\mathrm{K}).$$

[B.13]

Ausgleichfunktion für Hastelloy, angepasst an Werte aus [Sch09b]

$$\lambda_{\mathrm{Hs}} = [3,873 + 0,017 \cdot T] \ \mathrm{W \cdot m^{-1} \cdot K^{-1}} \ (70,5\,\mathrm{K}...300\,\mathrm{K}).$$

[B.14]

Für YBCO wurde ein temperaturunabhängiger Wert aus [Sch09b] angenommen

$$5 \ \mathrm{W \cdot m^{-1} \cdot K^{-1}}.$$

[B.15]

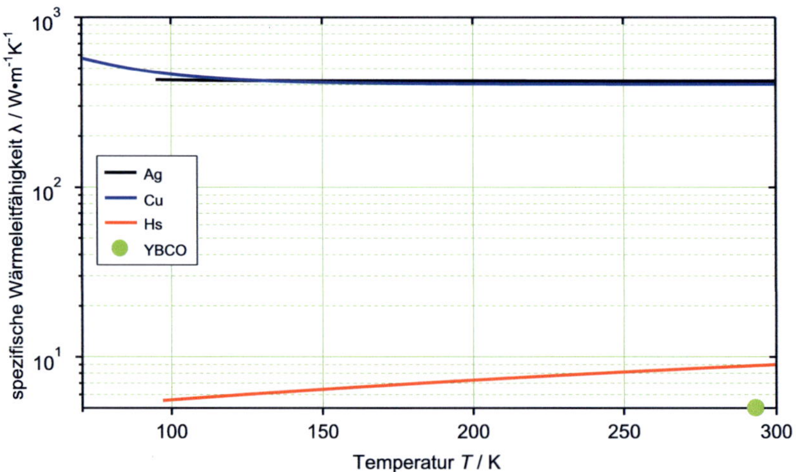

Abb. B.3: Spezifische Wärmeleitfähigkeit ausgewählter Materialien

B.1.4 Stickstoff

Die Anpassung der statischen Wärmeübergangskurve an die Messwerte aus [MC62] erfolgt durch die drei Ausgleichsfunktionen $\dot{Q}_{B1} - \dot{Q}_{B3}$

$$\dot{Q}_{B1} = 0{,}217 \cdot 10^4 \cdot \Delta T \qquad [B.16]$$

$$\dot{Q}_{B2}^{\star} = \sum_{i=0}^{n} a_i \cdot \Delta T^i \qquad [B.17]$$

$$\dot{Q}_{B3} = 3970 + 97{,}9 \cdot \Delta T. \qquad [B.18]$$

mit den Koeffizienten aus Tab. B.1.

Tab. B.1: Koeffizienten der angepassten statischen Wärmeübergangskurve

Koeffizient	Wert
a_1	38147
a_2	2820,9
a_3	7232,8
a_3	-494,38
a_4	13,25
a_5	-0,12773

Die Anpassung an die transienten Bedingungen erfolgte durch den Faktor 1/3:

$$\dot{Q}_{B2} = \dot{Q}_{B2}^{\star} \cdot 1/3. \qquad [B.19]$$

B.2 Ausgewählte Eigenschaften der verwendeten Leiter und Materialien

Tab. B.2: Ausgewählte Eigenschaften der verwendeten Leiter und Materialien

Nr.	Typ	94 K				293 K			
		ρ / $\mu\Omega\cdot$mm	C / Ws$\cdot$(cm$^3\cdot$K)$^{-1}$	λ / W$\cdot$(m$\cdot$K)$^{-1}$	a / mm$^2\cdot$s^{-1}	ρ / $\mu\Omega\cdot$mm	C / Ws$\cdot$(cm$^3\cdot$K)$^{-1}$	λ / W$\cdot$(m$\cdot$K)$^{-1}$	a / mm$^2\cdot$s^{-1}
1	SCS 12050	6,79	2,33	239	103	33,7	3,55	206	58
2	SCS 12050	6,74	2,33	240	103	33,3	3,56	207	58
3	SF12100	164	2,57	14,4	5,6	480	3,73	17,4	4,67
4	SF12100	129	2,57	17,1	6,65	403	3,73	20,1	5,39

Alle Daten aus den Anpassungsfunktionen (s.o.) und geometrischen Parametern in Tab. 5.1

Material	94 K				293 K				
	ρ / $\mu\Omega\cdot$mm	C / Ws$\cdot$(cm$^3\cdot$K)$^{-1}$	λ / W$\cdot$(m$\cdot$K)$^{-1}$	a / mm$^2\cdot$s^{-1}	ρ / $\mu\Omega\cdot$cm	C / Ws$\cdot$(cm$^3\cdot$K)$^{-1}$	λ / W$\cdot$(m$\cdot$K)$^{-1}$	a / mm$^2\cdot$s^{-1}	ρ_D / g$\cdot$m^{-3} @239 K
Kupfer RRR: 100[a]	3,25	2,14	474	221	16,9	3,45	398	115	8,96
Silber RRR: 30[a]	3,95	1,9	429	226	16,2	2,46	421	171	10,47
Hastelloy[b]	1211	2,58	5,47	2,12	1223	3,77	8,85	2,34	8,9
Edelstahl 304[a]	541	1,89	9,08	4,81	715	3,67	14,8	4,04	7,9

[a] [Eck]; [b] aus Anpassungsfunktion s.o.

C Ergänzende Informationen zu den experimentellen Untersuchungen

C.1 Verwendete Geräte

Messstand zur Aufnahme des temperaturabhängigen Widerstandes von Bandleitern

- Messgerät: Lakeshore, 218 Temperatur Monitor

- Sensor: Platinsensor in Dünnschichttechnik, PT1000

- Stromquelle: Keithley, 6221 DC and AC Current Source

- Voltmeter: Hewlett Packart, 3458A Multimeter

- Datenakquisitionsprogramm: National Instruments, LabView V8.0 auf PC unter Windows XP

Messstand zur Aufnahme der Spannungs-Strom-Kennlinie und des Aufwärm- und Rückkühlverhaltens

Messung der Spannungs-Strom-Kennlinie

- Stromquelle: Heinzinger PTN3P 4.-6000 4 V 1000 A

- Stromregelung: Elektronische Last, Höcherl & Hackel ZS15406

- Voltmeter: Nanovoltmeter 2182 A Keithley

- Messwiderstand am Ausgang der Stromquelle, 150 mV bei 600 A (0,25 mΩ)

- Datenakquisitionsprogramm: National Instruments, LabView V8.0 auf PC unter Windows XP

Messung des Aufwärm- und Rückkühlverhaltens von REBCO Bandleitern

- Stromquelle: Heinzinger PTN3P 4.-6000 4 V 1000 A

- Stromregelung: Elektronische Last, Höcherl & Hackel ZS15406

- Messwiderstand am Ausgang der Stromquelle, 150 mV bei 600 A (0,25 mΩ)

- Messkarte: National Instruments, 24-Bit, 204.8 kS/s Dynamic Signal Acquisition and Generation NI 4461 [Nat11]

- Datenakquisitionsprogramm: National Instruments, LabView V8.0 auf PC unter Windows XP

C.2 Gewählte Einstellungen der experimentellen Untersuchungen und Vorgaben der Simulationen

Tab. C.1: Einstellungen und Abmessungen der Experimente aus Kapitel 5 Experimentelle Untersuchungen

Abb.	Leiter	ℓ / cm	$\ell_{U1,U2}$ / cm	Bemerkung
Abb. 5.3a	1	26,6	19,6	I_c-Messung
Abb. 5.3a	2	16,1	10	I_c-Messung
Abb. 5.3a	3, 4	16,2	10	I_c-Messung
Abb. 5.3b	1, 2, 3, 4	15	5	$R(T)$-Kennlinie

Tab. C.2: Einstellungen und Abmessungen der verschiedenen Experimente aus Kapitel 6 Aufwärmverhalten

Leiter	ℓ / cm	$\ell_{U1,U2}$ / cm	I_p / kA	t_p / ms	f_s / kHz	Abb.
Nr. 1, Cu: 40 µm, I_c: 300 A	26,6	19,6	250-1225	20-300	1	Abb. 6.1; Abb. 6.2a; Abb. 6.3a, b; Abb. 6.4; Abb. 6.5a, b; Abb. 6.8a; Abb. 6.10a, b; Abb. 6.12a
Nr. 2, Cu: 50 µm, I_c: 282 A	16,1	10	380-1100	10-1000	-	Abb. 6.2b
Nr. 3, Ag: 2,6 µm, I_c: 401 A	16,2	10	450-600	10	1	Abb. 6.2c; Abb. 6.7a; Abb. 6.8b; Abb. 6.12b
Nr. 4, Ag: 3,3 µm, I_c: 260 A	16,2	10	500-575	10	1	Abb. 6.2d

Tab. C.3: Vorgaben der Simulationen zu Kapitel 6 Aufwärmverhalten

Leiter	Modell	ℓ / cm	ℓ_{U12} / cm	σ / -	Δt / ms	nx / -	Δx / cm	Abb.
Nr. 1, Cu: 40 µm, I_c: 300 A	homogen, adiabat mit konzentrierten Widerständen	19,6	-	∞	1	1	19,6	Abb. 6.1; Abb. 6.2a; Abb. 6.3a; Abb. 6.4
Nr. 1, Cu: 40 µm, I_c: 300 A	homogen, gekühlt mit konzentrierten Widerständen	19,6	-	∞	1	1	19,6	Abb. 6.3b
Nr. 2, Cu: 50 µm, I_c: 282 A Nr. 3, Ag: 2,6 µm, I_c: 401 A Nr. 4, Ag: 3,3 µm, I_c: 260 A	homogen, adiabat mit konzentrierten Widerständen	10	-	∞	1	1	10	Abb. 6.2b, c, d
Nr. 1, Cu: 40 µm, I_c: 300 A	inhomogen, adiabat mit eindimensionaler Widerstandsvert.	26,6	19,6	∞, 20, 10	0,001	266	0,1	Abb. 6.5; Abb. 6.6; Abb. 6.8a
Nr. 3, Ag: 2,6 µm, I_c: 401 A	inhomogen, gekühlt mit eindimensionaler Widerstandsvert.	16,2	10	∞, 20, 10	0,001	162	0,1	Abb. 6.7; Abb. 6.8b
Nr. 1, Cu: 40 µm, I_c: 300 A	homogen, gekühlt mit eindimensionaler Widerstandsvert. und Kontakten	26,6	19,6	∞	1	266	0,1	Abb. 6.10; Abb. 6.11; Abb. 6.12a
Nr. 3, Ag: 2,6 µm, I_c: 401 A	homogen, gekühlt mit eindimensionaler Widerstandsvert. und Kontakten	16,2	10	∞	1	162	0,1	Abb. 6.12b

Tab. C.4: Einstellungen und Abmessungen der verschiedenen Experimente aus Kapitel 7 Rückkühlverhalten

Leiter	ℓ / cm	$\ell_{U1,U2}$ / cm	I_p / kA	t_p / ms	I_L/A	t_L / s	f_s / kHz	Abb.
Nr. 1, Cu: 40 µm, I_c: 290 A	13	9	500-1000	20-40	50-350	0,6-1	1	Abb. 7.1; Abb. 7.2a, b; Abb.7.4; Abb. 7.7; Abb. 7.8

Tab. C.5: Vorgaben der Simulationen zu Kapitel 7 Rückkühlverhalten

Leiter	Modell	ℓ / cm	ℓ_{U12} / cm	σ / -	Δt / ms	nx / -	Δx / cm	Abb.
Nr. 1, Cu: 40 µm, I_c: 290 A	homogen, gekühlt mit konzentrierten Widerständen	9	-	∞	1	1	9	Abb. 7.1; Abb. 7.2; Abb. 7.3
Nr. 1, ohne Cu, I_c: 290 A	homogen, gekühlt mit konzentrierten Widerständen	9	-	∞, 20	1	1	9	Abb.7.3
Nr. 1, Cu: 40 µm, I_c: 290 A	inhomogen, gekühlt mit eindimensionaler Widerstandsvert.	13	9	∞	0,01	65	0,2	Abb. 7.4; Abb. 7.5; Abb. 7.7
Nr. 3, Ag 2,6 µm I_c: 400 A	inhomogen, gekühlt mit eindimensionaler Widerstandsvert.	16,2	10	20	0,01	81	0,2	Abb. 7.6
Nr. 1, Cu: 40 µm, I_c: 290 A	homogen, gekühlt mit eindimensionaler Widerstandsvert. und Kontakten	13	9	∞	0,01	65	0,2	Abb. 7.8

Tab. C.6: Einstellungen und Abmessungen der verschiedenen Experimente aus Kapitel 8 Stabilität

Leiter	ℓ / cm	$\ell_{U1,U2}$ / cm	I_p / kA	t_p / s	I_L/A	t_L / s	f_s / kHz	Abb. / Tab.
Nr. 1, Cu: 40 µm, I_c: 290 A	5	3,75	331-341	10	-	-	0,5	Tab. 8.1; Abb. 8.1a
Nr. 3, Ag: 2,6 µm, I_c: 401 A	5	3,75	438-446	100	-	-	0,5	Tab. 8.1; Abb. 8.1b
Nr. 4, Ag: 3,3 µm, I_c: 260 A	10	3,1	318-330	0,2	-	-	1	Tab. 8.1
Nr. 1, Cu: 40 µm, I_c: 290 A	26,6	19,6	250-1225	0,02-0,3	-	-	1	Abb. 8.3a
Nr. 3, Ag: 2,6 µm, I_c: 401 A	16,1	10	450-800	0,05-0,1	-	-	1	Abb. 8.3b
Nr. 3, Ag: 2,6 µm, I_c: 401 A	16,1	10	440-650	0,01-0,5	-	-	1	Abb. 8.3b

Tab. C.7: Vorgaben der Simulationen zu Kapitel 8 Stabilität

Leiter	Modell	ℓ / cm	ℓ_{U12} / cm	σ / -	Δt / ms	nx / -	Δx / cm	Abb. / Tab.
Nr. 1, Cu: 40 µm I_c: 290 A	homogen, gekühlt mit konzentrierten Widerständen	5	5	∞	1	1	50	Tab. 8.1
Nr. 3, Ag: 2,6 µm, I_c: 401 A	homogen, gekühlt mit konzentrierten Widerständen	5	5	∞	1	1	50	Tab. 8.1
Nr. 1, Cu: 40 µm, I_c: 300 A	homogen, gekühlt mit konzentrierten Widerständen	10	10	∞	0,001	1	10	Abb. 8.3a
Nr. 3, Ag: 2,6 µm, I_c: 388 A	homogen, gekühlt mit konzentrierten Widerständen	10	10	∞	0,001	1	10	Abb. 8.3b
Nr. 1, Cu: variiert, I_c: 300 A	inhomogen, gekühlt mit eindimensionaler Widerstandsvert.	10	10	20	0,001	50	0,2	Abb. 8.3a
Nr. 3, Ag: 2,6 µm, I_c: 388 A	inhomogen, gekühlt mit eindimensionaler Widerstandsvert.	10	10	20	0,001	50	0,2	Abb. 8.3b
Nr. 3, Ag: 1 µm, I_c: 400A	homogen, adiabat mit eindimensionaler Widerstandsvert. und Störstelle	100	100	∞	0,001	206	0,04-1,86[a]	Abb. 8.5a, c, e
Nr. 3, Ag: 3 µm, I_c: 400A	homogen, adiabat mit eindimensionaler Widerstandsvert. und Störstelle	100	100	∞	0,001	206	0,04-1,86[a]	Abb. 8.5b, d, f
Nr. 3, Ag: 1 µm, I_c: 400A	homogen, gekühlt mit eindimensionaler Widerstandsvert. und Störstelle	100	100	∞	0,001	206	0,04-1,86[a]	Abb. 8.6a, c, e
Nr. 3, Ag: 3 µm, I_c: 400A	homogen, gekühlt mit eindimensionaler Widerstandsvert. und Störstelle	100	100	∞	0,001	206	0,04-1,86[a]	Abb. 8.6b, d, f

[a]Elementlängen nehmen zur Störstelle hin ab

D Symbolliste

A	Querschnittfläche, $(\mathrm{m^2})$
A_L	Querschnittfläche des gesamten Leiters, $(\mathrm{m^2})$
A_NL	Querschnittfläche des normalleitenden Parallelwiderstandes, $(\mathrm{m^2})$
a	Temperaturleitfähigkeit, $(\mathrm{m^2 \cdot s^{-1}})$
B	magnetische Flussdichte, (T)
B_0	Konstante, (T)
B_a	äußere magnetische Flussdichte, (T)
B_c	kritische magnetische Flussdichte, (T)
B_c1	untere kritische magnetische Flussdichte, (T)
B_c2	obere kritische magnetische Flussdichte, (T)
B_i	innere magnetische Flussdichte, (T)
$\vec{B}_\mathrm{x}$	magnetischer Flussdichtenvektor in x-Richtung, (T)
b	Breite, (m)
C	Wärmekapazität, $(\mathrm{Ws \cdot K^{-1}})$
c	spezifische Wärmekapazität, $(\mathrm{W \cdot kg^{-1} \cdot K^{-1}})$
d	Schichtdicke, (m)
d_Ag	Dicke der Silberschicht, (m)
d_Cu	Dicke der Kupferschicht, (m)
d_Sub	Dicke der Substratschicht, (m)
E	elektrische Feldstärke, $(\mathrm{V \cdot m^{-1}})$
E_c	kritische elektrische Feldstärke, $(\mathrm{V \cdot m^{-1}})$
E_c1	erste kritische Feldstärke, $(\mathrm{V \cdot m^{-1}})$
E_c2	zweite kritische Feldstärke, $(\mathrm{V \cdot m^{-1}})$
$\vec{E}_\mathrm{x}$	elektrischer Feldvektor in x-Richtung, $(\mathrm{V \cdot m^{-1}})$
F_i	Abweichung bei der Berechnung der Stromverteilung, (%)
F_L	Lorenzkraft, (N)
f_exp	Verteilungsfunktion der Exponentialverteilung, (-)
f_s	Abtastrate, (Hz)
H	magnetische Feldstärke, $(\mathrm{A \cdot m^{-1}})$
$\vec{H}$	magnetischer Feldstärkenvektor, $(\mathrm{A \cdot m^{-1}})$
h_g	Gesamthöhe, (m)
h_S	Substrathöhe, (m)
I	Strom, (A)
I_AP	Strom am Arbeitspunkt, (A)
I_c	kritischer Strom, (A)

I_L	Laststrom, (A)
I_{NL}	Strom im Normalleiter, (A)
I_p	Höhe des Strompulses, (A)
$I_{r,g}$	Grenzstrom der Rückkühlung, (A)
$I_{r,M}$	Rückkühlstrom nach Maddock, (A)
$I_{r,max}$	maximaler Rückkühlstrom, (A)
I_{SL}	Strom im Supraleiter, (A)
I_{St}	kritischer Strom an der Störstelle, (A)
$I_{t,max}$	maximaler Transportstrom, (A)
$i(t)$	zeitabhängiger Stromverlauf, (A)
j	Stromdichte, $(A \cdot m^{-2})$
j_{AP}	Stromdichte am Arbeitspunkt, $(A \cdot m^{-2})$
j_c	kritische Stromdichte, $(A \cdot m^{-2})$
$\bar{j}_c$	Mittelwert der kritischen Stromdichte, $(A \cdot m^{-1})$
$j_{c,ideal}$	maximale kritische Stromdichte, $(A \cdot m^{-1})$
j_e	technische Stromdichte, $(A \cdot m^{-2})$
$j_{r,St}$	Rückkühlstromdichte nach Stekly, $(A \cdot m^{-2})$
j_{SL}	Stromdichte in der Supraleiterschicht, $(A \cdot m^{-2})$
j_{SL^*}	angenommene Stromdichte in der Supraleiterschicht, $(A \cdot m^{-2})$
K	Hilfsvariable, $(A \cdot m^{-2})$
k	Zeitinkrement, (-)
ℓ	Länge, (m)
ℓ_{MPZ}	minimale Propagonszone, (m)
ℓ_{NL}	Länge der normalleitenden Zone, (m)
ℓ_{St}	Länge der Störstelle, (m)
ℓ_{U1}	Abstand Spannungsabgriff 1 - Stromkontakt, (m)
$\ell_{U1,U2}$	Abstand Spannungsabgriffe, (m)
ℓ_{U2}	Abstand Spannungsabgriff 2 - Stromkontakt, (m)
M	Modul der Koeffizienten der Wärmeleitungsgleichung, (-)
m	Längeninkrement, (-)
n	Exponent, n-Wert, (-)
n_1	erster Exponent, (-)
n_2	zweiter Exponent, (-)
nx	Anzahl der Elemente m in x-Richtung, (-)
P	Anpassungsparameter für analytische Funktion nach Grundmann, (-)
$\dot{Q}_B$	Wärmefluss in das Kühlbad, (W)
$\dot{Q}_B'$	Wärmefluss an das Kühlbad pro Leiterlänge, $(W \cdot m^{-2})$
$\dot{Q}_B''$	Wärmefluss pro gekühlter Oberfläche bei Badkühlung, $(W \cdot m^{-2})$
$\dot{Q}_B'''$	Wärmefluss pro Volumen bei Badkühlung, $(W \cdot m^{-3})$
$\dot{Q}_{B1}...\dot{Q}_{B3}$	Anpassungsfunktionen zur statischen Wärmeübergangskurve, $(W \cdot m^{-2})$
$\dot{Q}_{B,max}$	Maximum des Wärmeflusses zwischen Leiter und Kühlbad, (W)

$\dot{Q}_{B,min}$	Minimum des Wärmeflusses zwischen Leiter und Kühlbad, (W)
$\dot{Q}_{ext}'''$	nicht dissipativer Wärmefluss pro Volumen, $(W \cdot m^{-3})$
$\dot{Q}_{Joule}$	Joulescher Wärmefluss, (W)
$\dot{Q}_{Joule}'''$	Joulescher Wärmefluss pro Volumen, $(W \cdot m^{-3})$
Q_{MQE}	minimale Quenchenergie, (Ws)
$\dot{Q}_{\lambda}$	Wärmestrom aufgrund der Wärmeleitfähigkeit, (W)
$\dot{Q}_{\lambda}'''$	Wärmestrom pro Volumenelement aufgrund der Wärmeleitfähigkeit, $(W \cdot m^{-3})$
R	Widerstand, (Ω)
R_{Ag}	Widerstand der Silberschicht, (Ω)
R_{Cu}	Widerstand der Kupferschicht, (Ω)
$R_{el.Kontakt}$	elektrischer Widerstand zwischen Bandleiter und Stromzuführung, (Ω)
R_L'	Widerstand pro Leiterlänge (Widerstandsbelag), $(\Omega \cdot m^{-1})$
R_{NL}	normalleitender Parallelwiderstand, (Ω)
R_{REBCO}	Widerstand der REBCO-Schicht, (Ω)
R_s	Messwiderstand (engl. Shunt), (Ω)
R_{Sub}	Widerstand der Substratschicht, (Ω)
$R_{th.Kontakt}$	thermischer Widerstand zwischen Bandleiter und Kühlbad im Bereich der Stromkontakte, $(K \cdot W^{-1})$
r	Hilfsvariable, (-)
r_B	Biegeradius, (m)
S	Oberfläche des Leiters (von engl. surface), (m^2)
T	Temperatur, (K)
T_{AP}	Temperatur am Arbeitspunkt (z.B. Badtemperatur), (K)
T_B	Temperatur des Kühlbades, (K)
T_c	kritische Temperatur, (K)
$T_{c,0}$	untere Sprungtemperatur, (K)
$T_{c,50}$	mittlere Sprungtemperatur, (K)
$T_{c,onset}$	obere Sprungtemperatur, (K)
T_{cs}	Stromumverteilungstemperatur (current sharing temperature), (K)
T_L	Temperatur des Leiters, (K)
$T_{Q,max}$	Temperatur des maximalen Wärmestroms an das Kühlbad, (K)
$T_{Q,min}$	Temperatur des minimalen Wärmestroms an das Kühlbad, (K)
T_{Start}	Starttemperatur, (K)
t	Zeit, (s)
t_0	Startzeit, (s)
t_{Ende}	Simulationsdauer, (s)
t_L	Dauer Laststrom, (s)
t_p	Dauer des Strompulses, (s)
t_r	Rückkühldauer, (s)
$t_{r,m}$	Rückkühldauer der Messung, (s)
$t_{r,s}$	Rückkühldauer der Simulation, (s)

U	Spannung, (V)
U_{12}	Spannung über den Kontakten U1 U2, (V)
U_{B}	gekühlter Umfang des Leiters, (m)
u	Spannungsabfall über dem Element m, (V)
V	Volumen, (m^3)
w	Anpassungsparameter für analytische Funktion nach Grundmann, (-)
$\Delta \dot{Q}'''$	Differenz der Wärmeströme pro Volumen, $(\mathrm{W} \cdot \mathrm{m}^{-3})$
$\Delta \dot{Q}_\lambda$	Differenz der Wärmeströme durch Wärmeleitung, (W)
ΔT	Temperaturdifferenz, (K)
Δt	Dauer eines Zeitinkrements, (s)
Δx	Länge eine Längeninkrements l, (m)
α	Exponent, (-)
α_{B}	Wärmeübergangskoeffizient, $(\mathrm{W} \cdot \mathrm{m}^{-2} \cdot \mathrm{K}^{-1})$
α_{B2}	Wärmeübergangskoeffizient nach Elschner, $(\mathrm{W} \cdot \mathrm{m}^{-2} \cdot \mathrm{K}^{-2})$
α_{Pg}	Anpassungsfaktor des Potenzgesetzes, (-)
α_{St}	Stekly-Parameter, (-)
β_{B}	Konstante für $j_{\mathrm{c}}(\mathrm{B})$, $(\mathrm{VAs} \cdot \mathrm{m}^{-4})$
γ	Beziehung des Volumens zur Oberfläche eines Leiters, (m)
λ	Wärmeleitfähigkeit, $(\mathrm{W} \cdot \mathrm{K}^{-1} \cdot \mathrm{m}^{-1})$
ρ	spezifischer Widerstand, $(\Omega{\cdot}\mathrm{m})$
ρ_{Ag}	spezifischer Widerstand von Silber, $(\Omega{\cdot}\mathrm{m})$
ρ_{c}	kritischer spezifischer Widerstand, $(\Omega{\cdot}\mathrm{m})$
ρ_{Cu}	spezifischer Widerstand von Kupfer, $(\Omega{\cdot}\mathrm{m})$
ρ_{D}	spezifische Dichte, $(\mathrm{kg} \cdot \mathrm{m}^{-3})$
ρ_{Hs}	spezifischer Widerstand von Hastelloy, $(\Omega{\cdot}\mathrm{m})$
ρ_{NL}	spezifischer Widerstand des Normalleiters, $(\Omega{\cdot}\mathrm{m})$
ρ_{Pg}	spezifischer Widerstand der Supraleiterschicht, berechnet mit dem Potenzgesetz, bzw. mit einer Variante davon, $(\Omega{\cdot}\mathrm{m})$
$\rho_{\mathrm{REBCO}}(T)$	spezifischer Widerstand der REBCO-Schicht (normalleitend), $(\Omega{\cdot}\mathrm{m})$
ρ_{SL}	spezifischer Widerstand der Supraleiterschicht, $(\Omega{\cdot}\mathrm{m})$
σ	Parameter der Exponentialverteilung der kritischen Stromdichte, (-)
σ_{z}	Zugspannung, (Pa)
υ_{NL}	Ausbreitungsgeschwindigkeit der normalleitenden Zone, $(\mathrm{m} \cdot \mathrm{s}^{-1})$
∇	Nabla-Operator, $\nabla = \left(\frac{\partial}{\partial x}, \frac{\partial}{\partial y}, \frac{\partial}{\partial z} \right)$, (-)

E Indizes und Abkürzungen

Ag	Silber
AP	Arbeitspunkt
B	Badkühlung
BCS-Theorie	Erklärung der Supraleitung in Metallen nach Bardeen, Cooper und Schrieffer [BCS57]
BSCCO	Bismut-Strontium-Calcium-Kupferoxid
Cu	Kupfer
c	kritisch (engl. critical)
cs	Stromaufteilung (engl. current sharing)
D	Dichte
Dy	Dysprosium
e	technisch (engl. engineering)
el	elektrisch
exp	exponentiell
ext	extern
FEM	Finite-Elemente-Methode (engl. finite element method)
Hs	Hastelloy
Gd	Gadolinium
GFK	Glasfaser verstärkter Kunststoff
g	gesamt
HTSL	Hochtemperatur-Supraleiter
IBAD	Ionenstrahlunterstütze Abscheidung (engl. Ion Beam Assisted Deposition)
ISD	engl. Incline Substrate Deposition
L	Last / Leiter
LaBaCuO	Lanthan-Barium-Kupferoxid
LN_2	flüssiger Stickstoff (engl. liquid Nitrogen)
M	Maddock
MgB_2	Magnesiumdiborid
MRT	Magnetresonanztomographie
MOCVD	metallorganische chemische Gasphasenabscheidung (engl. metal organic chemical vapor deposition)

MOD	metallorganische Abscheideverfahren (engl. metal-organic deposition process)
MPZ	minimaler Ausbreitungsbereich (engl. minimum propagating zone)
MQE	minimale Quenchenergie (engl. minimum Quench energy)
m	Messung
max	maximal
min	minimal
NbTi	Niob-Titan
Nb_3Sn	Niob-Zinn
NL	normalleitend
NTSL	Niedertemperatur-Supraleiter
NLZ	normalleitende Zone
NMR	Kernspinresonanzspektroskopie (engl. nuclear magnetic resonance)
NZPV	Ausbreitungsgeschwindigkeit der normalleitenden Zone (engl. normal zone propagation velocity)
Pg	Potenzgesetz
PID	Pulver in Rohr (engl. powder in tube)
p	Puls
RABiTS	Rolling Assisted Biaxial Textured Substrate
RE	Seltene Erden (engl. rare earth)
REeBCO	Seltene Erden-Barium-Kupferoxid (Re: engl. rare earth)
RT	Raumtemperatur
r	Rückkühlung
S	Shunt (niederohmiger Messwiderstand)
Sub	Substrat
SL	supraleitend / Supraleiter
SFCL	supraleitender Fehlerstrombegrenzer (engl. superconducting fault current limiter)
SMES	supraleitende magnetische Energiespeicher (engl. superconducting magnetic energy storage)
St	Stekly / Störstelle
Start	Startzeitpunkt der Rückkühlphase
s	Simulation
t	Transportstrom
th	thermisch
U	Umfang
U1; U2	Spannungsabgriffe
YBCO	Yttrium-Barium-Kupferoxid

F Literaturverzeichnis

[AK11]   ANDERSON, P. W. ; KIM, Y. B.: Hard Superconductivity: Theory of the Motion of Abrikosov Flux Lines. In: *Rev. Mod. Phys.* 36 (1964/01/1/), 1, S. 39

[Ame11a]   AMERICAN SUPERCONDCUTOR (AMSC) (Hrsg.). *Amperium Wire: Brass Laminated 4.4.* 2011

[Ame11b]   AMERICAN SUPERCONDCUTOR (AMSC) (Hrsg.). *Amperium Wire: Copper Laminated 12.* 2011

[Ame11c]   AMERICAN SUPERCONDCUTOR (AMSC) (Hrsg.). *Amperium Wire: Copper Laminated 4.8.* 2011

[AMS00]   ASHWORTH, S. P. ; MALEY, M. ; SUENAGA, M. ; FOLTYN, S. R. ; WILLIS, J. O.: Alternating current losses in YBa2Cu3O7-x coated conductors on technical substrates. In: *Journal of Applied Physics* 88 (2000), 5, S. 2718–2723

[APY07]   AHN, M. C. ; PARK, D. K. ; YANG, S. E. ; KIM, M. J. ; KIM, H. M. ; KANG, H. ; NAM, K. ; SEOK, B.-Y. ; PARK, J.-W. ; KO, T. K.: A Study on the Design of the Stabilizer of Coated Conductor for Applying to SFCL. In: *IEEE Transactions on Applied Superconductivity* 17 (2007), 2, S. 1855–1858

[Aub10]   AUBELE, A. . *Industrielle Produktion und Qualifizierung von Supraleitern: ZIEHL II, Bonn, Wasserwerk.* 17.03.2010

[Aub11]   AUBELE, A. (Hrsg.). *Herstellung von ReBCO-Leitern bei Bruker: persönliches Gespräch.* 19.09.2011

[Bac10]   BÄCKER, M. (Hrsg.) ; BÖRNER, C. (Hrsg.) ; HELLINGER, R. (Hrsg.) ; HOLZAPFEL, B. (Hrsg.) ; NOE, M. (Hrsg.) ; PRUSSEIT, W. (Hrsg.). *Hochtemperatur-Supraleitung für die Energietechnik: Materialien und Anwendungen: Begleitbuch zur Fachtagung ZIEHL II - Zukunft und Inovation der Energietechnik mit Hochtemperatur-Supraleitern - 16.03.2010-17.03.2010, Wasserwek, Bonn.* 03.2010

[Bau11]   BAUER, M. (Hrsg.). *Herstellung von ReBCO-Leitern bei THEVA: persönliches Gespräch.* 19.09.2011

[BCS57]   BARDEEN, J. ; COOPER, L. N. ; SCHRIEFFER, J. R.: Theory of Superconductivity. In: *Phys. Rev.* 108 (1957), 5, S. 1175

[Bea64]   BEAN, C. P.: Magnetization of High-Field Superconductors. In: *Rev. Mod. Phys.* 36 (1964), 1, S. 31

[Bed86]   BEDNORZ, J. G. M. K. A.: Possible High Tc Superconductivity in the Ba - La - Cu - O System. In: *Zeitschrift für Physik B - Condensed Matter* (1986), 64, S. 189–193

[Ber11]   BERGER, A. : *Karlsruher Schriftenreihe zur Supraleitung. Bd. 3: Entwicklung supraleitender, strombegrenzender Transformatoren: KIT, Diss.–Karlsruher Institut für Technologie, 2011.* Karlsruhe : KIT Scientific Publishing, 2011. – ISBN 978–3–86644–637–3

[BGM07]   BRAMBILLA, R. ; GRILLI, F. ; MARTINI, L. : Development of an edge-element model for AC loss computation of high-temperature superconductors. In: *Superconductor Science and Technology* 20 (2007), 1, S. 16

[BGMS08] BRAMBILLA, R. ; GRILLI, F. ; MARTINI, L. ; SIROIS, F. : Integral equations for the current density in thin conductors and their solution by the finite-element method. In: *Superconductor Science and Technology* 21 (2008), 10, S. 105008

[BNK11a] BERGER, A. ; NOE, M. ; KUDYMOW, A. : Recovery Characteristic of Coated Conductors for Superconducting Fault Current Limiters. In: *IEEE Transactions on Applied Superconductivity* 21 (2011), 3, S. 1315–1318

[BNK11b] BERGER, A. ; NOE, M. ; KUDYMOW, A. : Test Results of 60 kVA Current Limiting Transformer With Full Recovery Under Load. In: *IEEE Transactions on Applied Superconductivity* 21 (2011), 3, S. 1384–1387

[Bot98]   BOTTURA, L. : Modelling stability in superconducting cables. In: *Physica C: Superconductivity* 310 (1998), 1-4, S. 316–326

[BRB00]   BOTTURA, L. ; ROSSO, C. ; BRESCHI, M. : A general model for thermal, hydraulic and electric analysis of superconducting cables. In: *Cryogenics* 40 (2000), 8-10, S. 617–626

[Bru]   *Bruker HTS YBCO Coated Conductor Data Sheet*

[BS94]   BAEHR, H. D. ; STEPHAN, K. : *Wärme- und Stoffübertragung.* Berlin : Springer, 1994 (Springer-Lehrbuch). – ISBN 3–540–55086–0

[BSK99]   BAUER, M. ; SEMERAD, R. ; KINDER, H. :   YBCO films on metal substrates with biaxially aligned MgO buffer layers.   In: *IEEE Transactions on Applied Superconductivity* 9 (1999), 2, S. 1502–1505

[BSR10]   BARNES, P. l. N. ; SUMPTION, M. D. ; RHOADS, G. L.: Review of high power density superconducting generators: Present state and prospects for incorporating YBCO windings. In: *Cryogenics* 45 (/10//), 10-11, S. 670–686

[Buc94]   BUCKEL, W. : *Supraleitung: Grundlagen und Anwendungen.* 5., überarb. u. erg. Aufl. Weinheim : VCH, 1994. – ISBN 978–3527290871

[But96]   BUTZKE, U. :   *Simulation resistiver hochtemperatur-supraleitender Strombergrenzer mit Hilfe der Finite-Differenzen Methode.* Hannover, Universität, Diss., 31.01.1996

[BWG10]   BARTH, C. ; WEISS, K. P. ; GOLDACKER, W. :   Influence of Shear Stress on Current Carrying Capabilities of High Temperature Superconductor Tapes.   In: *IEEE Transactions on Applied Superconductivity* PP (2010), 99, S. 1–1

[Cav98]   CAVE, J. R.: Critical temperature. In: SEEBER, B. (Hrsg.): *Handbook of applied superconductivity* Bd. 1. Bristol : Inst. of Physics Publ., 1998. – ISBN 0750303778, S. 281–294

[CE77]   CLARK, A. ; EKIN, J. :   Defining critical current.   In: *IEEE Transactions on Magnetics* 13 (1977), 1, S. 38–40

[CEC03]   CHEGGOUR, N. ; EKIN, J. W. ; CLICKNER, C. C. ; VEREBELYI, D. T. ; THIEME, C. L. H. ; FEENSTRA, R. ; GOYAL, A. ; PARANTHAMAN, M. : Transverse compressive stress effect in Y-Ba-Cu-O coatings on biaxially textured Ni and Ni-W substrates. In: *IEEE Transactions on Applied Superconductivity* 13 (2003), 2, S. 3530–3533

[CEC06]   CLICKNER, C. C. ; EKIN, J. W. ; CHEGGOUR, N. ; THIEME, C. L. H. ; QIAO, Y. ; XIE, Y. Y. ; GOYAL, A. : Mechanical properties of pure Ni and Ni-alloy substrate materials for Y-Ba-Cu-O coated superconductors. In: *Cryogenics* 46 (2006), 6, S. 432–438

[Cen03]   CENTER FOR INFORMATION AND NUMERICAL DATA ANALYSIS AND SYNTHESIS (CINDAS) (Hrsg.). *Thermophysical Properties of Matters.* 2003

[Cha00]   CHAPMAN, S. J.: A Hierarchy of Models for Type-II Superconductors. In: *SIAM Review* 42 (2000), 4, S. 555–598. – ISSN 00361445

[CMLS10] CHAN, W. K. ; MASSON, P. J. ; LUONGO, C. ; SCHWARTZ, J. : Three-Dimensional Micrometer-Scale Modeling of Quenching in High-Aspect-Ratio YBa2Cu3O7−δ Coated Conductor Tapes&x2014; Part I: Model Development and Validation. In: *IEEE Transactions on Applied Superconductivity* 20 (2010), 6, S. 2370–2380

[CMP07] CLAUS, H. ; MA, B. ; PAULIKAS, A. P. ; NIKOLOVA, R. ; VEAL, B. W. ; JIA, Q. X. ; WELP, U. ; GRAY, K. E.: Critical current of grain boundaries in YBa2Cu3Ox bicrystal films as a function of oxygen concentration. In: *Phys. Rev. B* 76 (2007), 1, S. 014529

[CO91] CHYU, M. K. ; OBERLY, C. E.: Numerical modeling of normal zone propagation and heat transfer in a superconducting composite tape. In: *IEEE Transactions on Magnetics* 27 (1991), 2, S. 2100–2103

[Col88] COLLINGS, E. W.: Design considerations for high Tc ceramic superconductors. In: *Cryogenics* 28 (1988), 11, S. 724–733

[CSG10] CHEN, Y. ; SHI, T. ; GUEVARA, A. P. ; YAO, Y. ; MAJKIC, G. ; ZHANG, Y. ; LIU, Y. ; SELVAMANICKAM, V. . *High critical currents in Zr:GdYBCO superconducting tapes processed by multipass MOCVD.* 17-21.10.2010

[CTV08] COINTE, Y. ; TIXADOR, P. ; VILLARD, C. : FCL: A solution to fault current problems in DC networks. In: *Journal of Physics: Conference Series* 97 (2008), 1, S. 012062

[CU05] CHOVANEC, F. ; USAK, P. : Temperature oscillations in thin metallic tapes with transport current at liquid nitrogen temperature. In: *Cryogenics* 45 (2005), 2, S. 129–133

[CVR02] CURRÁS, S. R. ; VINA, J. ; RUIBAL, M. ; GONZÁLEZ, M. T. ; OSORIO, M. R. ; MAZA, J. ; VEIRA, J. A. ; VIDAL, F. : Normal-state resistivity versus critical current in YBa2Cu3O7-δ thin films at high current densities. In: *Physica C: Superconductivity* 372-376 (2002), Part 2, S. 1095–1098

[DDG07] DURON, J. ; DUTOIT, B. ; GRILLI, F. ; DECROUX, M. ; ANTOGNAZZA, L. ; FISCHER, O. : Computer Modeling of YBCO Fault Current Limiter Strips Lines in Over-Critical Regime With Temperature Dependent Parameters. In: *IEEE Transactions on Applied Superconductivity* 17 (2007), 2, S. 1839–1842

[DF96] DRACH, V. ; FRICKE, J. : Transient heat transfer from smooth surfaces into liquid nitrogen. In: *Cryogenics* 36 (1996), 4, S. 263–269

[DGL05]   DUCKWORTH, R. C. ; GOUGE, M. J. ; LUE, J. W. ; THIEME, C. L. H. ; VEREBELYI, D. T.: Substrate and stabilization effects on the transport AC losses in YBCO coated conductors. In: *IEEE Transactions on Applied Superconductivity* 15 (2005), 2, S. 1583–1586

[DKK06]   DIXIT, M. ; KIM, T. H. ; KIM, H. M. ; SONG, K. J. ; OH, S. S. ; KO, R. K. ; KIM, H. S. ; PARK, K. B.: The stability behavior of ReBCO coated conductors laminated with copper or stainless steel. In: *Physica C: Superconductivity* 434 (2006), 2, S. 199–204

[DLL03]   DUCKWORTH, R. C. ; LUE, J. W. ; LEE, D. F. ; GRABOVICKIC, R. ; GOUGE, M. J.: The role of nickel substrates in the quench dynamics of silver coated YBCO tapes. In: *IEEE Transactions on Applied Superconductivity* 13 (2003), 2, S. 1768–1771

[DR09]   DURRELL, J. H. ; RUTTER, N. A.: Importance of low-angle grain boundaries in YBa2Cu3O7$-\delta$ coated conductors. In: *Superconductor Science and Technology* 22 (2009), 1, S. 013001

[Dre84]   DRESNER, L. : Superconductor stability, 1983: a review. In: *Cryogenics* 24 (1984), 6, S. 283–292

[Dre95]   DRESNER, L. : *Stability of superconductors.* New York : Plenum Press, 1995 (Selected topics in superconductivity). – ISBN 0–306–45030–5

[DSL08]   DULUC, M.-C. ; STUTZ, B. ; LALLEMAND, M. : Boiling incipience in liquid nitrogen induced by a step change in heat flux. In: *International Journal of Heat and Mass Transfer* 51 (2008), S. 1738–1750. – ISSN 0017–9310

[EBBV99]   ELSCHNER, S. ; BOCK, J. ; BROMMER, G. ; VOWEY, L. : Study of MCP BSCCO 2212 bulk material with respect to application in resitive fault current limiter. In: *Institute of Physics Confernce Series* (1999), 167, S. 1029–1032

[Eck]   ECKELS ENGINEERING. *Cryocomp: Elektronische Materialdatenbank*

[Eki03]   EKIN, J. W. *Electromechanical Studies for Coated-condcutor Development.* 25.07.2003

[Fis99]   FISCHER, S. : *Transiente Wärmeentwicklung und Wärmeabfuhr an supraleitenden Strombegrenzern in Flüssigstickstoff.* Braunschweig, Technische Universität Carolo-Wilhemina zu Braunschweig, Diss., 28.01.1999

[Flu11]   FLUECKINGER, R. . *Overview of HTS conductors and MgB2 wires.* 26-27.5.2011

[FNS04] FURTNER, S. ; NEMETSCHEK, R. ; SEMERAD, R. ; SIGL, G. ; PRUSSEIT, W. : Reel-to-reel critical current measurement of coated conductors. In: *Superconductor Science and Technology* 17 (2004), 5, S. 281

[FTZ87] FISK, Z. ; THOMPSON, J. D. ; ZIRNGIEBL, E. ; SMITH, J. L. ; CHEONG, S.-W. : Superconductivity of rare earth-barium-copper oxides. In: *Solid State Communications* 62 (1987), 11, S. 743–744. – ISSN 0038–1098

[Fuj11] *Fujikura Develops 800 m Class High Performance Yttrium-based Superconducting Wires: News Release.* 10.02.2011

[Gau01] GAUCKLER, L. J.: *Funktionskeramik: Ingenieurkeramik III.* Zürich : ETH, Eidgenössische Technische Hochschule Zürich, 2001

[GBK02] GRIMALDI, G. ; BAUER, M. ; KINDER, H. ; PRUSSEIT, W. ; GAMBARDELLA, U. ; PACE, S. : Magnetic imaging of YBCO coated conductors by Hall probes. In: *Physica C: Superconductivity* 372-376 (2002), Part 2, S. 1009–1011

[Ger88] GERHOLD, J. . *Zusammenstellung thermischer Materialkenndaten von YBCO-Supraleitern.* November 1988

[GNB96] GOYAL, A. ; NORTON, D. P. ; BUDAI, J. D. ; PARANTHAMAN, M. ; SPECHT, E. D. ; KROEGER, D. M. ; CHRISTEN, D. K. ; HE, Q. ; SAFFIAN, B. ; LIST, F. A. ; LEE, D. F. ; MARTIN, P. M. ; KLABUNDE, C. E. ; HARTFIELD, E. ; SIKKA, V. K.: High critical current density superconducting tapes by epitaxial deposition of YBa2Cu3OxI thick films on biaxially textured metals. In: *Applied Physics Letters* 69 (1996), 12, S. 1795–1797

[GP10] GRILLI, F. ; PARDO, E. : Simulation of ac loss in Roebel coated conductor cables. In: *Superconductor Science and Technology* 23 (2010), 11, S. 115018

[Gra00] GRANT, P. M.: Currents without borders. In: *Nature* 407 (2000), 6801, S. 139–141. – ISSN 0028–0836

[Gri10] GRILLI, F. . *Simulation and Modelling.* 12-16.07.2010

[Gru07] GRUNDMANN, J. : *Kennlinienfeldmessung und Modellierung der Auslösung und Quenchausbreitung in HTSL-Strombegrenzern: Techn. Univ., Diss.–Braunschweig, 2007.* 1. Aufl. Göttingen : Cuvillier, 2007. – ISBN 978–3–86727–475–3

[GSLF05] GRILLI, F. ; STAVREV, S. ; LE FLOCH, Y. ; COSTA-BOUZO, M. ; VINOT, E. ; KLUTSCH, I. ; MEUNIER, G. ; TIXADOR, P. ; DUTOIT, B. : Finite-element method modeling of superconductors: from 2-D to 3-D. In: *IEEE Transactions on Applied Superconductivity* 15 (2005), 1, S. 17–25

[GSR08] GOLDACKER, W. ; SCHLACHTER, S. I. ; RINGSDORF, B. ; SCHMIDT, C. ; WEISS, K. ; SCHWARZ, M. ; FRANK, A. ; LAMPE, A. ; KLING, A. ; HELLER, R. . *Final Report on HTS Materials for Fusion Magnets: EFDA-No. TW5-TMS-HTSPER: Interner Bericht FE5130.0073.0012; Fusions-Nr. 283*. 18.06.2008

[HLK10] HA, H.-S. ; LEE, J.-H. ; KO, R.-K. ; KIM, H.-S. ; KIM, H.-K. ; MOON, S.-H. ; PARK, C. ; YOUM, D.-J. ; SANG-SOO OH: Thick SmBCO/IBAD-MgO Coated Conductor for High Current Carrying Power Applications. In: *IEEE Transactions on Applied Superconductivity* 20 (2010), 3, S. 1545–1548

[Hul03] HULL, J. R.: Applications of high-temperature superconductors in power technology. In: *Reports on Progress in Physics* 66 (2003), 11, S. 1865. – ISSN 0034–4885

[IA95] IWASA, Y. ; ADZOVIE, V. Y.: Index Number (n) Below ”Critical” Current in Nb-Ti Superconductors. In: *IEEE Transactions on Applied Superconductivity* 5 (1995), 3, S. 3437–3441

[IAH09] INOUE, M. ; ABIRU, K. ; HONDA, Y. ; KISS, T. ; IIJIMA, Y. ; KAKIMOTO, K. ; SAITOH, T. ; NAKAO, K. ; SHIOHARA, Y. : Observation of Current Distribution in High-Tc Superconducting Tape Using Scanning Hall-Probe Microscope. In: *IEEE Transactions on Applied Superconductivity* 19 (2009), 3, S. 2847–2850

[IKST00] IIJIMA, Y. ; KIMURA, M. ; SAITOH, T. ; TAKEDA, K. : Development of Y-123-coated conductors by IBAD process. In: *Physica C: Superconductivity* 335 (2000), 1-4, S. 15–19

[IMT09] IGARASHI ; MITSUNORI ; TASHITA, C. ; HAYASHIDA, T. ; HANADA, Y. ; HANYU, S. ; FUJI, H. ; KUTAMI, H. ; KAKIMOTO, K. ; IIJIMA, Y. ; SAITOH, T. . *RE123 Coated Conductors: Fujikura Technical Reviewl*. 2009

[Iwa09] IWASA, Y. : *Case Studies in Superconducting Magnets: Design and Operational Issues*. 2. Boston, MA : Springer-Verlag US, 2009 (Springer-11647 /Dig. Serial]). – ISBN 978–0–387–09799–2

[KEMG10] KUDYMOW, A. ; ELSCHNER, S. ; MAEDER, O. ; GOLDACKER, W. : Optimization of 2G YBCO Wires for Resistive Fault Current Limiters. In: *IEEE Transactions on Applied Superconductivity* PP (2010), 99, S. 1–1

[KHH06]   KAMIHARA, Y. ; HIRAMATSU, H. ; HIRANO, M. ; KAWAMURA, R. ; YANAGI, H. ; KAMIYA, T. ; HOSONO, H. : Iron-Based Layered Superconductor: LaOFeP. In: *Journal of the American Chemical Society* 128 (2006), 31, S. 10012–10013. – ISSN 0002-7863

[KHS63]   KIM, Y. B. ; HEMPSTEAD, C. F. ; STRNAD, A. R.: Magnetization and Critical Supercurrents. In: *Phys. Rev.* 129 (1963), 2, S. 528

[KIH08]   KOJIMA, H. ; ITO, S. ; HAYAKAWA, N. ; ENDO, F. ; NOE, M. ; OKUBO, H. : Self-recovery characteristics of high-Tc superconducting fault current limiting transformer (HTc-SFCLT) with 2G coated conductors. In: *Journal of Physics: Conference Series* 97 (2008), 1, S. 012154

[KJL04]   KIM, H. M. ; JANKOWSKI, J. ; LEE, H. ; BASCUNAN, J. ; FLESHLER, S. ; IWASA, Y. : Stability of bare and copper-laminated YBCO samples: experimental & simulation results. In: *IEEE Transactions on Applied Superconductivity* 14 (2004), 2, S. 1290–1293

[KNN06]   KLAUS, G. ; NICK, W. ; NEUMULLER, H. W. ; NEROWSKI, G. ; McCOWN, W. : Advances in the development of synchronous machines with high-temperature superconducting field winding at Siemens AG: Power Engineering Society General Meeting, 2006. IEEE. In: *IEEE Power Engineering Society General Meeting* (2006), S. 7 pp.

[Kom95]   KOMAREK, P. : *Hochstromanwendung der Supraleitung*. Stuttgart : Teubner, 1995 (Teubner Studienbücher Angewandte Physik). – ISBN 3–519–03225–2

[KS65]   KANTROWITZ, A. R. ; STEKLY, Z. J. J.: A new principle for the construction of stabilized superconducting coils. In: *Applied Physics Letters* 6 (1965), 3, S. 56–57

[LBB07]   LEVIN, G. A. ; BARNES, P. N. ; BULMER, J. S.: Current sharing between superconducting film and normal metal. In: *Superconductor Science and Technology* 20 (2007), 8, S. 757–764

[LBN10]   LEVIN, G. A. ; BARNES, P. N. ; NOVAK, K. A.: The effects of superconductor-stabilizer interfacial resistance on quench of current-carrying coated conductor. In: *Superconductor Science and Technology* 23 (2010), 1, S. 014021 (8pp)

[LBR09]   LEVIN, G. A. ; BARNES, P. N. ; RODRIGUEZ, J. P. ; CONNORS, J. A. ; BULMER, J. S.: Stability and Normal Zone Propagation Speed in YBCO Coated Conductors With Increased Interfacial Resistance. In: *IEEE Transactions on Applied Superconductivity* 19 (2009), 3, S. 2504–2507

[LE08]   LAAN, D. C. v. d. ; EKIN, J. W.:   Dependence of the critical current of YBa2Cu3O7−δ coated conductors on in-plane bending.   In: *Superconductor Science and Technology* 21 (2008), 11, S. 115002

[Lee01]   LEE, P. J. (Hrsg.): *Engineering superconductivity.* New York : Wiley-Interscience, 2001. – ISBN 0471411167

[Leh11]   LEHNER, T. F. *Development of 2G HTS Wire for Demanding Electric Power Applications.* 20-21.06.2011

[LG00]   LINDMAYER, M. ; GRUNDMANN, J. . *Untersuchung des Schaltverhaltens resistiver Strombegrenzer - Simulationsrechnungen und Experimente.* 2000

[LGFP01]   LARBALESTIER, D. ; GUREVICH, A. ; FELDMANN, D. M. ; POLYANSKII, A. : High-Tc superconducting materials for electric power applications. In: *Nature* 414 (2001), 6861, S. 368–377. – ISSN 0028–0836

[Mae97]   MAEURER, A. : *Simulation eines induktiven Strombegrenzers mit hochtemoperatur-supraleitenden Dünnschichten.* Hannover, Universität, Diss., 20.02.1997

[MAP10]   MARTÍNEZ, E. ; ANGUREL, l. A. ; PELEGRÍN, J. ; XIE, Y. Y. ; SELVAMANICKAM S.: Thermal stability analysis of YBCO-coated conductors subject to over-currents. In: *Superconductor Science and Technology* 23 (2010), 2, S. 025011

[Mar11]   MARTÍNEZ, E. (Hrsg.). *Rückkühlverhalten von ReBCO-Leitern nach Beaufschlagung mit Strompulsen: persönliches Gespräch.* 22.09.2011

[Mat79]   MATULA, R. A.: Electrical Resistivity of Copper, Gold, Palladium, and Silver. In: *Journal of Physical and Chemical Reference Data* 8 (1979), 4, S. 1147–1298

[MC62]   MERTE, H. ; CLARK, J. A.: Boiling heat transfer data for liquid nitrogen at standard and near zero gravity. In: *Advanced Cryogenic Engineering* 7 (1962), S. 546–550

[Min98]   MINTS, R. G.: Normal zone in composites. In: SEEBER, B. (Hrsg.): *Handbook of applied superconductivity* Bd. 1. Bristol : Inst. of Physics Publ., 1998. – ISBN 0750303778, S. 99–119

[MJN69]   MADDOCK, B. J. ; JAMES, G. B. ; NORRIS, W. T.: Superconductive composites: Heat transfer and steady state stabilization. In: *Cryogenics* 9 (1969), 4, S. 261–273

[MLML06]   MARTÍNEZ, E. ; LERA, F. ; MARTÍNEZ-LÓPEZ, M. ; YANG, Y. ; SCHLACHTER, S. I. ; LEZZA, P. ; KOVÁČ, P. : Quench development and propagation in metal/MgB 2 conductors. In: *Superconductor Science and Technology* 19 (2006), 1, S. 143

[MN07] MAREK, R. ; NITSCHE, K. : *Praxis der Wärmeübertragung*. 1. Aufl. s.l. : Fachbuchverlag Leipzig im Carl Hanser Verlag, 2007. – ISBN 9783446409996

[MNS11] MÄDER, O. ; NOE, M. ; SCHACHERER, C. ; KUDYMOW, A. ; GOLDACKER, W. : Investigation of the Stability Behavior of Coated Conductors. In: *IEEE Transactions on Applied Superconductivity* 21 (2011), 3, S. 3045–3048

[MO33] MEISSNER, W. ; OCHSENFELD, R. : Ein neuer Effekt bei Eintritt der Supraleitfähigkeit. In: *Naturwissenschaften* 21 (1933), 44, S. 787–788. – ISSN 0028–1042

[MOY10] MINAMINO, T. ; OHYA, M. ; YUMURA, H. ; MASUDA, T. ; NAGAISHI, T. ; SHINGAI, Y. ; WANG, X. ; UEDA, H. ; ISHIYAMA, A. ; FUJIWARA, N. : Design and evaluation of 66 kV class RE-123 superconducting cable: Proceedings of the 22nd International Symposium on Superconductivity (ISS 2009). In: *Physica C: Superconductivity* 470 (2010), 20, S. 1576–1579

[MRHL08] MASSON, P. J. ; ROUAULT, V. R. ; HOFFMANN, G. ; LUONGO, C. A.: Development of Quench Propagation Models for Coated Conductors. In: *IEEE Transactions on Applied Superconductivity* 18 (2008), 2, S. 1321–1324

[MSB09] MAGUIRE, J. F. ; SCHMIDT, F. ; BRATT, S. ; WELSH, T. E. ; JIE YUAN: Installation and Testing Results of Long Island Transmission Level HTS Cable. In: *IEEE Transactions on Applied Superconductivity* 19 (2009), 3, S. 1692–1697

[MTF88] MAEDA, H. ; TANAKA, Y. ; FUKUTOMI, M. ; ASANO, T. ; TOGANO, K. ; KUMAKURA, H. ; UEHARA, M. ; IKEDA, S. ; OGAWA, K. ; HORIUCHI, S. ; MATSUI, Y. : New high-Tc superconductors without rare earth element. In: *Physica C: Superconductivity* 153-155 (1988), Part 1, S. 602–607

[MW72] MARTINELLII, A. P. ; WIPF, S. L.: Investigation of cryogenic stability and reliability of operation of Nb3Sn coils in helium gas environment. In: *Proceedings of the Applied Superconductivity Conference*. Annapolis, Maryland, 1972. – ISBN –720513–14–4100240855282011–27–023491, S. 331–340

[MYB08] MARTÍNEZ, E. ; YOUNG, E. A. ; BIANCHETTI, M. ; MUNOZ, O. ; SCHLACHTER, S. I. ; YANG, Y. : Quench onset and propagation in Cu-stabilized multifilament MgB2 conductors. In: *Superconductor Science and Technology* 21 (2008), 2, S. 025009

[MYW07] MASUDA, T. ; YUMURA, H. ; WATANABE, M. ; TAKIGAWA, H. ; ASHIBE, Y. ; SUZAWA, C. ; ITO, H. ; HIROSE, M. ; SATO, K. ; ISOJIMA, S. ; WEBER, C. ; LEE,

R. ; MOSCOVIC, J. : Fabrication and Installation Results for Albany HTS Cable. In: *IEEE Transactions on Applied Superconductivity* 17 (2007), 2, S. 1648–1651

[Nat11]   NATIONAL INSTRUMENTS. *24-Bit, 204.8 kS/s Dynamic Signal Acquisition and Generation: NI 4461, NI 4462: Data Sheet and Specifications.* 03.07.2011

[NBP10]   NOE, M. ; BACH, R. ; PRUSSEIT, W. ; WILLEN, D. ; GOLDACKER, W. ; POELCHAU, J. ; LINKE, C. : Conceptual study of superconducting urban area power systems. In: *Journal of Physics: Conference Series* 234 (2010), 3, S. 032041

[Neu10]   NEUMANN, H. . *Cryogenics.* 14.09.2010

[NNM01]   NAGAMATSU, J. ; NAKAGAWA, N. ; MURANAKA, T. ; ZENITANI, Y. ; AKIMITSU, J. : Superconductivity at 39 K in magnesium diboride. In: *Nature* 410 (2001), 6824, S. 63–64. – ISSN 0028–0836

[NS07]   NOE, M. ; STEURER, M. : High-temperature superconductor fault current limiters: concepts, applications, and development status. In: *Superconductor Science and Technology* 20 (2007), 3, S. R15–R29

[OYM10]   OHYA, M. ; YUMURA, H. ; MASUDA, T. ; NAGAISHI, T. ; SHINGAI, Y. ; FUJIWARA, N. : AC loss characteristics of RE-123 superconducting cable. In: *Journal of Physics: Conference Series* 234 (2010), 3, S. 032044

[Pre98]   PRESTER, M. : Current transfer and initial dissipation in high-Tc superconductors. In: *Superconductor Science and Technology* 11 (1998), 4, S. 333

[Pru10]   PRUSSEIT, W. . *Supraleiterindustrie International - Status und Perspektiven: Supraleitungsaktivitäten Weltweit.* 16.03.2010

[RCD08]   REN, Z.-A. ; CHE, G.-C. ; DONG, X.-L. ; YANG, J. ; LU, W. ; YI, W. ; SHEN, X.-L. ; LI, Z.-C. ; SUN, L.-L. ; ZHOU, F. ; ZHAO, Z.-X. : Superconductivity and phase diagram in iron-based arsenic-oxides ReFeAsO1−δ (Re = rare-earth metal) without fluorine doping. In: *EPL (Europhysics Letters)* 83 (2008), 1, S. 17002

[RDGS08]   ROY, F. ; DUTOIT, B. ; GRILLI, F. ; SIROIS, F. : Magneto-Thermal Modeling of Second-Generation HTS for Resistive Fault Current Limiter Design Purposes. In: *IEEE Transactions on Applied Superconductivity* 18 (2008), 1, S. 29–35

[RLM07]   ROSTILA, L. ; LEHTONEN, J. ; MIKKONEN, R. : Self-field reduces critical current density in thick YBCO layers. In: *Physica C: Superconductivity* 451 (2007), 1, S. 66–70

[RLT10]   RUPICH, M. W. ; LI, X. ; THIEME, C. ; SATHYAMURTHY, S. ; FLESHLER, S. ; TUCKER, D. ; THOMPSON, E. ; SCHREIBER, J. ; LYNCH, J. ; BUCZEK, D. ; DEMORANVILLE, K. ; INCH, J. ; CEDRONE, P. ; SLACK, J. : Advances in second generation high temperature superconducting wire manufacturing and R&D at American Superconductor Corporation. In: *Superconductor Science and Technology* 23 (2010), 1, S. 014015

[ROD22]   RAMADAN, W. ; OGALE, S. B. ; DHAR, S. ; FU, L. F. ; SHINDE, S. R. ; KUNDALIYA, D. C. ; RAO, M. S. R. ; BROWNING, N. D. ; VENKATESAN, T. : Electrical properties of epitaxial junctions between Nb:SrTi O3 and optimally doped, underdoped, and Zn-doped Y Ba2 Cu3 O7- delta. In: *Phys. Rev. B* 72 (2005/11/22/), 20, S. 205333

[Roy10]   ROY, F. : *Modeling and Characterization of Coated Conductors Applied to the Design of Superconducting Fault Current Limiters.* Lausanne, EPFL, Diss., 2010

[RRS07]   RUPICH, M. W. ; RUPICH, M. W. ; SCHOOP, U. ; VEREBELYI, D. T. ; THIEME, C. L. H. ; BUCZEK, D. ; LI, X. ; ZHANG, W. ; KODENKANDATH, T. ; HUANG, Y. ; SIEGAL, E. ; A10-SIEGAL, E. ; CARTER, W. ; A11-CARTER, W. ; NGUYEN, N. ; A12-NGUYEN, N. ; SCHREIBER, J. ; A13-SCHREIBER, J. ; PRASOVA, M. ; A14-PRASOVA, M. ; LYNCH, J. ; A15-LYNCH, J. ; TUCKER, D. ; A16-TUCKER, D. ; HARNOIS, R. ; A17-HARNOIS, R. ; KING, C. ; A18-KING, C. ; AIZED, D. ; A19-AIZED, D. : The Development of Second Generation HTS Wire at American Superconductor. In: *IEEE Transactions on Applied Superconductivity* 17 (2007), 2, S. 3379–3382

[RTD09]   ROY, F. ; THERASSE, M. ; DUTOIT, B. ; SIROIS, F. ; ANTOGNAZZA, L. ; DECROUX, M. : Numerical Studies of the Quench Propagation in Coated Conductors for Fault Current Limiters. In: *IEEE Transactions on Applied Superconductivity* 19 (2009), 3, S. 2496–2499

[RWHM92] ROSNER, C. H. ; WALKER, M. S. ; HALDAR, P. ; MOTOWIDLO, L. R.: Status of HTS superconductors: Progress in improving trransport critical current densities in HTS Bi-2223 tapes and coils. In: *Cryogenics* 32 (1992), 11, S. 940–948

[SCGO93]   SCHILLING, A. ; CANTONI, M. ; GUO, J. D. ; OTT, H. R.: Superconductivity above 130 K in the Hg-Ba-Ca-Cu-O system. In: *Nature* 363 (1993), 6424, S. 56–58. – ISSN 0028–0836

[Sch09a]   SCHACHERER, C. : *Karlsruher Schriftenreihe zur Supraleitung. Bd. 1: Theoretische und experimentelle Untersuchungen zur Entwicklung supraleitender resistiver*

Strombegrenzer: Univ., Diss.–Karlsruhe, 2009. Karlsruhe : Univ.-Verl., 2009. – ISBN 9783866444126

[Sch09b]　SCHWARZ, M. : *Wärmeleitfähigkeit supraleitender Kompositleiter im Temperaturbereich von 4 K bis 300 K.* Karlsruhe, Diss., 09. 01. 2009

[Sch11]　SCHNEIDER, T. (Hrsg.) ; KLÄSER, M. (Hrsg.). *Inhomogenität der kritischen Stromdichte und des n-Wertes von RebCO-Leiter und die Auswirkungen auf die Stabilität: Gespräch, Präsentation.* 02.09.2011

[SCRD10]　SIROIS, F. ; COULOMBE, J. ; ROY, F. ; DUTOIT, B. : Characterization of the electrical resistance of high temperature superconductor coated conductors at high currents using ultra-fast regulated current pulses. In: *Superconductor Science and Technology* 23 (2010), 3, S. 034018

[SCWJ08]　SCHWARZ, M. ; CHR SCHACHERER ; WEISS, K. P. ; JUNG, A. : Thermodynamic behaviour of a coated conductor for currents above Ic. In: *Superconductor Science and Technology* 21 (2008), 5, S. 054008 (4pp)

[SCX07]　SELVAMANICKAM, V. ; CHEN, Y. ; XIONG, X. ; XIE, Y. Y. ; REEVES, J. L. ; ZHANG, X. ; QIAO, Y. ; LENSETH, K. P. ; SCHMIDT, R. M. ; RAR, A. ; A10-RAR, A. ; HAZELTON, D. W. ; A11-HAZELTON, D. W. ; TEKLETSADIK, K. ; A12-TEKLETSADIK, K. : Recent Progress in Second-Generation HTS Conductor Scale-Up at SuperPower. In: *IEEE Transactions on Applied Superconductivity* 17 (2007), 2, S. 3231–3234

[SD10]　SELVAMANICKAM, V. ; DACKOW, J. . *Progress in SuperPowers 2G HTS Wire Development and Manufacturing.* 29. Juni- 1. Juli 2010

[SDD09]　SHIN, H. S. ; DEDICATORIA, M. J. ; DIZON, J. R. C. ; HA, H. S. ; OH, S. S.: Bending strain characteristics of critical current in REBCO CC tapes in different modes: Proceedings of the 21st International Symposium on Superconductivity (ISS 2008). In: *Physica C: Superconductivity* 469 (2009), 15-20, S. 1467–1471

[SE01]　SEKULIC, D. P. ; EDESKUTY, F. J.: Cryogenic Stabilization. In: LEE, P. J. (Hrsg.): *Engineering superconductivity.* New York : Wiley-Interscience, 2001. – ISBN 0471411167, S. 204–218

[See98a]　SEEBER, B. : Critical current of wires. In: SEEBER, B. (Hrsg.): *Handbook of applied superconductivity* Bd. 1. Bristol : Inst. of Physics Publ., 1998. – ISBN 0750303778, S. 307–324

[See98b]   SEEBER, B. (Hrsg.): *Handbook of applied superconductivity: Volume 1: Fundamental theory, basic hardware and low-temperature science and technology*. Bd. 1. Bristol : Inst. of Physics Publ., 1998. – ISBN 0750303778

[Sel10]   SELVAMANICKAM, V. . *Progress in research and development of IBAD-MOCVD based superconducting wires*. 08. 2010

[Sel11]   SELVAMANICKAM, V. . *Second-generation HTS Wire for Wind Energy Applications*. 25.02.2011

[SG08]   SIROIS, F. ; GRILLI, F. : Numerical Considerations About Using Finite-Element Methods to Compute AC Losses in HTS. In: *IEEE Transactions on Applied Superconductivity* 18 (2008), 3, S. 1733–1742

[SGD02]   STAVREV, S. ; GRILLI, F. ; DUTOIT, B. ; NIBBIO, N. ; VINOT, E. ; KLUTSCH, I. ; MEUNIER, G. ; TIXADOR, P. ; YIFENG YANG ; MARTÍNEZ, E. : Comparison of numerical methods for modeling of superconductors. In: *IEEE Transactions on Magnetics* 38 (2002), 2, S. 849–852

[SGG11]   SCHLACHTER, S. I. ; GOLDACKER, W. ; GRILLI, F. ; HELLER, R. ; KUDYMOW, A. : Coated Conductor Rutherford Cables (CCRC) for High-Current Applications: Concept and Properties. In: *IEEE Transactions on Applied Superconductivity* PP (2011), 99, S. 1–4

[SKLM08]   STENVALL, A. ; KORPELA, A. ; LEHTONEN, J. ; MIKKONEN, R. : Formulation for solving 1D minimum propagation zones in superconductors. In: *Physica C: Superconductivity* 468 (2008), 13, S. 968–973

[SKMG06]   STENVALL, A. ; KORPELA, A. ; MIKKONEN, R. ; GRASSO, G. : Stability considerations of multifilamentary MgB2 tape. In: *Superconductor Science and Technology* 19 (2006), 2, S. 184

[SSH92]   SAKURAI, A. ; SHIOTSU, M. ; HATA, K. : Boiling heat transfer characteristics for heat inputs with various increasing rates in liquid nitrogen: Basic Mechanisms of Helium Heat Transfer and Related Influence on Stability of Superconducting Magnets. In: *Cryogenics* 32 (1992), 5, S. 421–429

[Ste08]   STENVALL, A. : *An Electrical Engineering Approach to the Stability of MgB2 Supercondcutors*. Bd. 743. Tampere : Tampere University of Technology, 2008. – ISBN 9789521520341

[STS69]   STEKLY, Z. J. J. ; THOME, R. ; STRAUSS, B. : Principles of Stability in Cooled Superconducting Magnets. In: *Journal of Applied Physics DOI - 10.1063/1.1657964* 40 (1969), 5, S. 2238–2245. – ISSN 0021–8979

[Sup09]   *SuperPower 2G HTS Wire Specifications: Second-Generation High Temperature Supercondcutors (2G HTS).* 03.2009

[SXM08]   SELVAMANICKAM, V. ; XIE, Y. ; MARTCHEVSKI, M. ; QIAO, Y. ; RAR, A. ; GOGIA, B. ; SCHMIDT, R. ; KNOLL, A. ; LENSETHM, K. . *Progress in Scale-up of 2G HTS Wire at SuperPower.* 2008

[SYI02]   SHIMOHATA, K. ; YOKOYAMA, S. ; INAGUCHI, T. ; NAKAMURA, S. ; OZAWA, Y. : Design of a large current-type fault current limiter with YBCO films. In: *Physica C: Superconductivity* 372-376 (2002), Part 3, S. 1643–1648

[SZ65]   STEKLY, Z. J. J. ; ZAR, J. L.: Stable Superconducting Coils. In: *IEEE Transactions on Nuclear Science* 12 (1965), 3, S. 367–372

[TDC07]   TIXADOR, P. ; DAVID, G. ; CHEVALIER, T. ; MEUNIER, G. ; BERGER, K. : Thermal-electromagnetic modeling of superconductors: CHATS on Applied Superconductivity 2006. In: *Cryogenics* 47 (2007), 11-12, S. 539–545

[The11]   THE MATHWORKS. *MATLAB: Mathematik, Regelungstechnik, Modellbildung.* 2011

[TP11]   INSTITUT FÜR TECHNISCHE PHYSIK, I. . *HTS Applications.* 2011

[TVG11]   TERZIEVA, S. ; VOJENČIAK, M. ; GRILLI, F. ; NAST, R. ; ŠOUC, J. ; GOLDACKER, W. ; JUNG, A. ; KUDYMOW, A. ; KLING, A. : Investigation of the effect of striated strands on the AC losses of 2G Roebel cables. In: *Superconductor Science and Technology* 24 (2011), 4, S. 045001

[TVP10]   TERZIEVA, S. ; VOJENČIAK, M. ; PARDO, E. ; GRILLI, F. ; DRECHSLER, A. ; KLING, A. ; KUDYMOW, A. ; GÖMÖRY, F. ; GOLDACKER, W. : Transport and magnetization ac losses of ROEBEL assembled coated conductor cables: measurements and calculations. In: *Superconductor Science and Technology* 23 (2010), 1, S. 014023

[URK05]   USOSKIN, A. ; RUTT, A. ; KNOKE, J. ; KRAUTH, H. ; ARNDT, T. : Long-length YBCO coated stainless steel tapes with high critical currents. In: *IEEE Transactions on Applied Superconductivity* 15 (2005), 2, S. 2604–2607

[Uso07]   USOSKIN, A. : Progress in Development and Fabrication of YBCO-Coated Conductors at EHTS-Bruker. In: *IEEE/CSC & ESAS EUROPEAN SUPERCONDUCTIVITY NEWS FORUM* (2007), 2, S. 1–5

[VMT00]   VINOT, E. ; MEUNIER, G. ; TIXADOR, P. : Different formulations to model superconductors. In: *IEEE Transactions on Magnetics* 36 (2000), 4, S. 1226–1229

[VSRI06]   VYSOTSKY, V. S. ; SYTNIKOV, V. E. ; RAKHMANOV, A. L. ; ILYIN, Y. : Analysis of stability and quench in HTS devices–New approaches: Proceedings of the Fifteenth International toki Conference on "Fusion and Advanced Technology" - ITC-15 SI. In: *Fusion Engineering and Design* 81 (2006), 20-22, S. 2417–2424

[Wal74]   WALTERS, C. R. *Design of Multistrand Conductors for Superconducting Magnet Windings*. 1974

[WAT87]   WU, M. K. ; ASHBURN, J. R. ; TORNG, C. J. ; HOR, P. H. ; MENG, R. L. ; GAO, L. ; HUANG, Z. J. ; WANG, Y. Q. ; CHU, C. W.: Superconductivity at 93 K in a new mixed-phase Y-Ba-Cu-O compound system at ambient pressure. In: *Phys. Rev. Lett.* 58 (1987), 9, S. 908

[WGZL10]   WANG, Y. ; GUAN, X. ; ZHANG, H. ; LIU, H. : Progress in inhomogeneity of critical current and index n value measurements on HTS tapes using contact-free method. In: *China Technol. Sci.* 53 (2010), 8, S. 2239–2246

[WI78]   WILSON, M. N. ; IWASA, Y. : Stability of superconductors against localized disturbances of limited magnitude. In: *Cryogenics* 18 (1978), 1, S. 17–25

[Wil83]   WILSON, M. N.: *Monographs on Cryogenics*. Bd. 2: *Superconducting Magnets*. London, Glasgow, New York u.a. : Clarendon Press Oxford, 1983

[Wip91]   WIPF, S. L.: Review of stability in high temperature superconductors with emphasis on flux jumping. In: *Cryogenics* 31 (1991), 11, S. 936–948

[WLC08]   WANG, C. ; LI, L. ; CHI, S. ; ZHU, Z. ; REN, Z. ; LI, Y. ; WANG, Y. ; LIN, X. ; LUO, Y. ; JIANG, S. ; XU, X. ; CAO, G. ; XU, Z. : Thorium-doping–induced superconductivity up to 56 K in Gd1−xThxFeAsO. In: *EPL (Europhysics Letters)* 83 (2008), 6, S. 67006

[WLX07]   WANG, Y. ; LU, Y. ; XU, X. ; DAI, S. ; HUI, D. ; XIAO, L. ; LIN, L. : Detecting and describing the inhomogeneity of critical current in practical long HTS tapes using contact-free method. In: *Cryogenics* 47 (2007), 4, S. 225–231

[WR65]   WHETSTONE, C. N. ; ROOS, C. E.: Thermal Phase Transitions in Superconducting Nb-Zr Alloys. In: *Journal of Applied Physics* 36 (1965), 3, S. 783–791

[WW97]   WILSON, M. N. ; WOLF, R. : Calculation of minimum quench energies in Rutherford cables. In: *IEEE Transactions on Applied Superconductivity* 7 (1997), 2, S. 950–953

[WXL03]   WANG, Y. ; XIAO, L. ; LIN, L. ; XU, X. ; LU, Y. ; TENG, Y. : Effects of local characteristics on the performance of full length Bi2223 multifilamentary tapes. In: *Cryogenics* 43 (2003), 2, S. 71–77

[YAP08]   YANG, S. E. ; AHN, M. C. ; PARK, D. K. ; CHANG, K. S. ; SEOK, B.-Y. ; CHANG, H.-M. ; PARK, J.-W. ; KO, T. K.: Experimental Method for Determining the Recovery of Superconducting Fault Current Limiter Using Coated Conductor in a Power System. In: *IEEE Transactions on Applied Superconductivity* 18 (2008), 2, S. 652–655

[YFY09]   YOUNG, E. A. ; FRIEND, C. M. ; YIFENG YANG: Quench Characteristics of a Stabilizer-Free 2G HTS Conductor. In: *IEEE Transactions on Applied Superconductivity* 19 (2009), 3, S. 2500–2503

[YSB09]   YUAN, H. Q. ; SINGLETON, J. ; BALAKIREV, F. F. ; BAILY, S. A. ; CHEN, G. F. ; LUO, J. L. ; WANG, N. L.: Nearly isotropic superconductivity in (Ba,K)Fe2As2. In: *Nature* 457 (2009), 7229, S. 565–568. – ISSN 0028–0836

[Zaa09]   ZAANEN, J. : Condensed-matter physics: The pnictide code. In: *Nature* 457 (2009), 7229, S. 546–547. – ISSN 0028–0836

Karlsruher Schriftenreihe zur Supraleitung
(ISSN 1869-1765)

Herausgeber: Prof. Dr.-Ing. M. Noe, Prof. Dr. rer. nat. M. Siegel

Die Bände sind unter www.ksp.kit.edu als PDF frei verfügbar oder als Druckausgabe bestellbar.

Band 001
Christian Schacherer
Theoretische und experimentelle Untersuchungen zur Entwicklung supraleitender resistiver Strombegrenzer. 2009
ISBN 978-3-86644-412-6

Band 002
Alexander Winkler
Transient behaviour of ITER poloidal field coils. 2011
ISBN 978-3-86644-595-6

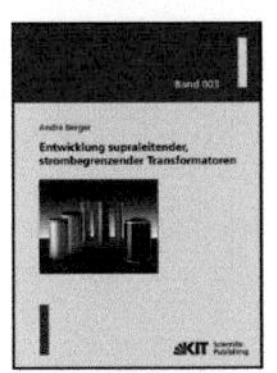

Band 003
André Berger
Entwicklung supraleitender, strombegrenzender Transformatoren. 2011
ISBN 978-3-86644-637-3

Band 004
Christoph Kaiser
High quality Nb/Al-AlOx/Nb Josephson junctions. Technological development and macroscopic quantum experiments. 2011
ISBN 978-3-86644-651-9

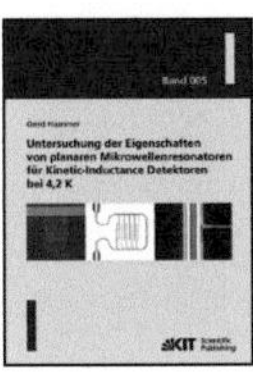

Band 005
Gerd Hammer
Untersuchung der Eigenschaften von planaren Mikrowellen-resonatoren für Kinetic-Inductance Detektoren bei 4,2 K. 2011
ISBN 978-3-86644-715-8

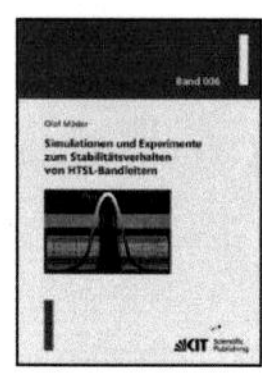

Band 006
Olaf Mäder
Simulationen und Experimente zum Stabilitätsverhalten von HTSL-Bandleitern. 2012
ISBN 978-3-86644-868-1